Python
功力提升的樂趣

寫出乾淨程式碼的最佳實務

Al Sweigart 著／H&C 譯

no starch
press

獻給我的侄子 Jack

作者簡介

Al Sweigart 是位軟體開發專家，也是技術書的作者，現居在美國西雅圖。Python 是他最喜歡的程式語言，他開發了幾個屬於開放原始碼的 Python 模組。他的許多著作都在 https://www.inventwithpython.com/ 網站中可找到，在創用 CC 授權條款下可免費瀏覽閱讀。他養的貓 Zophie 有 11 磅重了。

技術審校者簡介

Kenneth Love 是位程式設計師、老師、研討會的主辦人和主持者。他也是 Django 的開發貢獻者和 PSF 研究員，目前是 O'Reilly Media 的技術主管和軟體工程師。

致謝

書的封面上應該不只列出我的名字，若沒有很多人的協助，我不太可能寫出這本書。首先我想要謝謝我的出版者 Bill Pollock；我的編輯們 Frances Saux、Annie Choi、Meg Sneeringer 和 Jan Cash。我還要謝謝產品編輯 Maureen Forys 和版權編輯 Anne Marie Walker 以及 No Starch Press 的執行編輯 Barbara Yien。感謝 Josh Ellingson 又再次繪製出這麼好的封面。我也要謝謝本書的技術審校者 Kenneth Love，以及我在 Python 社群所碰到每位朋友。

目錄

Part 2：最佳實務、工具和技能

第 3 章　使用 Black 進行程式碼格式化

第 4 章　選用易懂的命名

第 5 章　找出程式碼的異味

第 6 章　寫出 Pythonic 風格的程式碼

第 7 章　程式設計的行話

第 8 章　常見的 Python 誤解和陷阱

第 9 章　少為人知的 Python 奇異之處

第 10 章　寫出有效率的函式

第 11 章　注釋、文件字串和型別提示

第 12 章　使用 Git 來組織程式碼專案

第 13 章　評測效能和大 O 演算法分析

第 14 章　實務專案

Part 3：物件導向的 Python

第 15 章　物件導向程式設計與類別

第 16 章　物件導向程式設計與繼承

第 17 章　Pythonic 風格的 OOP－property 與 dunder 方法

簡介

哈囉，大家好！還記得在 1990 年代，我還是個年少的程式設計師，夢想著要成為駭客，當時被「2600:The Hacker Quarterly」駭客季刊最新一期的主題深深吸引。有一天，我終於鼓起勇氣參加了該雜誌每個月在我居住城市所舉辦的定期聚會，那時對其他看起來很有學問的參加者感到敬畏（後來才發現那些人大多並沒有那麼厲害）。在聚會中我只能當個聽眾，對談時只能一直點頭稱是。離開聚會後，我決定投入更多時間來研究電腦、程式設計和網路安全等主題，好讓我在參加下個月的聚會時能參與討論和對話。

在下一次聚會中，與其他人相比，我還是只能繼續點頭稱是，覺得自己還是不足。因此，我再次下定決心學習，讓自己變得「足夠聰明」，好追上別人的步伐，這樣一個月又一個月的累積，我雖增長了許多的知識，但開始意識到電腦相關領域的龐大，擔心自己學到的不夠多。

我雖然比同期高中時代的朋友在程式設計的知識上要了解得多，但我還不能勝任軟體開發的工作。在 1990 年代，Google、YouTube 和維基百科都還沒出現。

但就算有這些資源，我也不知道怎麼使用；也不確定接下來要學些什麼內容。我學會如何用不同的程式語言編寫「Hello, world!」程式，但仍覺得自己沒有什麼真正的進步。我不知道學會基礎知識後的下一步該怎麼辦？

軟體開發的知識中除了迴圈和函式外，還有很多要學的。在我們完成了入門課程或讀完程式設計入門書後，找到的其他指南怎麼還是只會引領自己到另一個「Hello, world!」的課程。程式設計師通常把這段時期稱為絕望沙漠期（desert of despair）：我們花了不少時間漫無目的地遊蕩於不同的學習材料上，但感覺自己並沒有進步。雖然比初學者強很多，但對複雜的主題卻又沒有什麼經驗。

在絕望沙漠期中的人會有強烈的冒名頂替症候（Impostor syndrome）。您不會覺得自己是個「真正的」程式設計師，也不知道怎麼樣才能像「真正的」程式設計師那樣設計編寫程式碼。我寫這本書的目的就是針對這樣的讀者群，如果您已學過 Python 的基礎知識，那麼本書應該能幫助您成為更有能力的軟體開發人員，並擺脫這種絕望的感覺。

本書的適用對象和特點

本書的目標是針對那些已學過 Python 基礎課程，然後還想要學會更多知識的讀者。這些基礎課程像是我所寫的前一本書「Python 自動化的樂趣：搞定重複瑣碎&單調無聊的工作－第二版（2020/08 碁峰出版）」，或是 Eric Matthes 所著的「Python 程式設計的樂趣：範例實作與專題研究的 20 堂程式設計課－第二版（2020/04 碁峰出版）」，又或是其他的線上課程。

上述的這些課程教材可能會讓您迷上程式設計，但是您仍需要學習更多的技能。如果您覺得自己還不算是專業的程式設計師，但又不知道怎麼達到這樣的水準，那麼本書就是您最理想的選擇。

或者，您也許是從 Python 以外的另一種程式語言來學習程式設計的，而您想直接進入 Python 及其工具相關生態系統，不想要重讀相同的「Hello, world!」基礎知識。如果是這樣，則無須重讀數百頁的基本語法內容；請直接瀏覽 https://learnxinyminutes.com/docs/python/ 中「Learn Python in Y Minutes」，或是 Eric Matthes 網站 https://ehmatthes.github.io/pcc/cheatsheets/README.html 上的

「Python Crash Course—Cheat Sheet」頁面，這樣就足以掌握 Python 基礎，讓您能進入本書更進一步的應用。

關於本書

本書所涵蓋的內容不僅是更深入進階的 Python 語法，還說明怎麼使用命令提示模式和專業開發人員使用的命令行工具，例如 code formatters（程式碼格式化工具）、linter 和版本控制。書中解釋了怎麼讓程式碼更有可讀性，以及如何編寫出乾淨的程式碼（clean code）。本書精選了一些程式設計專題，因此讀者可以從中學到怎麼把這些原理應用到實際的軟體中。雖然本書並不定位為電腦科學的教科書，但還是有解說大 O 演算法分析和物件導向設計等內容。

光靠單一本書的內容很難讓某個人直接轉變成專業的軟體開發人員，但本書能提升您的知識，讓您向這個目標邁進。書中介紹的幾個主題包含了筆者所累積的難得經驗，是讀者很難發掘且零碎的知識點。讀完本書後，您的根基將更為穩固，因此更有能力應對新的挑戰。

我建議讀者按章節順序閱讀本書的內容，但讀者其實可以隨時跳到您感興趣的任何一章節主題：

Part 1：起程

Chapter 1：處理錯誤和尋求協助 本章介紹如何有效率地提出問題與找出答案。也講解怎麼閱讀錯誤訊息以及在網路上尋求協助應有的禮節。

Chapter 2：環境設定和命令提示模式 本章解釋怎麼駕馭命令提示模式、設定開發環境與 PATH 環境變數。

Part 2：最佳實務、工具和技能

Chapter 3：使用 Black 進行程式碼格式化 本章介紹 PEP 8 風格指南以及如何格式化程式碼，讓它們更具可讀性。讀者將學會如何使用 Black 程式碼格式化工具來進行自動化處理。

Chapter 4：選用易懂的命名　本章講述怎麼為變數和函式選用好的名稱，讓程式碼更好讀易懂。

Chapter 5：找出程式碼的異味（Code smell）　本章列出了在程式碼中存在錯誤所潛藏的幾個危險信號。

Chapter 6：寫出 Pythonic 風格的程式碼　本章詳細介紹了幾種編寫出慣用 Python 程式碼的方法，以及寫出 Pythonic 風格有何影響。

Chapter 7：程式設計的行話　本章介紹在程式設計領域所用的技術用語，以及怎麼辨識會讓大家混淆的用語。

Chapter 8：常見的 Python 誤解和陷阱　本章解說 Python 語言中常見的混淆和錯誤來源，並說明如何修正及避免的編寫策略。

Chapter 9：少為人知的 Python 奇異之處　本章介紹一些大家可能不會注意到的 Python 奇異之處，例如字串駐留和 antigravity 彩蛋。藉由弄清楚為何某些資料型別和運算子會導致某種意外情況，我們對 Python 的運作原理會有更深入的了解。

Chapter 10：寫出有效率的函式　本章詳細說明如何建構出擁有最大實用性和可讀性的函式。讀者會學到 * 和 ** 引數語法、怎麼權衡大型和小型函式、以及像 lambda 等函式語言程式設計的技術。

Chapter 11：注釋、文件字串和型別提示　本章介紹了程式碼中非程式部分的重要性，以及這些內容怎麼影響程式的可維護性。本章談到了應該要多久編寫一次注釋（comments）和文件字串（docstrings），以及怎麼讓這些內容具備傳達資訊的特質。本章還討論了型別提示（type hints）以及如何使用像 Mypy 這類靜態分析工具來檢測錯誤。

Chapter 12：使用 Git 來組織程式碼專案　本章說明使用 Git 版本控制工具來記錄原始程式碼的修改變更歷史記錄、備份復原先前版本，或追蹤首次出現錯誤的時間，還介紹了如何使用 Cookiecutter 工具來組建程式碼專案的檔案。

Chapter 13：評測效能和大 O 演算法分析　本章講解如何使用 timeit 和 cProfile 模組客觀地評測程式碼的速度。此外還介紹了大 O 演算法分析以及如何預測隨著要處理資料量的增長而讓程式碼效能下降的原因。

Chapter 14：**實務專案**　本章透過編寫兩個命令提示模式遊戲來運用在這個部分中所學到的技術。第一個是河內塔，把盤子從某個塔柱移動到另一個塔柱的益智遊戲；第二個是兩位玩家對奕的經典四子棋遊戲。

Part 3：物件導向的 Python

Chapter 15：**物件導向程式設計與類別**　本章定義物件導向程式設計（OOP）的角色和作用，因為這項技術經常被人誤用。許多開發人員過度使用 OOP 技術，緣由是他們覺得別人也都這樣做，但這樣會導致原始程式碼太過複雜。本章將教讀者如何設計編寫類別（class），但更重要的是教讀者不應該使用類別的原因。

Chapter 16：**物件導向程式設計與繼承**　本章解釋類別繼承及其在程式碼重複使用的實用性。

Chapter 17：**Pythonic 風格的 OOP－property 與 dunder 方法**　本章介紹了在物件導向程式設計中特別屬於 Python 的功能，例如 property、dunder 方法和運算子多載。

您的程式設計旅程

從菜鳥到程式老手的過程有點像是想要從消防栓來喝水，有太多可選擇的資源要學，您可能會擔心自己是否浪費時間在次優的程式設計指南上。

閱讀完本書後（或是在閱讀本書的同時），我建議讀者藉由閱讀以下的資料來當作補充教材：

■ *Python Crash Course* (No Starch Press, 2019)，作者為 Eric Matthes，中文版書名為「Python 程式設計的樂趣：範例實作與專題研究的 20 堂程式設計課」（碁峰資訊，2020），是一本入門的專書，但書中有專題導向的章節，對程式老手也很有幫助，其中 Python 的 Pygame、matplotlib 和 Django 等都有專案主題解說。

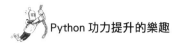

- *Impractical Python Projects* (No Starch Press, 2018)，作者為 Lee Vaughan，這本是以專案為基礎的寫作方式來讓讀者學習 Python 技巧。跟著書中指引來寫出程式是很有趣的，同時也是很棒的實務練習。

- *Serious Python* (No Starch Press, 2018)，作者為 Julien Danjou，本書講述了從個人專案研發的愛好者變成軟體開發高手所需要採取的步驟，這本書所講述的軟體開發高手是指能遵循業界最佳實務作法，並編寫出可擴充程式碼的專業人員。

Python 的技術層面只是其優勢之一，這套程式語言吸引了各式各樣的社群，他們負責建立許多友善、可存取的文件和支援，這是其他程式語言生態系統所無法比擬的。一年一度的 PyCon 研討會以及各地區域性的 PyCons 研討會舉辦了適合各種程度的講座。PyCon 主辦單位讓這些講座也可從 https://pyvideo.org/ 網站免費線上觀看，網頁上各標籤連結能讓我們輕鬆找到感興趣的話題所對應的講座。

為了能更深入地了解 Python 語法和標準程式庫的進階功能，我建議大家閱讀以下好書：

- *Effective Python* (Addison-Wesley Professional, 2019)，作者為 Brett Slatkin，這是一本令人印象深刻的 Python 式最佳實務和語言特性的彙整集合。

- *Python Cookbook* (O'Reilly Media, 2013)，作者為 David Beazley and Brian K.Jones，此書提供了很全面的程式碼片段，能提升 Python 新手的能力。

- *Fluent Python* (O'Reilly Media, 2021)，作者為 Luciano Ramalho，這本書是深入探索 Python 語言各種功能的傑作，雖然近 800 頁的厚度可能令人害怕，但很值得在這本書上花點功夫。

祝福您的程式設計旅程一切順利，我們起程吧！

PART 1
起程

第 1 章
處理錯誤和尋求協助

 請不要把電腦太過擬人化，這樣會讓您很傷腦筋。當電腦對您顯示錯誤訊息時，並不是因為您冒犯了它，電腦是我們大多數人都會與之互動的複雜工具，但是它就只是工具而已。

即便如此，我們還是很容易錯怪這些工具，因為很多程式的知識都是需要自我導向學習的，就算您已學過 Python 很多個月了，您可能還是需要每天多次查詢網路求解，感到失敗沮喪也很正常。即使軟體開發專家也還都需要在網路上搜尋或查閱相關文件來解決他們可能碰到的程式設計問題。

除非您經濟或資源上許可，能聘請私人老師來回答您的程式設計問題，不然您是擺脫不了電腦和網路搜尋引擎，需要自己堅強面對。幸運的是，您遇到的問題網路可能早就有人問過。身為一位程式設計師，能夠自己找答案這項能力比學習演算法或資料結構知識更為重要。本章將會指導您開發這項關鍵技能。

怎樣了解 Python 錯誤訊息？

在遇到錯誤訊息顯現一大片含糊的技術文字時，大多數程式設計師的第一個直覺和衝動就是完全忽略它，但是在這些錯誤訊息中卻有程式出了什麼問題的解答。找到答案的過程分為兩步：檢查 traceback 內容和在網路上搜尋錯誤訊息。

檢查 traceback 內容

當程式碼引發一個 except 陳述句無法處理的例外時，Python 程式就會停掉。發生這種情況時，Python 顯示該例外的訊息和一個 **traceback 回溯內容**，這也稱為**堆疊追蹤（stack trace）**。這個 traceback 內容顯示了程式中發生例外的位置，以及函式呼叫的軌跡。

為了能實際體會閱讀 traceback 內容的過程，請輸入如下有錯誤的程式碼，並將它儲存成 abcTraceback.py 檔。程式左側的行號僅提供參考使用，不是程式碼的內容：

```
  1. def a():
  2.     print('Start of a()')
❶ 3.     b()  # Call b().
  4.
  5. def b():
  6.     print('Start of b()')
❷ 7.     c()  # Call c().
  8.
  9. def c():
 10.     print('Start of c()')
❸ 11.     42 / 0  # This will cause a zero divide error.
 12.
 13. a()  # Call a().
```

在這段程式中，a() 函式呼叫了 b()，而 b() 呼叫了 c()。在 c() 裡面，「42 / 0」表示式會引發除以 0 的錯誤。當我們執行這支程式時，輸出結果會是：

```
Start of a()
Start of b()
Start of c()
Traceback (most recent call last):
  File "abcTraceback.py", line 13, in <module>
    a()  # Call a().
  File "abcTraceback.py", line 3, in a
    b()  # Call b().
```

```
  File "abcTraceback.py", line 7, in b
    c()  # Call c().
  File "abcTraceback.py", line 11, in c
    42 / 0  # This will cause a zero divide error.
ZeroDivisionError: division by zero
```

讓我們逐行查看 traceback 內容，第一行是：

```
Traceback (most recent call last):
```

這行訊息告知我們以下是 traceback 的內容，「most recent call last」指的是每個函式呼叫會依序列出，由第一個函式呼叫開始到最後呼叫的函式結尾。

接下來是 traceback 內容的第一個函式呼叫：

```
  File "abcTraceback.py", line 13, in <module>
    a()  # Call a().
```

這兩行是**框架摘要**（**frame summary**），顯示框架物件內部的資訊，當呼叫函式時，區域變數的資料以及函式呼叫結束後要返回的程式碼是儲存在**框架物件**（**frame object**）中。框架物件儲存了區域變數和與函式呼叫相關的其他資料，框架物件是在呼叫函式時建立，並在函式返回時銷毀。traceback 內容會顯示引起程式崩掉的每一個相關的框架摘要。我們可以看到它列出 abcTraceback.py 第 13 行的這個函式呼叫，而且 <module> 告知我們此行是位於全域範圍內，第 13 行程式內容的顯示有內縮兩個空格。

後續 4 行是接下來的 2 個框架摘要：

```
  File "abcTraceback.py", line 3, in a
    b()  # Call b().
  File "abcTraceback.py", line 7, in b
    c()  # Call c().
```

「line 3, in a」文字告知我們在 a() 函式第 3 行呼叫了 b()，導致在 b() 函式的第 7 行又呼叫了 c()。請留意，在第 2、6 和 10 行上的 print() 呼叫不會顯示在 traceback 內容中，就算它在函式呼叫之前就執行了也一樣不會顯示。traceback 內容中僅顯示含有引發例外的函式呼叫內容。

最後一個框架摘要顯示了導致無法處理例外所在的那一行，緊接著是函式的名稱和例外訊息：

```
   File "abcTraceback.py", line 11, in c
     42 / 0   # This will cause a zero divide error.
 ZeroDivisionError: division by zero
```

請注意，traceback 列出的行號是 Python 最終檢測到錯誤的地方，這個錯誤的真正源頭有可能在該行之前。

錯誤訊息很明顯而簡短，且不好理解：「division by zero」三個字對您來說沒有什麼意義，除非您知道數學上某個數除以零是不可能的，這也是一個很常見的軟體錯誤。查看框架摘要中的程式碼行，可以清楚地看到「42 / 0」這行程式碼所引發的除以 0 錯誤。

接著讓我們看一個更難察覺的情況。請在文字編輯器中輸入以下程式碼，並將其儲存成 zeroDivideTraceback.py 檔：

```python
def spam(number1, number2):
    return number1 / (number2 - 42)

spam(101, 42)
```

當您執行程式，其輸出結果如下：

```
Traceback (most recent call last):
  File "zeroDivideTraceback.py", line 4, in <module>
    spam(101, 42)
  File "zeroDivideTraceback.py", line 2, in spam
    return number1 / (number2 - 42)
ZeroDivisionError: division by zero
```

錯誤訊息是相同的，但是「return number1 / (number2 - 42)」的除以零錯誤卻不是很明顯。我們推斷出 / 運算子發生了除法運算，而且表示式「(number2 - 42)」必須計算為 0。這樣會引導您得出結論，只要將 number2 參數設為 42，spam() 函式就會發生錯誤。

有時候 traceback 內容可能會指出錯誤真正原因所在後面的程式行發生錯誤，例如，在以下程式中，第 1 行少了右括號：

```python
print('Hello.'
print('How are you?')
```

當錯誤訊息卻指出第 2 行有問題：

```
  File "example.py", line 2
    print('How are you?')
           ^
SyntaxError: invalid syntax
```

原因是 Python 直譯器在讀取到第 2 行才注意到語法錯誤。traceback 內容可以指出問題出在哪裡，但這並不一定是錯誤實際發生原因的所在。如果框架摘要中沒有提供足夠的訊息讓您找出錯誤，或者如果錯誤的真正原因在 traceback 所列的上一行，並沒有顯示出現，則必須使用 debugger 逐步檢查程式，或是檢查所有日誌記錄訊息來找出原因，這樣會很花時間。在網路上搜尋這條錯誤訊息可能會更快地幫您找出有關解決方案的關鍵線索。

搜尋錯誤訊息

錯誤訊息通常很簡短，甚至不是完整的句子。由於程式設計師經常遇到這些錯誤訊息，因此，這些簡短訊息的目的只是提醒而不是給與完整的解釋。如果遇到沒看過的錯誤訊息，可將其複製並貼上到網路搜尋引擎中搜尋，通常都能找到很詳細的說明、列出錯誤的含意以及引發的可能原因。圖 1-1 秀出搜尋引擎搜尋「python "ZeroDivisionError: division by zero"」的結果。在錯誤訊息左右加上引號有助於找到最確切的詞組，加上 python 這個單字也能縮小搜尋範圍。

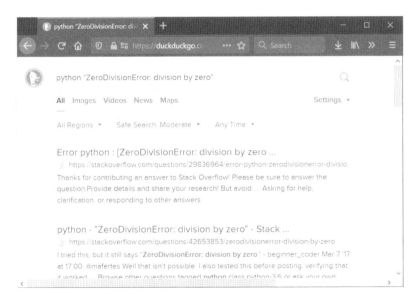

圖 1-1　把錯誤訊息複製貼上到網路中搜尋能找出相關解釋與解決方案

搜尋錯誤訊息並不是什麼投機的技巧，沒有人能記住某種程式語言中的各種可能的錯誤訊息，軟體開發專家也會每天在網路上搜尋程式相關的解答。

搜尋時可能要排除錯誤訊息中特定於程式碼的部分，舉例來說，請看下列錯誤訊息：

```
>>> print(employeRecord)
    Traceback (most recent call last):
      File "<stdin>", line 1, in <module>
❶ NameError: name 'employeRecord' is not defined
>>> 42 - 'hello'
    Traceback (most recent call last):
      File "<stdin>", line 1, in <module>
❷ TypeError: unsupported operand type(s) for -: 'int' and 'str'
```

上述範例中的變數 employeRecord 在輸入時有個錯字，因而引發錯誤❶。由於「NameError: name 'employeRecord' is not defined」訊息中未定義的 employeRecord 是程式碼中特有的部分，因此在搜尋時可以用「**python "Name Error: name" "is not defined"**」來搜尋。範例最後一行錯誤訊息中的「'int' and 'str'」似乎指的是 42 和 'hello' 的值❷，截斷錯誤訊息用「**python "TypeError: unsupported operand type(s) for"**」來搜尋可避開特定於程式碼的部分。如果這些搜尋結果沒有有用的資訊，再嘗試把完整的錯誤訊息拿來搜尋。

利用 Linters 來避免錯誤

解決錯誤的最好方法是不要出錯。Lint 軟體或 linters 這些應用程式能分析原始程式碼，能對任何潛在錯誤提出警告。這個名字是引用了乾衣機內過濾細小纖維和碎屑的棉絮濾網（lint trap）。雖然 linters 沒辦法捕捉所有的錯誤，但是**靜態分析**（不執行原始程式碼的情況下進行檢查）可以識別出因為錯別字引起的常見錯誤（第 11 章會探討如何使用型別提示來進行靜態分析）。許多文字編輯器和整合式開發環境（IDE）中都含有一個在後端背景執行的 linters，能即時指出問題所在，如圖 1-2 所示。

圖 1-2　Mu（上）、PyCharm（中）和 Sublime Text（下）中
能指出未定義變數的 liter 功能

Linter 所提供的即時通知提醒能大幅提升程式設計編寫的效率。如果沒有這樣
的通知提醒，則必須在執行程式後觀察程式的崩潰出錯，閱讀 traceback 內容
後，再到原始程式碼中去修正拼寫錯誤的那行程式。而且，如果程式拼錯了很
多個字，那麼一個執行修復週期只能找出一個錯別字來修訂。Linting 功能可以
一次指出多個錯誤，並且直接在編輯器中就指出，我們在編寫程式時馬上就能
看到發生錯誤的那行程式。

您用的編輯器或 IDE 可能不具備 lint 功能，但如果有支援 plug-in，則幾乎肯定
能使用 linter，一般來說 plug-in 外掛所使用的 linting 模組名稱是 Pyflakes，或
者也可能用其他模組來進行分析。請連到 https://pypi.org/project/pyflakes/ 來安
裝 Pyflakes，也可以透過執行「pip install --user pyflakes」命令來進行安裝。很
值得花點時間來安裝使用。

> NOTE
>
> 在 Windows 系統中可以執行 python 和 pip 命令,但在 macOS 和 Linux 上,這些命令名稱僅適用於 Python 2 版本,因此需要執行 python3 和 pip3 命令來替代。每次在本書中看到使用 python 或 pip 命令時,請留意這一點。

IDLE 這個 Python 隨附的 IDE 就沒有 linter,也不能安裝這樣的功能。

程式問題要怎麼提問才正確?

當網路搜尋和 linters 不能解決您的程式設計問題時,可以在網路上提問尋求幫助,而遵循禮節可以讓您更有效快速地得到建議和解答。如果有經驗的軟體開發專家願意免費回答您的問題,最好是能有效利用他們的寶貴時間。

最好把向陌生人尋求程式設計上的協助當作是最後的選擇。這可能要經過幾個小時或幾天才能有人回答您發布的問題,想要得到完整的回覆可能要等待一段時間。在網路上搜尋已經提問過的類似問題並閱讀別人給的答案,這樣的速度要快得多。線上文件和搜尋引擎的出現減少了必須以人來回答問題的工作。

但如果已用盡其他方法也找不到答案,最後必須向網友詢問您的程式設計問題時,請避開以下常見的錯誤:

■ 問別人是否可以提問卻不直接把真的問題提出。

■ 暗示性提出問題,而不直接詢問。

■ 問錯地方,在不相關的討論區或網站提問。

■ 發文標題或 email 主旨寫得不明確,例如只寫「我有個問題」、「請幫幫我」之類。

■ 只說「我的程式執行不出我要的」,卻不解釋想要讓程式怎麼執行。

■ 沒有提供完整的錯誤訊息。

■ 沒有提供程式碼。

■ 提供的程式碼格式編排很差,讓人看不下去。

■ 沒有解釋您已試過哪些處理。

- 沒有提供作業系統或版本資訊。

- 要求別人寫出程式給您。

避開上述「不要做」的清單是一種禮節，因為這些壞習慣會讓別人幫不了您。要幫您的人第一步是要執行您的程式並試著重現問題。要做到這一點，需要很多資訊來判斷，包括程式碼、電腦系統和您的意圖。一般最常見的狀況是提供的資訊太少而無法回應問題。接下來的幾個小節會探討怎麼防止這些常見錯誤。我先假設讀者是在線上論壇上發布問題，不過這些準則也適用於把問題以電子郵件發送給某個人或郵件論壇的情況。

一次提供所有的資訊，避免來回補充

如果親自面對某個人時提出「我能問您一個問題嗎？」，看看他是否有空，這是種簡短而愉快的方式。但在線上論壇，別人可能會推遲回覆，或是真的都很閒的時候才會回覆。由於兩個回覆之間可能要花上幾個小時，因此最好在最初的發文中提供所有可能需要的資訊，而不是徵求許可才提出問題。如果大家沒有回覆，您可以將此資訊複製並貼到其他論壇試試。

以真實問題的形式來陳述問題

我們很容易假設別人都聽得懂我們解釋問題時想要表達的，但是程式設計的領域範疇很廣闊，大家可能對特定領域的問題並沒有經驗。因此，以真實問題的形式來陳述問題是很重要。雖然句子開頭用「我想要...」或「程式碼不起作用」能暗示問題是什麼，但請明確的陳述問題：在字面上講清楚，句子以問號結尾。否則大家可能不清楚您要問什麼。

在合適的網站上提問

在 JavaScript 論壇上詢問 Python 問題或在網路安全郵件論壇上詢問演算法問題可能得不到回應。一般來說，郵件論壇和線上論壇都有常見問題解答（FAQ）文件或說明頁面，這些頁面都會解釋有哪些主題適合討論。舉例來說，python-dev 郵件論壇的討論是針對 Python 語言的設計功能，並不是一般 Python 問題的討論。https://www.python.org/about/help/這個網頁能將我們指引到適當的地方來詢問遇到的任何 Python 問題。

問題摘要放在標題上

把問題發布到線上論壇的好處是，將來別人有相同問題時都能在網路搜尋時找到該問題及其答案。請務必把問題摘要放在標題主旨上，這樣方便搜尋引擎進行組織整理。一般性的標題如「請幫忙」或「為什麼行不通？」這種語句太模糊了。如果您用電子郵件來提問，有意義的主旨標題能告知想要幫您的人，他們在掃描收件箱時主旨一眼就能看出。

解釋您想要讓程式怎麼運作

「我的程式為什麼不起作用？」這樣的問題省略了您希望程式怎麼執行的關鍵細節。這對想幫您回答問題的人沒作用，因為不知道您的意圖是什麼。就算問題只是「為什麼會出現這種錯誤？」，這都還能指出程式的最終目標是什麼。在某些情況下，網友可能會告訴您試著用完全不同的方法來處理，放棄這個問題不要浪費時間來解決。

放上完整的錯誤訊息

確定有複製貼上整個錯誤訊息，包括 traceback 內容。僅描述錯誤（例如「我遇到了超出範圍的錯誤」）是沒有足夠的細節來讓別人幫您找出錯誤所在。另外，請指出是否一直會遇到此錯誤，或者是間歇性出現。如果您已確定發生錯誤的具體情況，請放入這些詳細資訊。

放上完整的程式碼

除了完整的錯誤訊息和 traceback 內容，連同整支程式的原始程式碼也一起提供。如此一來，想幫您的人就能用他們的電腦來執行程式，並在 debugger 中檢測發生的狀況。最好提供一個最小、完整且可重現（minimum、complete 和 reproducible，縮寫為 MCR）的範例，用它來重現您所遇到的錯誤。

MCR 這個術語來自 Stack Overflow 網站，在 https://stackoverflow.com/help/mcve/ 上有詳細討論。最小（minimum）表示程式範例盡可能短，同時仍能重現您遇到的問題。完整（complete）表示程式範例要包含能重現該問題所需的完整內容。可重現（reproducible）表示程式範例能確實地重現您所描述的問題。

如果您的程式放在一個檔案中，那發送給想要幫您的人是很簡單。只需確定其格式正確就行了，下一段會說明格式的重要性。

Stack Overflow 網站與建立答案歸檔

Stack Overflow 是一個很受歡迎的網站，該網站能回答程式設計相關問題，但是許多程式新手在使用這個網站時還是感到沮喪甚至是害怕。Stack Overflow 的版主以嚴格聞名，會關掉不符合規定的問題討論。Stack Overflow 網站的管理如此嚴格是有理由的。

Stack Overflow 的目的不在於回答問題，而是要建立程式設計問題與答案的歸檔。因此，他們想要的問題是具體、唯一的，而不是有選擇性的。問題會詳細說明，以便讓搜尋引擎的使用者可以輕鬆找到。(在有 Stack Overflow 之前，程式設計師在網路上找答案的情況有時會像 XKCD 漫畫網 https://xkcd.com/979/ 上「Wisdom of the Ancients」這篇的嘲諷。) 一直重複輸入 30 個類似的問題，不僅會重複浪費網站上的志願者和專家的解答時間，也會讓搜尋引擎使用者找到更多混淆的結果。問題需要有具體且客觀的答案，像「什麼是最好的程式語言？」這種問題是一個選擇性的見解，答案可能引起不必要的爭論 (反正我們都已經知道 Python 是最好的程式語言了)。

從需求和尋求協助的角度來看，若只有您發文的問題被關掉是滿尷尬的。我建議您先仔細閱讀本章內容和 Stack Overflow 網站「How do I ask a good question?」中的說明指南，網址是 https://stackoverflow.com/help/how-to-ask/。其次，如果您害怕問出「蠢」問題，那就使用化名來發問吧。Stack Overflow 不需要使用其帳號的真實姓名。如果您想在比較沒那麼嚴格的地方發問，可以考慮到 https://reddit.com/r/learnpython/ 網站提問，這裡接受的提問較為寬鬆。不過在提交問題之前，還是請您一定要閱讀其發布指南。

以適當的格式化讓程式碼具有可讀性

提供程式碼的目的是使幫您解答的人可以執行程式並重現您所遇到的錯誤。他們不僅需要程式碼，也需要有正確的格式。請確定幫您的人能輕鬆複製您的原

始程式碼並按其原樣執行。如果要在電子郵件中複製和貼上原始程式碼時，請注意，許多電子郵件客戶端可能會刪除內縮編排，這樣會導致程式碼變成下列所示這般：

```
def knuts(self, value):
if not isinstance(value, int) or value < O:
raise WizCoinException('knuts attr must be a positive int')
self._knuts = value
```

別人要花費很長的時間重新處理程式碼每一行的內縮格式，而且對程式行要內縮多少也很含糊。為了確保程式碼的編排格式正確，請把程式碼複製貼到 pastebin 這類網站上來處理，這類網站有 https://pastebin.com/ 或 https://gist.github.com/，該網站會把程式碼儲存在簡短的公用 URL，例如 https://pastebin.com/XeU3yusC。分享這個 URL 比使用檔案附件更容易。

如果要把程式碼發布到像 https://stackoverflow.com/ 或 https://reddit.com/r/learnpython/ 的網站中，請確定您是使用其文字方塊所提供的格式設定工具。一般來說，內縮四個空格的程式行會用等寬的程式碼字型，這樣會更易於閱讀。我們還可以用反引號（`）字元把文字括起來，將其置於等寬程式碼字型中。這些網站通常都有提供格式資訊的連結。若沒有使用前述這些技巧，貼上的程式碼可能會亂掉，全部會擠在一行中，如下所示：

```
def knuts(self, value):if not isinstance(value, int) or value < O:raise
WizCoinException('knuts attr must be a positive int') self._knuts = value
```

此外，不要使用螢幕截圖或圖片的方式發送圖像來提供程式碼。因為這樣是無法複製和貼上圖片中的程式碼，通常也不好閱讀。

告知幫您的人已做了哪些嘗試

發布問題時，請告知幫您的人已做了哪些嘗試以及得到什麼樣的結果。這些資訊所提供的線索能讓人免去重試這些錯誤的時間，也表明了您有努力想要解決自己的問題。

此外，這些資訊說明了您是尋求協助，而不是只在要求別人幫您寫程式而已。不幸的是，電腦相關科系的學生常常要求線上的陌生人幫他們寫作業，也有些企業還要求別人免費幫他們建立「很快能用的 App」，這些怪現象很常見。但程式設計論壇的協助並不是用來做這種事情的。

描述您的設定

您電腦的特殊設定可能會影響程式的執行方式，也可能導致錯誤的發生。為確保幫您的人能在他們的電腦上重現您的問題，請提供關於您電腦的下列資訊：

- 作業系統和版本，例如「Windows 10 Professional Edition」或「macOS Catalina」。

- 執行程式的 Python 版本，例如「Python 3.7」或「Python 3.6.6」。

- 您的程式所使用的任何第三方模組及其版本，例如「Django 2.1.1」。

我們可以透過執行「pip list」命令來查看已安裝的第三方模組的版本。按照慣例，將模組的版本包含在 __version__ 屬性中，如下列在互動式 Shell 模式中所示的操作：

```
>>> import django
>>> django.__version__
'2.1.1'
```

很有可能這些資訊並不是必須的。但為了減少來回詢問的次數，無論如何，請在您的最初發文的帖子中提供此資訊。

提問的實例

以下是遵循上一節內容所示範的正確提問：

Selenium webdriver: How do I find ALL of an element's attributes?

In the Python Selenium module, once I have a WebElement object I can get the value of any of its attributes with get_attribute():

foo = elem.get_attribute('href')

If the attribute named 'href' doesn't exist, None is returned.

My question is, how can I get a list of all the attributes that an element has? There doesn't seem to be a get_attributes() or get_attribute_names() method.

I'm using version 2.44.0 of the Selenium module for Python.

Selenium webdriver: 我要怎麼找出所有的元素屬性

在 Python Selenium 模組中，一旦有了 WebElement 物件，就可以用 get_attribute() 取得物件任何屬性的值：

foo = elem.get_attribute('href')

如果屬性名稱 'href' 不存在會返回 None。

我的問題是，我要怎麼取得所有的元素屬性而不是只列出一個？好像不是用 get_attributes() 或 get_attribute_names() 方法。

我使用的是 2.44.0 版的 Python Selenium 模組。

這個問題來自 https://stackoverflow.com/q/27307131/1893164/。標題用一個句子摘要問題的重點。提問是以問題的形式來陳述，並以問號結尾。將來若是某個人在網路上的搜尋結果中閱讀到此標題，就會立即知道這個標題是否與他的問題相關。

這個提問是用等寬程式碼字型來格式化其程式碼，並把文字分成多個段落。很明顯可看出這篇文章中的提問內容：甚至用了「我的問題是」來開頭。其中也列出了 get_attributes() 或 get_attribute_names() 可能不是答案，這表示提問者已嘗試用這兩個方法來解決方案，同時暗示了這個問題真正答案的樣子。提問者還寫上 Selenium 模組版本的資訊，以方便別人參考。提供的資訊不怕寫太多，就怕寫的不夠。

總結

對於程式設計的問題，有能力自己找答案是程式設計師必須學習的最重要技能。由網路上很多程式設計師建立的大量參考資源，能提供您需要的答案。

但首先，您必須要解析 Python 引發的隱密錯誤訊息。如果您看不懂錯誤訊息的文字，那也沒關係，可以把這段文字提交給搜尋引擎，查詢錯誤訊息較白話的解釋以及可能的原因。錯誤訊息的 traceback 內容會指示錯誤在程式中哪個位置發生的。

當我們在編寫程式碼時，即時的 linter 功能可以指出拼寫和潛在的錯誤。Linter 功能非常有用，現代軟體開發實際上很需要它們。如果您用的文字編輯器或 IDE 沒有 linter 或不能外掛 linter 功能，請考慮換一個吧。

本章談到怎麼提出一個明確具體的問題，提供完整的原始程式碼和錯誤訊息的詳細資訊，解釋您已嘗試過的內容，並告知您正在使用什麼作業系統和 Python 版本。發布的答案不僅可以解決了您的問題，也幫助了將來遇到相同問題的其他程式設計師，他們能搜尋到您發文的帖子。

如果您一直還是需要上網找答案並尋求協助，請不要灰心。程式設計的領域很廣泛，沒有人能一次掌握所有的東西。即使是經驗豐富的軟體開發專家，他們也會每天查詢線上文件和找尋解決方案。多多熟練怎麼找出解決方案，讓您慢慢成為一位精明的 Python 高手。

第 2 章
環境設定與命令提示模式

環境設定是指把電腦的系統環境組織整理好，讓我們能順利設計編寫程式碼的過程。這個過程涉及安裝各種必要的工具、對其進行配置，以及在設定過程中處理各種小問題。並沒有統一的設定過程，因為每個人所擁有的電腦規格可能都不相同，它們有著不同的作業系統、不同的作業系統版本和 Python 直譯器版本。即使如此，本章仍會描述一些基本概念，幫助讀者使用命令提示模式、環境變數和檔案系統來管理自己的電腦。

學習這些概念和工具有點讓人頭疼。也許讀者就只想設計和編寫程式碼，而不是在配置設定中改來改去，也不想了解硬邦邦的主控台命令，但是從長遠來看，這些技能卻可以節省時間，忽略錯誤訊息或隨便修改配置設定來讓系統可以執行可能會掩蓋問題而無法根治。花點時間深入了解這些問題，就能根治問題和防止再次發生。

檔案系統

檔案系統是作業系統用來組織管理資料的儲存和取用。檔案有兩個關鍵屬性：**檔案名稱**（通常是一個單字）和**路徑**。路徑指出了檔案在電腦上存放的位置。舉例來說，我的 Windows 10 筆記型電腦中有個 project.docx 檔案放在路徑 C:\Users\Al\Documents 中。檔案名稱和句點之後的部分就是檔案的副檔名，告知我們檔案的類型。檔案名稱 project.docx 是個 Word 文件檔，而 Users、Al 和 Documents 都是指**資料夾**（也稱為**目錄**）。資料夾中可以放檔案和其他資料夾。從上述的這個例子來看，project.docx 檔放在 Users 資料夾中的 Al 資料夾中的 Documents 資料夾內。圖 2-1 顯示了這個資料夾的組織結構。

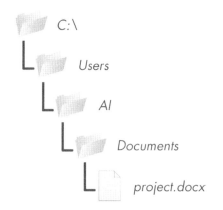

圖 2-1 檔案在資料夾中所呈現的階層組織結構

路徑的 C:\ 部分是根目錄（根資料夾），這裡含有所有其他資料夾。在 Windows 系統中，根目錄名為 C:\，也稱 C: 磁碟。在 macOS 和 Linux 上，根目錄為 /。本書的使用慣例是 Windows 風格的根目錄 C:\。如果要在 macOS 或 Linux 的互動式 shell 模式內輸入範例，則請輸入 / 代表根目錄。

其他磁碟裝置，例如 DVD 裝置或 USB 隨身碟，在不同的作業系統上會有不同的方式呈現。在 Windows 系統中，顯示的是沒使用的新字母來代表，例如 D:\ 或 E:\。在 macOS 系統中，它們在 /Volumes 資料夾中顯示成為新的資料夾。在 Linux 系統上，它們則顯示為 /mnt(" mount") 資料夾中的新資料夾。請留意，資料夾名稱和檔名在 Windows 和 macOS 中都不區分英文字母大小寫，但在 Linux 上則有區分大小寫。

Python 中的路徑

在 Windows 系統內是用反斜線（\）來分隔資料夾和檔名，但在 macOS 和 Linux 中則用斜線（/）來分隔。為了讓 Python 程式能跨這兩種平台相容，程式碼可以使用 pathlib 模組和 / 運算子來代替。

引入 pathlib 的典型方法是使用「from pathlib import Path」陳述句。由於 Path 類別是 pathlib 中最常用的類別，因此上述的寫法格式能讓您直接鍵入 Path 而不用鍵入 pathlib.Path。我們可以把整個資料夾或檔案名稱的字串傳入 Path()，這樣就能建立該資料夾或檔名的 Path 物件。只要表示式中最左側的物件是 Path 物件，就可以用 / 運算子將 Path 物件或字串連接在一起。請在互動式 Shell 模式中輸入以下內容：

```
>>> from pathlib import Path
>>> Path('spam') / 'bacon' / 'eggs'
WindowsPath('spam/bacon/eggs')
>>> Path('spam') / Path('bacon/eggs')
WindowsPath('spam/bacon/eggs')
>>> Path('spam') / Path('bacon', 'eggs')
WindowsPath('spam/bacon/eggs')
```

請留意，因為我在 Windows 電腦上執行了此範例，所以 Path() 返回了 Windows Path 物件。若在 macOS 和 Linux 系統，則會返回 PosixPath 物件（POSIX 是針對類 Unix 作業系統的一套標準，已超出了本書介紹的範圍）。就我們的目的來看，這兩種類型並沒什麼區別。

我們可以把 Path 物件傳入 Python 標準程式庫中需要檔案名稱的任何函式。例如，函式呼叫「open(Path('C:\\') / 'Users' / 'Al' / 'Desktop' / 'spam.py')」等同於「open(r'C:\Users\Al\Desktop\spam.py')」。

家目錄

在電腦中每位使用者都有個**家目錄**（home directory）或稱**家資料夾**（home folder）來存放檔案。呼叫 Path.home() 即可取得家目錄的 Path 物件：

```
>>> Path.home()
WindowsPath('C:/Users/Al')
```

不同的作業系統其家目錄放置的位置也不相同：

- 在 Windows 系統中，家目錄是 C:\Users。

- 在 Mac 系統中，家目錄是 /Users。

- 在 Linux 系統中，家目錄是 /home。

您的程式腳本應該具有讀取和寫入家目錄檔案的權限，因此這個路徑是存放 Python 程式執行時一起使用之檔案的理想位置。

目前工作目錄

在電腦上執行的每支程式都有一個**目前工作目錄**（**current working directory**，縮寫為 **cwd**）。我們可以假設所有不以根目錄開頭的檔名或路徑都是放在 cwd 中。雖然「資料夾（folder）」是「目錄（directory）」較新的講法，但請注意，目前工作目錄（或簡稱工作目錄）是標準術語，沒有「目前工作資料夾」這樣的講法。

我們可以用 Path.cwd() 函式取得 cwd 的 Path 物件，而且可以使用 os.chdir() 來切換工作目錄的路徑。請在互動式 Shell 模式中輸入以下內容：

```
>>> from pathlib import Path
>>> import os
❶ >>> Path.cwd()
WindowsPath('C:/Users/Al/AppData/Local/Programs/Python/Python38')
❷ >>> os.chdir('C:\\Windows\\System32')
>>> Path.cwd()
WindowsPath('C:/Windows/System32')
```

上述例子中，cwd 是設為 C:\Users\Al\AppData\Local\Programs\Python\Python38 ❶，所以 project.docx 檔是指 C:\Users\Al\AppData\Local\Programs\Python\ Python 38\project.docx 檔。當我們切換工作目錄到 C:\Windows\System32 之後 ❷，那麼 project.docx 檔就是指 C:\Windows\System32\project.docx 檔。

如果我們試著切換到不存在的目錄位置，則 Python 會顯示錯誤訊息：

```
>>> os.chdir('C:/ThisFolderDoesNotExist')
Traceback (most recent call last):
  File "<stdin>", line 1, in <module>
FileNotFoundError: [WinError 2] The system cannot find the file specified:
'C:/ThisFolderDoesNotExist'
```

os 模組中的 os.getcwd() 函式是舊版的方法，可取得目前工作目錄，並當作字串返回。

絕對與相對位置

有兩種指定檔案路徑的方式。

■ 「絕對路徑」是從根目錄開始。

■ 「相對路徑」是相對於程式的目前工作目錄。

另外還有點（.）和點點（..）資料夾，這兩者不是真正的資料夾，而是能在路徑中使用的特別名稱。點（.）當作資料夾名稱來用時是指「這個資料夾」的縮寫，而點點（..）的意思是「上層資料夾（父層資料夾）」。

圖 2-2 是資料夾和檔案的例子。如果目前工作目錄設在 C:\bacon，這些資料夾和檔案的相對目錄則如圖所示。

「\.」在相對路徑的開始處是選擇性可使用或不使用，舉例來說，.\spam.txt 和 spam.txt 都是指到相同的檔案。

圖 2-2 在工作目錄 C:\bacon 中的資料夾和檔案的相對路徑

程式與處理程序

程式（program） 是可以執行的任何軟體應用程式，例如 Web 瀏覽器，試算表應用程式或文書處理軟體。**處理程序（process，或譯為進程）** 是程式的執行實體（instance）。例如，圖 2-3 為同一支小算盤程式的五個執行實體。

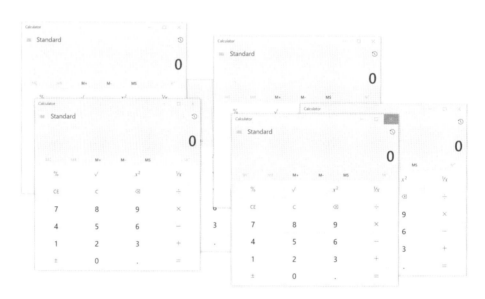

圖 2-3　同一支小算盤程式執行多次，成為多個獨立的處理程序

即使是執行同一支程式，其執行出來的處理程序也是彼此保持獨立的。舉例來說，如果您同時執行多個 Python 程式實體，則各個處理程序會有其各別的變數值。各個處理程序（就算是執行同一支程式的處理程序），都有自己的工作目錄和環境變數設定值。一般來說，命令提示模式一次只能執行一個處理程序（不過我們卻可以同時執行多個命令提示模式）。

各個作業系統都有其查看正在執行的處理程序（進程）清單的方式。在 Windows 系統中，我們可以按下 CTRL-SHIFT-ESC 鍵來打開 Windows 工作管理員應用程式。在 macOS 系統內，可以執行 Applications→Utilities→Activity Monitor。在 Ubuntu Linux 系統中，則可按下 CTRL-ALT-DEL 鍵打開一個也稱為工作管理員的應用程式。如果正在執行的處理程序無回應（當掉），工作管理員可以強制終止。

命令提示模式

命令提示模式是個以文字為基礎的程式，能讓我們輸入命令來與作業系統進行互動和執行程式。在稱呼上有人也叫它是命令行（command line）、命令行界面（CLI，command line interface），命令提示字元（command prompt）、終端模式（terminal）、shell 或主控台（console）。另外也提供了**圖形使用者界面（GUI）**的替代方案，允許使用者不僅是文字為基礎的界面與電腦互動，還能以圖形界面來操作。與命令提示模式相比，GUI 提供使用者視覺訊息，可引導使用者更輕鬆地完成工作。大多數電腦使用者把命令提示模式視為進階功能，一直都不想碰它。害怕使用的部分因素是這個模式完全沒有提示，讓人不知怎麼使用。圖形使用界面則可能會顯示一個按鈕，讓我們知道要按下的位置，但是空白的終端視窗內只有一閃一閃的游標，並不會提醒您鍵入什麼命令。

不過有充分的理由讓您去熟練使用命令提示模式。第一點，設定環境時大都需要使用命令提示模式而不是圖形視窗。第二點，輸入命令比使用滑鼠點按圖形視窗的操作快很多。與使用滑鼠在圖示按鈕上移來移去相比，以文字為基礎的命令也較為直接。命令式操作能更容易實現自動化處理，因為我們可以把多個特定命令組合到程式腳本中來執行較複雜的操作。

命令提示模式的程式在電腦中是個執行檔。在這種情況下，我們通常稱此模式為 shell 模式或 shell 程式。執行 shell 程式就能開啟命令提示終端視窗：

- 在 Windows 中，shell 程式放在 C:\Windows\System32\cmd.exe。

- 在 macOS 中，shell 程式放在 /bin/bash。

- 在 Ubuntu Linux 中，shell 程式放在 /bin/bash。

多年以來，程式專家們為 Unix 作業系統建立了許多 shell 程式，例如 Bourne Shell（名為 sh 的執行檔）和後來的 Bourne-Again Shell（名為 Bash 的執行檔）。Linux 預設使用 Bash，而 macOS 在 Catalina 和較新的版本中使用類似 Zsh 或 Z shell。由於有著不同的開發歷史，Windows 系統則是使用名為命令提示字元的 shell。所有這些程式都做同樣的事情：它們提供的是以文字為基礎的 CLI 終端視窗，使用者可以在其中輸入命令並執行程式。

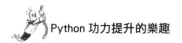

在這一小節中，我們將要學習一些關於命令提示模式的基礎概念和常用命令。學會之後就能掌握很多好用的命令並變成熟練的高手，不過您其實只需了解十幾個左右的命令就能解決大多數的問題。在不同的作業系統中，確切的命令名稱可能會略有不同，但其基本概念是相同的。

開啟終端視窗

若想要開啟終端視窗，請依照下列方式處理：

- 在 Windows 中，請按下「開始」鈕，輸入「**命令提示字元**」，再按下 Enter 鍵。

- 在 macOS 中，請按下右上角的「**Spotlight**」鈕，輸入「**Terminal**」，再按下 Enter 鍵。

- 在 Ubuntu Linux 中，請按下鍵盤的 WIN 鍵展開 Dash，輸入「**Terminal**」，再按下 Enter 鍵。或是直接按下快速鍵 CTRL-ALT-T。

就像互動式 shell 模式中所顯示的 >>> 提示字元一樣，終端視窗中也會顯示一個提示符號，讓我們可以在其中輸入命令。在 Windows 系統中，提示字元會是我們目前所在資料夾的完整路徑：

```
C:\Users\Al>your commands go here
```

在 macOS 系統內，提示字元會顯示您的電腦名稱、冒號、代表 cmd 家目錄位置的波浪符號（~），接著是使用者名稱和後面的金錢符號（$）：

```
Als-MacBook-Pro:~ al$ your commands go here
```

在 Ubuntu Linux 系統中，提示字元則與 macOS 很相似，不同之處在於該提示字元是以使用者名稱和一個 @ 符號開頭：

```
al@al-VirtualBox:~$ your commands go here
```

為了簡化範例的呈現，大多數書籍和教材都把命令提示字元用 $ 表示。提示字元是可以自訂的，但不在本書的講解範圍。

從命令提示模式執行程式

若想要執行程式或命令，請在命令提示模式中輸入其名稱。讓我們以執行作業系統隨附的預設小算盤（計算機）程式為例。在命令提示中輸入以下內容：

- 在 Windows 中，輸入 **calc.exe**。

- 在 macOS 中，輸入 **open -a Calculator**（從技術上來看，是先執行 open 程式，再執行 Calculator 程式）。

- 在 Linux 中，輸入 **gnome-calculator**。

程式名稱和命令在 Linux 上是有區分英文字母大小寫的，但在 Windows 和 macOS 上則不區分大小寫。這表示在 Linux 上必須鍵入 gnome-calculator，但在 Windows 上可鍵入 Calc.exe，而在 macOS 上鍵入 OPEN -a Calculator 也沒問題。

在命令提示模式中輸入小算盤程式名稱就等同於從「開始」功能表、Finder 或 Dash 中執行這個程式。這些小算盤程式的名稱會當作命令，而 calc.exe、open 和 gnome-calculator 程式則是存在於 PATH 環境變數有指定的資料夾內，後面介紹的「環境變數與 PATH」小節中會再作詳細說明。只要在命令提示模式內輸入程式名稱，shell 就會檢查 PATH 設定的資料夾中是否存有該名稱的程式。在 Windows 中，shell 在檢查 PATH 中的資料夾之前會先在 cwd（您看到的提示字元路徑）中尋找程式。若要告知 macOS 和 Linux 上的命令提示模式先檢查 cwd 時，必須在檔案名稱前輸入 ./。

如果程式沒有放在 PATH 指定的路徑中，有兩個作法可選擇：

- 使用 cd 命令將 cwd 路徑切換到含有該程式的資料夾內，然後再輸入程式名稱。例如，我們輸入以下兩個命令：

```
cd C:\Windows\System32
calc.exe
```

- 輸入執行程式執行檔的完整路徑。例如，我們輸入 C:\Windows\System32\calc.exe，而不是只輸入 calc.exe。

在 Windows 系統中，如果程式的副檔名以 .exe 或 .bat 結尾，則副檔名要不要輸入都可以：輸入 calc 與輸入 calc.exe 作用相同。macOS 和 Linux 中的可執行程式一般沒有副檔名，但有設定可執行的權限設定。本書後面章節中的「不在命令提示模式中執行 Python 程式」小節會提供更多這方面的資訊。

使用命令行引數

命令行引數（**Command line arguments**）是在命令名稱之後會輸入的一些文字，如同傳入 Python 函式呼叫的引數一樣，引數為命令提供特定的選項或其他作用。例如，當我們執行命令「cd C:\Users」時，「C:\Users」部分就是 cd 命令的引數，告知 cd 要切換更改到哪一個資料夾。或者，當我們使用「python yourScript.py」命令從終端視窗執行 Python 程式腳本時，yourScript.py 部分就是個引數，告知 python 程式在哪一個程式檔中尋找要執行的指令。

命令行選項（也稱為旗標、開關或選項）可能是單個字母或短的單字命令行引數。在 Windows 之中，命令行選項一般會以正斜線（ / ）開頭；在 macOS 和 Linux 中，則以單破折號（ - ）或雙破折號（ -- ）開頭。在執行 macOS 命令「open -a Calculator」時，我們就已經使用了 -a 選項。命令行選項在 macOS 和 Linux 上一般是區分大小寫，但在 Windows 內則不區分大小寫。此外，我們是用空格來分隔多個命令行選項。

資料夾和檔案名稱是常見的命令行引數。如果資料夾或檔案的名稱中含有空格，請把名稱括在雙引號內以免混淆命令行。舉例來說，如果要把目錄路徑切換到名為 Vacation Photos 的資料夾中，輸入「cd Vacation Photos」有可能混淆命令行認為我們傳入兩個引數：Vacation 和 Photos。因此，輸入「cd "Vacation Photos"」才正確：

```
C:\Users\Al>cd "Vacation Photos"

C:\Users\Al\Vacation Photos>
```

很多命令的另一個最常見引數是在 macOS 和 Linux 上用 --help，和在 Windows 中用 /?。這個引數能叫出與命令相關的說明資訊。舉例來說，如果在 Windows 上執行 cd /?，shell 會列出 cd 命令的功能說明和其相關的命令行引數：

```
C:\Users\AI>cd /?
顯示目前工作目錄的名稱或是變更目錄。

CHDIR [/D] [drive:][path]
CHDIR [..]
CD [/D] [drive:][path]
CD [..]

  ..   指定變更到上層目錄。
```

```
輸入 CD drive: 即可顯示指定磁碟機的目前工作目錄。
僅輸入 CD 而不加參數,即可顯示目前的磁碟機和目錄。

使用 /D 參數可以同時變更工作磁碟機及其工作目錄。
--省略--
```

這項輔助說明資訊告訴我們 Windows 的 cd 命令有另一個名稱 chdir(當較短的 cd 命令有相同功用時,大多數人不會鍵入較長的 chdir)。中括號為可選擇性的參數。舉例來說,CD [/D] [drive:][path] 告訴我們可以使用 /D 選項來指定磁碟機或路徑。

不幸的是,命令的 /? 和 --help 資訊對有經驗的使用者可當作提示和提醒,但其解釋通常還是較含糊。對於初學者來說,這些說明並不是很好的學習資源。建議讀者改用專門的書籍或網路教材,例如 William Shotts 所著的 *The Linux Command Line*, 2nd Edition (2019),OccupyTheWeb 所著的 *Linux Basics for Hackers* (2018) 或 Adam Bertram 所著的 *PowerShell for Sysadmins* (2020) 等書籍,這些全都出版自 No Starch Press。

在命令提示模式使用 -c 執行 Python 程式碼

如果您想要執行少量、一次性、且用過就丟的 Python 程式碼,可以在 Windows 的 python.exe 或 macOS 和 Linux 的 python3 執行時傳入 -c 選項。要執行的程式碼是放在 -c 選項之後,並用雙引號括起來。例如,在終端視窗中輸入以下內容:

```
C:\Users\Al>python -c "print('Hello, world')"
Hello, world
```

當我們想查看某條 Python 指令的結果而不想浪費時間進入互動式 shell 模式時,-c 選項就非常方便。例如,我們可以快速顯示 help() 函式的輸出,然後返回到命令提示模式:

```
C:\Users\Al>python -c "help(len)"
Help on built-in function len in module builtins:

len(obj, /)
    Return the number of items in a container.

C:\Users\Al>
```

從命令提示模式執行 Python 程式檔

Python 程式檔是個副檔名為 .py 的文字檔。這種檔案並不是可執行檔,還是需要透過 Python 直譯器讀取這種檔案中的 Python 指令來執行。在 Windows 系統內,直譯器的執行檔為 python.exe。在 macOS 和 Linux 系統中則是 python3(原本的 python 檔含有 Python 2 版本直譯器)。執行 python yourScript.py 或 python3 yourScript.py 命令就能執行儲存在名為 yourScript.py 檔中的 Python 指令。

執行 py.exe 程式

在 Windows 系統中,Python 在 C:\Windows 資料夾中安裝了一個 py.exe 程式。這個程式與 python.exe 相同,但只接受附加的命令行引數來執行電腦上所安裝的任何 Python 版本。我們可以從任何資料夾執行 py 命令,因為 PATH 環境變數中已指定了 C:\Windows 資料夾。如果電腦中安裝了多個 Python 版本,則在執行 py 時會自動以電腦上安裝的最新版本來執行。我們還可以傳入 -3 或 -2 命令行引數來區分執行安裝的 Python 3 或 2 版本。又或者,我們可以輸入更特定的版本編號,例如 -3.6 或 -2.7 來執行安裝好的特定 Python 版本。切換版本後,就可以使用傳給 python.exe 一樣所有相同的命令行引數傳到 py.exe 來執行。下面的例子是從 Windows 命令提示模式中執行以下內容:

```
C:\Users\Al>py -3.6 -c "import sys;print(sys.version)"
3.6.6 (v3.6.6:4cf1f54eb7, Jun 27 2018, 03:37:03) [MSC v.1900 64 bit (AMD64)]

C:\Users\Al>py -2.7
Python 2.7.14 (v2.7.14:84471935ed, Sep 16 2017, 20:25:58) [MSC v.1500 64 bit
(AMD64)] on win32
Type "help", "copyright", "credits" or "license" for more information.
>>>
```

當您的 Windows 系統中安裝了多個 Python 版本,並且在執行時需要指定版本的話,py.exe 程式就十分好用。

從 Python 程式內執行命令提示模式中的命令

Python 的 subprocess 模組中有個 subprocess.run() 函式可以讓我們在 Python 程式內執行命令提示模式中的命令,並將執行結果以字串形式返回。舉例來說,下列範例程式中使用了「ls -al」命令:

```
    >>> import subprocess, locale
❶  >>> procObj = subprocess.run(['ls', '-al'], stdout=subprocess.PIPE)
❷  >>> outputStr = procObj.stdout.decode(locale.getdefaultlocale()[1])
    >>> print(outputStr)
    total 8
    drwxr-xr-x 2 al al 4096 Aug 6 21:37 .
    drwxr-xr-x 17 al al 4096 Aug 6 21:37 ..
    -rw-r--r-- 1 al al 0 Aug 5 15:59 spam.py
```

我們把 ['ls', '-al'] 串列傳入 subprocess.run() 中❶，此串列有個 ls 命令，後面跟著一個單獨的字串當成引數。請注意，如果傳入 ['ls -al']，這條命令是沒有作用的。命令執行結果存放在 outputStr ❷。subprocess.run() 和 locale.getdefault locale() 的線上說明文件能提供更詳細的資訊讓我們更能了解其運作原理，這些資訊能讓程式碼可以在各種作業系統的 Python 中順利運作。

使用 Tab 鍵自動完成來縮減輸入的動作

重度使用者可能每天要花不少時間在電腦上輸入命令，還好現代的命令提示模式有一些功能可以最大程度地縮減必須的鍵入動作。

Tab 鍵自動完成這項功能（也稱為命令提示自動完成，或簡稱自動完成）可以讓使用者在鍵入資料夾或檔案名稱的前幾個字元後，按下 Tab 鍵讓 shell 程式自動幫我們填完名稱後面的內容。

舉例來說，我們在 Windows 的命令提示字元中輸入「cd c:\u」，再按下 Tab 鍵後，系統會尋找 C:\ 裡面 u 開頭的資料夾或檔案，然後自動完成 c:\Users。輸入時 u 的大小寫並不影響其功能（但在 macOS 和 Linux 中就有區分大小寫）。如果在 C:\ 裡面 U 開頭的資料夾或檔案有很多個，持續按一下 Tab 鍵可逐一循環選用這幾個 U 開頭的名稱。若想要縮小比對符合的條件，例如輸入「cd c:\us」再按下 Tab 鍵，這樣就會篩選符合以 us 開頭可能的資料夾和檔案名稱。

macOS 和 Linux 也支援多次按下 Tab 鍵循環選用多個符合條件的名稱。下列的範例中，使用者輸入「cd D」，然後按了二下 Tab 鍵：

```
al@al-VirtualBox:~$ cd D
Desktop/   Documents/ Downloads/
al@al-VirtualBox:~$ cd D
```

輸入 D 之後按了二下 Tab 鍵導致 shell 程式顯示出所有符合條件的名稱。隨後 shell 程式又再顯示出您輸入內容，在這裡，您可以接著輸入 e 再按下 Tab 鍵讓 shell 程式自動完成「cd Desktop/」命令。

Tab 鍵自動完成功能很好用，很多 GUI IDE 和文字編輯器都具備了這項功能。與命令提示模式不同的是，GUI 程式可能會顯示一個符合您輸入內容的小選單，讓您從中選擇一個來完成剩下的內容。

檢視命令的使用歷史紀錄

現在的 shell 程式大都會記下您輸入使用過的命令，放在命令的**歷史紀錄**（**command history**）中。在終端模式中按下 Up 鍵會顯示您前一次使用的命令。持續再按下 Up 鍵可向前翻找前幾次使用過的命令，又或者按下 Down 鍵可選回更後面使用的命令。如果想要終止目前提示執行中的命令，可按下 Ctrl-C 鍵，隨即會顯示新的提示。

在 Windows 系統中，可以執行 doskey /history 來檢閱使用過的命令歷史紀錄（這個奇怪的 doskey 程式所取的名稱可以追溯到 Microsoft 在 Windows 之前的作業系統 MS-DOS）。在 macOS 和 Linux 中，可執行 history 命令來檢閱命令的歷史紀錄。

常用命令的活用

這一小節會介紹一些在命令提示模式中很常使用的命令，除了這裡列出的命令和引數以外，其實還有更多沒介紹，但這裡列出的內容已足夠讓讀者瀏覽和操控命令提示模式。

本節中命令的引數會放在中括號之間。例如「cd [destination folder]」表示使用者應該輸入 cd，然後輸入新資料夾的名稱。

使用萬用字元比對資料夾和檔案名稱

許多命令是以資料夾和檔案名稱作為引數。一般來說，這些命令是可以接受帶有萬用字元 * 和 ? 的名稱，讓命令能比對找到更多符合我們指定的結果。* 字元是指在比對時可以當作任意數量的字元，而 ? 字元則是指比對時當作任何一個單一的字元。我們稱呼使用 * 和 ? 的表示式為萬用字元 **glob 模式**（是 global 模式的縮寫）。

Glob 模式可讓我們指定檔名的模式。舉例來說，我們可以用 dir 或 ls 命令來顯示 cwd 中的所有檔案和資料夾。但如果只想顯示出 Python 檔案，則可以使用「dir *.py」或「ls *.py」，這樣就只顯示以 .py 結尾的檔案。glob 模式的「*.py」表示「任何字元群組後面跟著 .py」：

```
C:\Users\Al>dir *.py
 Volume in drive C is Windows
 Volume Serial Number is DFF3-8658
 Directory of C:\Users\Al

03/24/2019 10:45 PM             8,399 conwaygameoflife.py
03/24/2019 11:00 PM             7,896 test1.py
10/29/2019 08:18 PM            21,254 wizcoin.py
               3 File(s)        37,549 bytes
               0 Dir(s) 506,300,776,448 bytes free
```

glob 模式 records201?.txt 的意思是「records201 後面接著任何一個字元，再接著 .txt」。比對時 records2010.txt 和 records2019.txt 都是符合的結果（像檔名 records201X.txt 也符合）。glob 模式 records20??.txt 則會比對任意兩個字元，像 records2021.txt 或 records20AB.txt 都相符。

使用 cd 切換目錄

執行「cd [destination folder]」來切換 shell 模式的目的資料夾：

```
C:\Users\Al>cd Desktop

C:\Users\Al\Desktop>
```

shell 模式會以目前工作目錄（cwd）來當作提示字元，命令中所使用的任何資料夾或檔案都是以這個目錄來為基準。

如果資料夾名稱中含有空格，請用雙引號將名稱括起來。要將目前工作目錄切換更改為使用者的家目錄，請在 macOS 和 Linux 上輸入「**cd ~**」，而在 Windows 中輸入「**cd %USERPROFILE%**」。

在 Windows 中，如果要切換目前的磁碟機，只需要先輸入磁碟機字母代號再加上冒號即可：

```
C:\Users\Al>d:

D:\>cd BackupFiles

D:\BackupFiles>
```

若想要切換到目前工作目錄的上一層，可以「..」當作資料夾名稱：

```
C:\Users\Al>cd ..

C:\Users>
```

使用 dir 和 ls 列出資料夾的內容

在 Windows 中，dir 命令可顯示出 cwd 中的資料夾和檔案。而 ls 命令在 macOS 和 Linux 內也有相同的作用。我們可以透過執行「dir [another folder]」或「ls [another folder]」來顯示另一個資料夾的內容。

-l 和 -a 開關是 ls 命令常用的引數。預設情況下，ls 只顯示檔案和資料夾的名稱。若想要顯示完整格式，包括檔案大小、權限、上次修改時間戳記和其他資訊，則請使用 -l。按照慣例，macOS 和 Linux 作業系統把以句點開頭的檔案視為設定配置檔，其屬性為隱藏，使用一般命令是不會顯示的。您可以使用 -a 讓 ls 顯示所有檔案，包括隱藏檔也顯示。若想要同時顯示完整格式的所有檔案，可組合二個引數為「ls -al」。以下是 macOS 或 Linux 終端視窗中的範例：

```
al@ubuntu:~$ ls
Desktop    Downloads         mu_code  Pictures   snap        Videos
Documents  examples.desktop  Music    Public     Templates
al@ubuntu:~$ ls -al
total 112
drwxr-xr-x 18 al    al    4096 Aug  4 18:47 .
drwxr-xr-x  3 root root 4096 Jun 17 18:11 ..
-rw-------  1 al    al    5157 Aug  2 20:43 .bash_history
-rw-r--r--  1 al    al     220 Jun 17 18:11 .bash_logout
-rw-r--r--  1 al    al    3771 Jun 17 18:11 .bashrc
drwx------ 17 al    al    4096 Jul 30 10:16 .cache
drwx------ 14 al    al    4096 Jun 19 15:04 .config
drwxr-xr-x  2 al    al    4096 Aug  4 17:33 Desktop
--省略--
```

在 Windows 中和「ls -al」作用相同的是 dir 命令。以下是 Windows 終端視窗中
的範例：

```
C:\Users\Al>dir
 Volume in drive C is Windows
 Volume Serial Number is DFF3-8658

 Directory of C:\Users\Al

06/12/2019 05:18 PM    <DIR>          .
06/12/2019 05:18 PM    <DIR>          ..
12/04/2018 07:16 PM    <DIR>          .android
--省略--
08/31/2018 12:47 AM            14,618 projectz.ipynb
10/29/2014 04:34 PM           121,474 foo.jpg
```

用 dir / s 和 find 列出子資料夾的內容

在 Windows 系統中，使用「dir / s」可以把目前工作目錄和其子資料夾中的內
容顯示出來。舉例來說，下列的範例是顯示出 C:\github\ezgmail 資料夾和其子
資料夾中所有 .py 的檔案。

```
C:\github\ezgmail>dir /s *.py
 Volume in drive C is Windows
 Volume Serial Number is DEE0-8982

 Directory of C:\github\ezgmail

06/17/2019 06:58 AM             1,396 setup.py
               1 File(s)         1,396 bytes

 Directory of C:\github\ezgmail\docs

12/07/2018 09:43 PM             5,504 conf.py
               1 File(s)         5,504 bytes

 Directory of C:\github\ezgmail\src\ezgmail

06/23/2019 07:45 PM            23,565 __init__.py
12/07/2018 09:43 PM                56 __main__.py
               2 File(s)        23,621 bytes

     Total Files Listed:
               4 File(s)        30,521 bytes
               0 Dir(s)  505,407,283,200 bytes free
```

「find . -name」命令在 macOS 和 Linux 上也有相同的作用：

```
al@ubuntu:~/Desktop$ find . -name "*.py"
./someSubFolder/eggs.py
./someSubFolder/bacon.py
./spam.py
```

「 . 」告知 find 命令從目前工作目錄開始尋找。「-name」選項告知 find 命令
尋找的是資料夾和檔案的名稱。「"*.py"」告知 find 命令顯示所有名稱符合
*.py 模式的資料夾和檔案。請注意，find 命令要求 -name 之後的引數要用雙引
號括起來。

使用 copy 和 cp 來複製檔案和資料夾

在不同的目錄中要複製檔案和資料夾，可執行「**copy [source file or folder]
[destination folder]**」或「**cp [source file or folder] [destination folder]**」命令。
以下是 Linux 終端視窗中的範例：

```
al@ubuntu:~/someFolder$ ls
hello.py someSubFolder
al@ubuntu:~/someFolder$ cp hello.py someSubFolder
al@ubuntu:~/someFolder$ cd someSubFolder
al@ubuntu:~/someFolder/someSubFolder$ ls
hello.py
```

短式命令名稱

當我剛開始學習 Linux 作業系統時，驚訝地發現，我所熟知的 Windows 的
copy 命令在 Linux 上被稱為「cp」。話說，「copy」好像比「cp」更具可讀
性。但這個簡潔、神秘的名稱真的值得節省那兩個字元嗎？

隨著我在命令提示模式中累積了更多的經驗後，我的答案是肯定的。我們閱
讀原始程式碼的機會比編寫的機會要多很多，因此為變數和函式使用長式的
名稱對理解會有所幫助。但是在命令提示模式中輸入命令的頻率則高於閱讀
命令的頻率，因此在這種情況下剛好相反，短式的命令名稱更好用，也減輕
了輸入的壓力。

使用 move 和 mv 命令搬移檔案和資料夾

在 Windows 中，使用「move [source file or folder] [destination folder]」命令可以
將來源檔案或資料夾搬移到目的資料夾。在 macOS 和 Linux 中，「mv [source
file or folder] [destination folder]」命令也有相同的功效。

以下是在 Linux 終端視窗中的範例：

```
al@ubuntu:~/someFolder$ ls
hello.py someSubFolder
al@ubuntu:~/someFolder$ mv hello.py someSubFolder
al@ubuntu:~/someFolder$ ls
someSubFolder
al@ubuntu:~/someFolder$ cd someSubFolder/
al@ubuntu:~/someFolder/someSubFolder$ ls
hello.py
```

hello.py 檔從 ~/someFolder 搬移到 ~/someFolder/someSubFolder，搬移之後，
來源資料夾中就看不到這個檔案了。

使用 ren 與 mv 更改檔案和資料夾的名稱

在 Windows 中執行「ren [file or folder] [new name]」命令可以更改檔案和資料
夾的名稱，若在 macOS 和 Linux 中則要使用「mv [file or folder] [new name]」
命令來處理。請留意，mv 命令在 macOS 和 Linux 中可以進行搬移和更改名
稱。如果在第二個引數中填入現存的資料夾名稱，mv 命令會把檔案和資料夾
搬移到這個名稱內，假如這個名稱並不存在，mv 命令就會以新的名稱來更改
原本的檔案或資料夾。以下是在 Linux 終端視窗中的範例：

```
al@ubuntu:~/someFolder$ ls
hello.py   someSubFolder
al@ubuntu:~/someFolder$ mv hello.py goodbye.py
al@ubuntu:~/someFolder$ ls
goodbye.py   someSubFolder
```

現在 hello.py 已更名為 goodbye.py。

使用 del 與 rm 刪除檔案和資料夾

在 Windows 中執行「del [file or folder]」命令可以刪除檔案和資料夾，而在
macOS 和 Linux 中則要執行「rm [file]」（rm 是 remove 的縮寫）。

這兩個刪除命令略有不同。在 Windows 系統中，在資料夾內執行 del 會刪除其中所有檔案，但不會刪除其子資料夾。del 命令也不會刪除來源資料夾，必須使用 rd 或 rmdir 命令才能做到這一點，詳細的說明會在本節後面的「使用 rd 和 rmdir 刪除資料夾」小節中介紹。

另外，執行「del [folder]」命令也不會刪除來源資料夾中子資料夾內的任何檔案，但我們可以透過執行「del /s /q [folder]」來達成前述的要求。/s 選項會讓子資料夾也執行 del 命令，/q 選項則是指定「不需提示確認就直接刪除」。如圖 2-4 說明了兩者的差異。

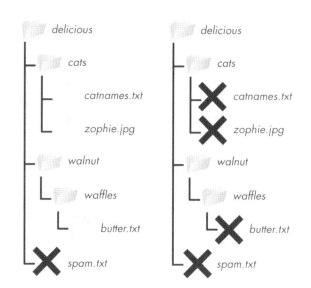

圖 2-4　在這個範例中執行兩種命令會刪除掉的檔案（以×表示）

在 macOS 和 Linux 系統中，我們不能只用 rm 命令來刪除資料夾，但可以執行「rm -r [folder]」來刪除資料夾及其所有內容。在 Windows 系統中，執行「rd /s /q [folder]」命令有相同的作用。圖 2-5 說明了這項操作所刪除的內容。

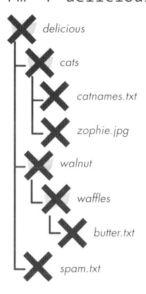

```
rd /s /q delicious
rm -r delicious
```

圖 2-5　使用兩種命令所刪除的內容（以×表示）

使用 md 與 mkdir 來建立資料夾

在 Windows 中執行「md [new folder]」命令可建立新的、空的資料夾，而在 macOS 和 Linux 中，執行「mkdir [new folder]」命令有相同的功效。雖然 mkdir 也在 Windows 中也能用，但 md 命令較簡短。

以下是 Linux 終端視窗中的範例：

```
    al@ubuntu:~/Desktop$ mkdir yourScripts
    al@ubuntu:~/Desktop$ cd yourScripts
❶   al@ubuntu:~/Desktop/yourScripts$ ls
    al@ubuntu:~/Desktop/yourScripts$
```

請注意，新建立的 yourScripts 資料夾是空的，當我們對這個資料夾執行 ls 命令時並沒有顯示其中有任何內容❶。

使用 rd 與 rmdir 刪除資料夾

在 Windows 中執行「rd [source folder]」命令可刪除指定的資料夾,而在 macOS 和 Linux 中,執行「rmdir [source folder]」命令有相同的功效。和 mkdir 一樣,也在 Windows 中也能用 rmdir,但 rd 命令較簡短。要刪除的資料夾必須是空的才能執行。

以下是 Linux 終端視窗中的範例:

```
al@ubuntu:~/Desktop$ mkdir yourScripts
al@ubuntu:~/Desktop$ ls
yourScripts
al@ubuntu:~/Desktop$ rmdir yourScripts
al@ubuntu:~/Desktop$ ls
al@ubuntu:~/Desktop$
```

在上述範例中,我們先建立了一個新的且空的資料夾 yourScripts,然後再將其刪除。

若想要刪除的資料夾中還有內容(其中還含有檔案或資料夾),在 Windows 中,可執行「**rd /s/q [source folder]**」命令來達成;在 macOS 和 Linux 中,則可用「**rm -rf [source folder]**」命令。

使用 where 與 which 來尋找程式

在 Windows 中執行「where [program]」命令或在 macOS 與 Linux 中執行「which [program]」命令可以找到指定程式的確切所在位置。當我們在命令提示模式中輸入該命令時,電腦會以 PATH 環境變數中列出的資料夾來尋找程式(不過 Windows 系統則是先從目前工作目錄找起)。

當您在 shell 模式內輸入「python」字樣時,此命令會告知我們可執行的是哪一個 Python 程式執行檔。如果系統中安裝了多個 Python 版本,則電腦中可能具有多個同名的執行檔。執行的命令取決於 PATH 環境變數內所指定的資料夾順序,以及輸出命令的位置:

```
C:\Users\Al>where python
C:\Users\Al\AppData\Local\Programs\Python\Python38\python.exe
```

在上述的範例中，資料夾名稱指出從 shell 模式所執行的 Python 版本，執行檔
其位置在 C:\Users\Al\AppData\Local\Programs\Python\Python38\。

使用 cls 和 clear 清除終端視窗的內容

在 Windows 的命令提示中執行「cls」或在 macOS 和 Linux 中執行「clear」，就
可清除終端視窗內的所有文字。如果您想要有個全新乾淨的終端視窗畫面，這
個命令很有用。

環境變數和 PATH

程式無論是用哪一種語言編寫，其執行的處理程序，都會有一組稱為**環境變數**
（**environment variables**）的變數來儲存字串。環境變數所存放的系統相關設
定通常對程式都有其作用。舉例來說，TEMP 環境變數所指定的資料夾位置是
讓程式儲存暫存檔的所在。當作業系統執行程式（例如命令提示模式）時，新
建立的處理程序會收到一組屬於自己作業系統環境變數和值的副本。我們可以
單獨針對處理程序的環境變數進行修改，使其不同於作業系統的環境變數集
合，而這些更改僅適用於該處理程序，不會影響作業系統或其他處理程序。

我會在本章中討論環境變數，是因為像 PATH 這種變數能協助我們在命令提示
模式中執行程式。

檢視環境變數

我們可以從命令提示模式執行 set（Windows）或 env（macOS 和 Linux）命令
來檢視終端視窗的環境變數設定清單：

```
C:\Users\Al>set
ALLUSERSPROFILE=C:\ProgramData
APPDATA=C:\Users\Al\AppData\Roaming
CommonProgramFiles=C:\Program Files\Common Files
--省略--
USERPROFILE=C:\Users\Al
VBOX_MSI_INSTALL_PATH=C:\Program Files\Oracle\VirtualBox\
windir=C:\WINDOWS
```

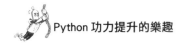

等號（＝）左側的文字是環境變數的名稱，右側的文字則是字串值。每個處理程序都可以有自己的環境變數集合，因此不同的命令提示模式可以對其環境變數設定不同的值。

我們還可以使用 echo 命令檢視某個環境變數的值。在 Windows 中執行「**echo %HOMEPATH%**」，或在 macOS 和 Linux 中執行「**echo $HOME**」，可查看目前使用者的家目錄，也就是設定在 HOMEPATH 或 HOME 環境變數內的值。在 Windows 中，它看起來像下列這般：

```
C:\Users\Al>echo %HOMEPATH%
\Users\Al
```

在 macOS 和 Linux 中，它看起來像下列這般：

```
al@al-VirtualBox:~$ echo $HOME
/home/al
```

如果處理程序再建立了另一個處理程序（例如，命令模式模式執行了 Python 直譯器），則這個子處理程序會收到自身父處理程序所提供的環境變數副本。子處理程序可以更改其環境變數的值，並不會影響父處理程序的環境變數，反之亦然。

我們可以把作業系統的環境變數集合看成是「主副本」，而處理程序是從這個「主副本」複製其環境變數。作業系統環境變數的更改頻率會比 Python 程式更改頻率低。實際上，大多數使用者應該不會觸碰環境變數的設定。

使用 PATH 環境變數

當我們輸入命令（例如在 Windows 中使用 python 或 macOS 和 Linux 中使用 python3）時，終端視窗會先從目前所在的資料夾中檢查是否有這個名稱的程式檔。如果再找不到，則會從 PATH 環境變數中所指定的資料夾位置來尋找。

舉例來說，在筆者的 Windows 電腦中，python.exe 這個程式執行檔是放在 C:\Users\Al\AppData\Local\Programs\Python\Python38 資料夾內，若想要執行它，則需要輸入 C:\Users\Al\AppData\Local\Programs\Python\Python38\python.exe，或是先切換到這個資料夾位置後輸入 python.exe。

這麼長的路徑名稱要輸入很多字，因此我就把這個路徑設定到 PATH 環境變數中。隨後，當我輸入 python.exe，命令提示模式會去 PATH 環境變數指定的位置找這個執行檔來執行，這樣我就不用輸入一長串的路徑。

因為環境變數只能存放一個字串值，若想要加入多個資料夾名稱到 PATH 環境變數中，則需要使用特殊的格式來編寫。在 Windows 中，會以分號（;）來分隔資料夾名稱，下列是使用 path 命令所列出的 PATH 環境變數內容：

```
C:\Users\Al>path
C:\Path;C:\WINDOWS\system32;C:\WINDOWS;C:\WINDOWS\System32\Wbem;
--省略--
C:\Users\Al\AppData\Local\Microsoft\WindowsApps
```

在 macOS 和 Linux 中，則是以冒號（:）來分隔資料夾名稱：

```
al@ubuntu:~$ echo $PATH
/home/al/.local/bin:/usr/local/sbin:/usr/local/bin:/usr/sbin:/usr/bin:/sbin:/
bin:/usr/games:/usr/local/games:/snap/bin
```

資料夾名稱的排放順序是很重要的。假如有兩個 someProgram.exe 執行檔分別放在 C:\WINDOWS\system32 和 C:\WINDOWS 中，輸入 someProgram.exe 執行時會以 C:\WINDOWS\system32 中的那個執行檔來執行，因為 C:\WINDOWS\system32 在 PATH 環境變數中排放的順序比較前面。

如果您輸入的程式或命令在目前工作目錄或 PATH 指定的任何目錄中都找不到，則命令提示模式會顯示錯誤訊息，例如「…不是內部或外部命令、可執行的程式或批次檔」。如果您沒有輸入錯誤，請檢查該程式所在的資料夾位置，查看是否出現在 PATH 環境變數內。

變更命令提示模式的 PATH 環境變數

我們可以更改目前終端視窗的 PATH 環境變數，加入其他資料夾路徑。Windows 和 macOS/Linux 在新增資料夾路徑到 PATH 的過程略有不同。在 Windows 中，可以執行 path 命令把新的資料夾路徑新增到目前的 PATH 值：

❶　C:\Users\Al>path C:\newFolder;%PATH%

❷　C:\Users\Al>path
　　C:\newFolder;C:\Path;C:\WINDOWS\system32;C:\WINDOWS;C:\WINDOWS\
　　System32\Wbem;
　　--省略--
　　C:\Users\Al\AppData\Local\Microsoft\WindowsApps

「%PATH%」部分❶會擴充 PATH 環境變數的目前值，因此我們要在現有 PATH 值的開頭新增一個資料夾和一個分號。接著再次執行 path 命令查看 PATH 的新值❷。

在 macOS 和 Linux 中，我們可以使用類似於 Python 中指定值的陳述句語法來設定 PATH 環境變數：

```
❶ al@al-VirtualBox:~$ PATH=/newFolder:$PATH
❷ al@al-VirtualBox:~$ echo $PATH
  /newFolder:/home/al/.local/bin:/usr/local/sbin:/usr/local/bin:/usr/sbin:/usr/
  bin:/sbin:/bin:/usr/games:/usr/local/games:/snap/bin
```

「$PATH」部分❶會擴充 PATH 環境變數的目前值，因此我們要在現有 PATH 值的開頭新增一個資料夾和一個冒號。接著就執行「echo $PATH」命令來查看 PATH 的新值❷。

前述兩種把資料夾路徑新增到 PATH 的方法僅適用於目前的終端視窗，適用於新增後從該視窗執行的任何程式。如果我們再打開一個新的終端視窗，此終端視窗並不會有任何變更。若想要永久新增某個資料夾路徑，則需要修改作業系統的環境變數集合。

在 Windows 中永久性新增資料夾路徑到 PATH 中

Windows 有兩組環境變數：系統環境變數（適用所有使用者帳戶）和使用者環境變數（會蓋過系統環境變數，但僅適用於目前使用者帳戶）。若想要編輯這個設定，請點按「開始」功能表，然後輸入「**編輯您的帳戶的環境變數**」，這將打開「環境變數」對話方塊，如圖 2-6 所示。

從使用者變數列示方塊（而不是系統變數列示方塊）中點選「**PATH**」，按下「**編輯⋯**」鈕，在出現對話方塊的變數值文字方塊內的最前端新增資料夾路徑和分號（不要忘記加分號當分隔），然後按下「**確定**」鈕。

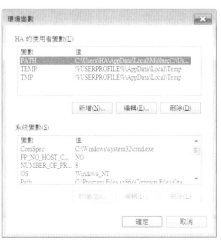

圖 2-6　Windows 的環境變數對話方塊

這個操作界面並不是容易使用，如果常常需要在 Windows 中編輯環境變數，建議您從 https://www.rapidee.com/ 網站下載安裝免費的 Rapid Environment Editor 軟體。請注意，安裝後，您必須以系統管理員身份執行此軟體才能編輯系統環境變數。點按「開始」功能表，輸入「**Rapid Environment Editor**」，以滑鼠右鍵點按此項軟體的圖示，然後選取「以系統管理員身份執行」。

若是在命令提示字元下，我們可以用 setx 命令永久性修改系統 PATH 變數：

```
C:\Users\Al>setx /M PATH "C:\newFolder;%PATH%"
```

這需要以系統管理員身份執行開啟命令提示字元模式才能執行 setx 命令。

在 macOS 和 Linux 中永久性新增資料夾路徑到 PATH

在 macOS 和 Linux 中，若想要新增資料夾路徑到所有終端視窗的 PATH 環境變數內，則需要修改 home 資料夾中的 .bashrc 文字檔，在其中新增以下內容：

```
export PATH=/newFolder:$PATH
```

此行會修改 PATH 並套用到以後所有的終端視窗。macOS Catalina 和更新的版本中，預設的 shell 程式已從 Bash 更改為 Z Shell，因此要修改的是在 home 資料夾中的 .zshrc 檔

不使用命令提示模式執行 Python 程式檔

您可能已經知道怎麼從作業系統中執行程式。Windows 有開始功能表，macOS 有 Finder 和 Dock，而 Ubuntu Linux 則有 Dash。程式在安裝時會自動新增到這些界面中。此外也可以從檔案瀏覽應用程式（例如 Windows 的檔案總管，macOS 的 Finder 和 Ubuntu Linux 的 Files）中對程式的圖示連按二下即可執行。

不過以上方法並不適用在 Python 程式，一般來說，對 .py 的 Python 程式連按二下後，會在編輯器或 IDE 中開啟而不是執行這個 Python 程式檔。

如果想要直接執行 Python 程式指令，可開啟 Python 互動式 shell 模式。一般來說，執行 Python 程式最常見方法是在 IDE 中打開該程式檔，然後按下「Run」功能表的選項或是在命令提示模式中執行。如果我們只是想啟動某個 Python 程式檔，以上這兩種方法都有點繁瑣。

還好我們可以把 Python 程式檔設定成像其他安裝好的應用程式一樣，從作業系統的啟動界面中輕鬆執行。以下的幾個小節會詳細介紹如何在不同的作業系統中完成這項處理。

在 Windows 中執行 Python 程式檔

在 Windows 中，我們可以透過其他幾種方式執行 Python 程式檔。按下 WIN-R 鍵開啟「執行」對話方塊，而不是打開終端視窗，然後輸入「**py C:\path\to\yourScript.py**」，如圖 2-7 所示。py.exe 安裝在 C:\Windows\py.exe，這個執行檔的路徑已經有指定在 PATH 環境變數內，而且在執行程式時 .exe 副檔名是不必一定要輸入的。

圖 2-7　Windows 的「執行」對話方塊

不過，此方法仍然需要輸入程式腳本檔的完整路徑。另外，顯示程式輸出的終端視窗會在程式結束時自動關閉，我們來不及看到其中的輸出結果。

我們可以透過建立批次檔來解決這些問題，批次檔是個副檔名為 .bat 的小型文字檔，可以一次執行多個終端命令，其功用就像 macOS 和 Linux 中的 shell 程式腳本一樣。我們利用文字編輯器（如記事本）來建立這種檔案。製作一個含有下列兩行命令的文字檔：

```
@py.exe C:\path\to\yourScript.py %*
@pause
```

把上面的路徑改換成您的程式檔的絕對路徑，並使用 .bat 副檔名來儲存上面這份檔案（例如取名為 yourScript.bat）。這裡的命令開頭所用的 @ 符號會阻止該命令顯示在終端視窗，結尾的 %* 能把批次檔之後輸入的所有命令提示引數轉發到 Python 程式腳本。Python 程式腳本會依序讀取 sys.argv 串列中的命令提示引數。這個批次檔能讓我們不必每次在執行 Python 程式檔時都要輸入完整的絕對路徑。在 Python 程式腳本執行之後，@pause 命令會顯示「請按任意鍵繼續...」，這樣能防止程式視窗消失得太快。

我建議讀者把所有批次檔和 .py 檔都放在 PATH 環境變數中已經指定的某個資料夾中，例如您的家目錄 C:\Users\<USERNAME>。設定了批次檔之後，只需按下 WIN-R 鍵，輸入批次檔的名稱（.bat 可以不用輸入），然後按 Enter 鍵就能執行 Python 程式檔了。

在 macOS 中執行 Python 程式檔

在 macOS 中，一樣可以透過建立副檔名為 .command 的文字檔來編寫 Shell 腳本執行 Python 程式。在文字編輯器（例如 TextEdit）中建立新文件，然後加入以下內容：

```
#!/usr/bin/env bash
python3 /path/to/yourScript.py
```

把這份文件儲存在您的 home 資料夾內。在終端視窗中執行「chmod u+x yourScript.command」可使這個 Shell 腳本能執行。完成後應該就能點按 Spotlight 圖示（或按 COMMAND-SPACE 鍵）並輸入要執行的 shell 腳本的名稱，按下 Enter 鍵就可執行。這個 shell 腳本檔會依序執行您的 Python 程式檔。

在 Ubuntu Linux 執行 Python 程式檔

在 Ubuntu Linux 中沒有像 Windows 和 macOS 那樣執行 Python 程式檔的快速方法，但可以縮短某些步驟。首先，請確保您的 .py 檔是放 home 資料夾中。第二步是把下列這行加到 .py 檔的第一行中：

```
#!/usr/bin/env python3
```

這一行稱為 shebang 行，用來告知 Ubuntu 在執行這個檔案時是要使用 python3 來執行。第三步是從終端模式執行 chmod 命令把執行權限加到這個檔案：

```
al@al-VirtualBox:~$ chmod u+x yourScript.py
```

現在，只要您想快速執行 Python 程式檔，直接按 CTRL-ALT-T 鍵開啟新的終端視窗，其預設路徑會設為 home 資料夾，因此只需輸入「./yourScript.py」即可執行此程式檔。「./」是必須的，因為這是告知 Ubuntu 目前工作目錄（在本範例中為 home 資料夾）中有 yourScript.py 檔。

總結

這裡所談的環境設定牽扯到讓電腦進入能輕鬆執行程式檔所需的相關處理。會要求您了解一些低階的電腦運作相關概念，例如檔案系統、檔案路徑、處理程序、命令提示模式和環境變數等。

檔案系統是電腦用來組織管理檔案的方式。檔案是放在完整的絕對檔案路徑或相對於目前工作目錄的檔案路徑。本章會介紹怎麼用命令提示模式來操控檔案系統。命令提示模式還有其他幾個稱呼，例如終端模式、shell 程式和主控台等，但是都指相同的東西：是個以文字為基礎、並允許使用者輸入命令的程式。雖然 Windows 和 macOS/Linux 中的命令提示模式和常用命令的名稱略有不同，但是都能有效率地執行相同的任務。

輸入命令或程式名稱時，命令提示模式會從 PATH 環境變數中指定的資料夾路徑來尋找。了解要弄清楚為什麼會遇到「不是內部或外部命令、可執行的程式或批次檔」的錯誤，這一點是很重要的。在 Windows 和 macOS/Linux 中，把新的資料夾路徑加到 PATH 環境變數中的操作步驟也略有不同。

適應命令提示模式需要一點時間，因為要學習的命令和命令模式引數太多了。
不用擔心自己還需花很多時間在網上尋求協助，因為就算經驗豐富的軟體開發
專家也會每天上網找答案。

PART 2
最佳實務、工具和技能

第 3 章

使用 Black 進行程式碼格式化

程式碼格式化是指把某一組規則套用到原始程式碼，使其呈現某種外觀的處理。雖然對解析程式的電腦來說並不重要，但人的閱讀來說，程式碼格式化對可讀性卻十分重要，對後續的維護也是必須的。如果您的程式碼讓人（無論是您自己或是您的同事）難以理解，這樣是很難修復錯誤或擴充新功能的。程式碼格式化不僅僅是裝飾美化的課題。語法的可讀性是 Python 語言能變成目前主流的關鍵原因。

本章會介紹 Black，這是一種程式碼格式化的工具，能夠在不影響程式行為的情況下自動把程式碼格式化為一致的可讀樣式。Black 這套工具很有用，因為在文字編輯器或 IDE 中手動設定程式碼格式是很繁瑣的。本章一開始會讓您學到 Black 工具怎麼做出合理的程式碼樣式選擇。接著將會學習如何安裝、使用和自訂這套工具。

哪些編寫程式的行為最討人厭？

編寫程式碼有多種寫法但都能產生相同的行為。例如，在串列中的項目，我們可以在每個逗號後放一個空格，且都用同一種引號字元：

```
spam = ['dog', 'cat', 'moose']
```

但是，就算使用不同數量的空格和不同引號樣式來編寫串列中的項目，這樣的語法仍是合法有效的 Python 程式碼：

```
spam= [  'dog'  ,'cat',"moose"]
```

偏愛前一種方式的程式設計師可能會喜歡以整齊的空格來當作視覺上分隔，而且在引號字元的使用上很一致。但有些程式設計師有時也會選用後者，他們不太管這種細節，反正又不影響程式正常執行。

初學者常會忽略程式碼的格式，因為太過專注於程式的概念和其語法。但對初學者來說，建立良好的程式碼格式化習慣是很重要的。程式設計本來就不容易了，為他人（或將來的自己）編寫出好理解的程式碼能讓程式設計的工作變簡單一點。

雖然您可能是自己一個人寫程式，但是程式設計大都是協作的專案。如果在同一支原始程式檔上幾個協作的程式設計師都以各自的風格來編寫，就算程式能正確執行且沒有錯誤，其中的程式碼編排也會很不一致。或更糟糕的是，程式設計師會不斷地把彼此的程式碼重新格式化為自己的風格樣式，這樣很浪費時間且容易引起爭論。決定在逗號後放一個或不放空格是個人喜好的問題。這種風格樣式的選擇就像開車的靠內線或靠外線一樣，無論靠哪一線，只要大家始終都靠同一側行駛即可。

風格樣式指南與 PEP 8

想編寫出具有可讀性的程式碼，最簡單的方法是遵循風格樣式指南的規範，這個指南介紹了軟體專案應遵循的格式設定規則。PEP 8（**Python Enhancement Proposal 8** 的縮寫）是 Python 核心開發團隊所編寫的風格樣式指南之一。但有些軟體公司也建立了自己統一的風格樣式指南。

您可以連到 https://www.python.org/dev/peps/pep-0008/ 網站找到 PEP 8 的說明。
許多 Python 程式設計師把 PEP 8 視為權威的規則指南，但這不是 PEP 8 創建者
的本意。指南中「A Foolish Consistency Is the Hobgoblin of Little Minds」一節提
醒讀者，維護整個專案的一致性和可讀性是重點，而不要只拘泥於任何單獨的
格式設定規則，這才是遵循和套用風格樣式指南的主要緣由。

PEP 8 甚至還提出以下建議：「知道什麼情況下不一致是沒有關係的─有時風格
樣式指南的建議並不適用。如有疑問，請自行判斷」。無論您遵循全部、部分
或是全都不遵循，PEP 8 說明文件還是很值得閱讀的。

由於我們使用的是 Black 這套程式碼格式化程式，因此我們的程式碼會遵循
Black 的風格樣式指南，該指南是根據 PEP 8 的風格樣式指南改編而成的。我
們還是應該學習這些程式碼格式指南，因為我們不一定都能便捷地使用 Black
這套工具。我們在本章中學到的 Python 程式碼準則也適用於其他語言，其他程
式語言可能沒有自動格式化的工具。

我不想管 Black 怎麼對程式碼進行格式化的相關資訊，這也算是種妥協的象
徵。Black 使用了程式設計師都可以接受的格式設定規則，讓我們不用花時間
爭論，進而可以有更多的時間進行程式設計。

水平間距

留白的空間對於程式碼的可讀性也同樣重要。這些空間有助於將程式碼的不同
部分彼此分開，讓結構更易識別。本節說明了水平橫向的留白空間，也就是指
在一行程式碼中空格的位置，包括行首的內縮空間。

使用空格來進行內縮

內縮（**Indentation**）是指程式碼行開頭的空白，我們可以用兩種空白字元（空
格或 Tab 字元）中的一種來內縮程式碼。雖然任一種空白字元都有作用，但最
好的作法還是使用空格而不是 Tab 字元來進行內縮。

原因是這兩種字元的行為並不相同。空格字元在螢幕上所呈現的就是單一個空
格的字串值，例如 ''。但是 Tab 字元（包含轉義字元或 '\t' 的字串值）則不一
定。Tab 通常（但不一定）所呈現的是可變數量的間距，因此接在後面的文字

會在下一個 Tab 停止處為起始。Tab 在文字檔的寬度中會以八個空格來定位一次。我們可以在下面的互動式 shell 模式的範例中看出此差異,該範例先用空格字元然後再用 Tab 來分隔單字的間距:

```
>>> print('Hello there, friend!\nHow are you?')
Hello there, friend!
How are you?
>>> print('Hello\tthere,\tfriend!\nHow\tare\tyou?')
Hello   there,  friend!
How     are     you?
```

由於 Tab 的空白間距是會變化的,所以應避免在原始程式碼中使用。當您按下 Tab 鍵時,大多數程式碼編輯器和 IDE 會自動插入四個或八個空格字元,而不是一個 Tab 字元。

您也不能在一個程式碼段中同時使用 Tab 和空格來內縮。在早期的 Python 程式中同時使用這兩種內縮方式會變成 bug 的來源,所以在 Python 3 時這種內縮方式的程式碼是無法執行的,會引發「TabError: inconsistent use of tabs and spaces in indentation」例外錯誤。Black 工具會自動把程式碼中用來內縮的所有 Tab 字元都轉換為四個空格字元。

至於內縮層級的長度,在 Python 程式碼中最常見做法是每一層用四個空格字元。在以下的範例中,空格字元用句點(.)來表示:

```
def getCatAmount():
....numCats = input('How many cats do you have?')
....if int(numCats) < 6:
........print('You should get more cats.')
```

與其他方案相比,4 個空格的標準有其實務上的優勢。若在每個內縮層級使用 8 個空格會導致程式碼在一行的長度限制很快用完,若在每個內縮層級使用 2 個空格字元又會讓內縮差異看不太出來。程式設計師通常不會考慮用別種數量,例如 3 或 6 個空格,因為大家還是偏好用數字的二進位運算(也就是 2、4、8、16 等)。

一行之間的留白

水平間距的留白不僅只在內縮而已。空格對於讓程式碼行中不同部分的視覺呈現也很重要。如果都不用空格字元,則程式行可能會變得很緊密而難以閱讀解析。以下列出一些要遵循的間距規則。

在運算子與識別字之間放上一個空格

如果不在運算子與識別字之間放上一個空格，程式碼就會擠在一起。舉例來說，下列這行中的運算子和變數之間是有放上空格的：

```
YES: blanks = blanks[:i] + secretWord[i] + blanks[i + 1 :]
```

下列這行則是把空格都去掉：

```
NO: blanks=blanks[:i]+secretWord[i]+blanks[i+1:]
```

上述兩個例子都是想要以 + 運算子把三個值加起來，但若沒有加上空格，在「blanks[i+1:]」中 + 會變成把第四個值加起來。加上空格能更看清楚 blanks 中的 + 是串列切片的一部分。

在分隔符號前不加空格而在分隔符號後加上空格

在串列和字典中的項目，以及函式 def 陳述句中的參數，我們都是用逗號作分隔。請不要在逗號前放置空格，應該在其後放置一個空格，如下列範例所示：

```
YES: def spam(eggs, bacon, ham):
YES:     weights = [42.0, 3.1415, 2.718]
```

如果沒有加上空格，程式碼就都擠在一起，很難閱讀：

```
NO: def spam(eggs,bacon,ham):
NO:     weights = [42.0,3.1415,2.718]
```

也請不要在分隔符號前後都加上空格，這樣會讓分隔符號太過明顯：

```
NO: def spam(eggs , bacon , ham):
NO:     weights = [42.0 , 3.1415 , 2.718]
```

Black 這套工具會自動把逗號前的空格刪除，並在逗號後面加一個空格。

不要在句點的前後放置空格

Python 允許在句點的前後插入空格來標記 Python 屬性的起始，但應該避免這樣做。不在這裡插入空格能強調物件及其屬性之間的連接，如下範例所示：

```
YES: 'Hello, world'.upper()
```

若在句點的前後放置空格，物件和屬性看起來就變得好像沒什麼關聯：

```
NO: 'Hello, world' . upper()
```

Black 這套工具會自動把句點前後的空格刪除。

不要在函式、方法和容器後加上空格

我們可以很容易地識別出函式和方法的名稱，是因為它們的後面是一組括號，因此請不要在名稱和左括號之間插入空格。我們通常會這樣寫出函式的呼叫：

```
YES: print('Hello, world!')
```

如果加了一個空格會讓函式呼叫看起來像是兩個獨立的東西：

```
NO: print ('Hello, world!')
```

Black 工具會刪除函式或方法名稱與其左括號之間的所有空格。

同樣的道理，也請不要在索引（index）、切片（slice）或鍵（key）的中括號前放置空格。我們通常存取容器（container，例如串列、字典或多元組）型別內的項目時，並不需要在變數名稱和中括號之間加上空格，如下所示：

```
YES: spam[2]
YES: spam[0:3]
YES: pet['name']
```

若加入空格後，程式碼看起來就會像是兩個單獨的東西：

```
NO: spam [2]
NO: spam     [0:3]
NO: pet ['name']
```

Black 工具會刪除變數名稱和中括號之間的所有空格。

不要在左括號之後或右括號之前加入空格

小括號、中括號或大括號與其內容之間不應留有空格。舉例來說，def 陳述句中的參數或串列中的值應緊接在小括號和中括號之間：

```
YES: def spam(eggs, bacon, ham):
YES:     weights = [42.0, 3.1415, 2.718]
```

請不要像下列這般在括號和值之間插入空格：

```
NO: def spam( eggs, bacon, ham ):
NO:      weights = [ 42.0, 3.1415, 2.718 ]
```

加入這種空格不會增進可讀性且不需要，如果程式中有這種情況的空格，Black 工具會自動幫您刪除掉。

程式行尾的注釋前放兩個空格

如果需要在程式行尾端加上注釋，請在行尾和注釋的 # 號前放入兩個空格：

```
YES: print('Hello, world!')  # Display a greeting.
```

以兩個空格分開會讓注釋與程式碼更易區分。若只用單個空格，或者沒加空格的話，會很難區分開兩者：

```
NO: print('Hello, world!') # Display a greeting.
NO: print('Hello, world!')# Display a greeting.
```

Black 工具會在程式碼的行尾和注釋的開頭之間放入兩個空格。通常我都建議不要在程式行尾加入注釋，因為這樣會讓一行太長而無法在螢幕上閱讀。

垂直間距

垂直間距是指程式行與行之間所放入的空行。就像書本中以段落分隔來防止形成一大片文字的情況，垂直間距可以讓某些程式碼行聚合成一組，而彼此有所區隔。

PEP 8 規範了一些在程式碼中插入空行的準則：我們應該使用兩行空行來分隔函式、使用兩行空行來分隔類別，並使用一行空行來分隔類別中的方法。Black 工具會自動遵循這些準則，在程式碼適當的位置插入或刪除空白行：

```
NO: class ExampleClass:
        def exampleMethod1():
            pass
        def exampleMethod2():
            pass
    def exampleFunction():
        pass
```

依照 PEP 8 準則插入空行：

```
YES: class ExampleClass:
        def exampleMethod1():
            pass

        def exampleMethod2():
            pass


    def exampleFunction():
        pass
```

垂直間距的實例

Black 工具沒辦法確定函式、方法或全域範疇中的空行應該放在哪裡。哪些程式行要組合在一起是由程式設計師主觀決定的。

舉例來說，讓我們來看看 Django 網路應用程式框架中 validateators.py 內的 EmailValidator 類別。讀者無須了解此程式碼的運作原理，但請留意其空行是怎麼把 __call__() 方法的程式碼分成四組：

```
--省略--
    def __call__(self, value):
❶      if not value or '@' not in value:
            raise ValidationError(self.message, code=self.code)

❷      user_part, domain_part = value.rsplit('@', 1)

❸      if not self.user_regex.match(user_part):
            raise ValidationError(self.message, code=self.code)

❹      if (domain_part not in self.domain_whitelist and
                not self.validate_domain_part(domain_part)):
            # Try for possible IDN domain-part
            try:
                domain_part = punycode(domain_part)
            except UnicodeError:
                pass
            else:
```

```
            if self.validate_domain_part(domain_part):
                return
        raise ValidationError(self.message, code=self.code)
--省略--
```

就算沒有加上註釋來描述這一部分的程式碼，其中的空行也能指示出這些分組在概念上是彼此不同的。第一組❶程式碼用來檢查 value 參數中的 @ 符號。此項工作與第二組的工作不同，第二組❷程式碼是把電子郵件地址字串的值拆分放入兩個新變數 user_part 和 domain_part 中。第三❸和第四組❹程式碼分別使用這些變數來驗證電子郵件地址的使用者部分和網域部分。

雖然第四組的程式有 11 行，比其他組多很多，但都與驗證電子郵件地址網域的同一工作相關。假如我們還是認為此項工作是由多個子任務所組成，一樣可以插入空行來進行分隔。

Django 的程式設計師覺得網域驗證這部分的程式行應全部都屬於一個分組，但其他程式設計師可能不這麼認為。由於這是主觀的判斷，因此 Black 工具不會修改函式或方法中的垂直間距。

垂直間距的最佳作法

Python 有一項少為人知的功能是可以用分號在一行中分隔多個陳述句。以下是兩行程式碼：

```
print('What is your name?')
name = input()
```

若使用分號，可以將這兩句變成同一行：

```
print('What is your name?'); name = input()
```

就如同使用逗號的原則一樣，分號前不要插入空格，分號後則插入一個空格。

對於以冒號結尾的陳述句，例如 if、while、for、def 或 class 陳述句，接在後面的區塊只有單行程式碼，例如下面只有一行 print() 的呼叫：

```
if name == 'Alice':
    print('Hello, Alice!')
```

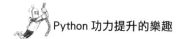

則 if 陳述句可寫成一行：

```
if name == 'Alice': print('Hello, Alice!')
```

但只因為 Python 允許我們在同一行可放上多個陳述句，還不能稱之為最好的作法。這種作法會導致程式行太長，而且一行中的內容太多也不好閱讀。Black 工具遇到這種情況的陳述句會自動分成幾行。

同樣的情況，我們會在一行的匯入陳述句中匯入多個模組：

```
import math, os, sys
```

即使這樣，PEP 8 建議您把這種陳述句拆分成多行，每個模組都用一個 import 陳述句來匯入：

```
import math
import os
import sys
```

以這種一行匯入一個模組的寫法，在版本控制系統內使用比較差異工具進行程式碼的修改時，能更輕鬆地對匯入模組進行新增或刪除。（第 12 章會介紹版本控制系統的應用，例如 Git。）

PEP 8 還建議要按照以下分組順序來依序編寫匯入陳述句：

1. Python 的標準程式庫，例如 math、os 和 sys 等。

2. 第三方模組，例如 Selenium、Requests、或 Django。

3. 程式中的本機模組。

上述這些規則是可選擇性使用的，Black 工具不會修改程式碼中 import 的陳述句。

Black 是一套毫不妥協的程式碼格式化工具

Black 會自動格式化 .py 檔中的程式碼。雖然您理解了本章介紹的格式設定規則，但是 Black 工具還能做到更多事，絕大多數的風格樣式都能搞定。如果您正在與其他人一起進行某個程式專案，只要使用 Black 工具就能立即解決所有關於格式化程式碼的許多爭論和協調。

我們不能修改 Black 所遵循的風格樣式規則，這就是為什麼它會被稱為「毫不妥協的程式碼格式化工具」。確實，該工具的取名來自亨利‧福特（Henry Ford）為其客戶提供的汽車顏色選擇：「您可以想要什麼顏色都可以，只要它是黑色（black）即可。」

我前面已描述了 Black 所使用的風格樣式；但您還是可以在 https://black.read thedocs.io/en/stable/the_black_code_style.html 網站上找到 Black 的完整風格樣式指南。

安裝 Black

可用 Python 隨附的 pip 工具來安裝 Black。在 Windows 系統中，開啟命令提示字元視窗並輸入以下命令來執行此項操作：

```
C:\Users\Al\>python -m pip install --user black
```

若在 macOS 和 Linux 系統中，請打開終端視窗，然後輸入 python3 而不是 python（本書中有提到在 macOS 和 Linux 的 python 命令時也請這麼做）：

```
Als-MacBook-Pro:~ al$ python3 -m pip install --user black
```

-m 選項告知 Python 要把 pip 模組當作應用程式來執行，某些 Python 模組已設定這項操作。透過執行「python -m black」可測試安裝是否成功，您應該要看到「No paths given. Nothing to do.」訊息，而不是「No module named black」。

從命令提示模式執行 Black

我們可以從命令提示字元或終端機視窗使用 Black 來處理所有的 Python 程式檔。此外，IDE 或程式碼編輯器可以在後端執行 Black。請到 https://github.com /psf/black/ 網站的 Black 主頁上閱讀關於讓 Black 與 Jupyter Notebook、Visual Studio Code、PyCharm 和其他編輯器一起使用的說明。

假設您要自動格式化的程式檔名為 yourScript.py。在 Windows 的命令提示字元中執行以下命令（在 macOS 和 Linux 中要用 python3 命令而不是 python）：

```
C:\Users\Al>python -m black yourScript.py
```

執行此命令後，Black 就會根據其風格樣式指南對 yourScript.py 的內容進行格式化處理。

您的 PATH 環境變數可能已經指定了路徑，讓 Black 可以直接執行，在這種情況下，只需輸入以下內容即可格式化 yourScript.py 檔：

```
C:\Users\Al>black yourScript.py
```

如果要對資料夾中的每個 .py 檔執行 Black 工具，請指定單個資料夾而不是單個檔案。以下是 Windows 系統的範例，我們要對 C:\yourPythonFiles 資料夾（包括其子資料夾）中的每個 .py 檔進行格式處理：

```
C:\Users\Al>python -m black C:\yourPythonFiles
```

如果您的專案中含有多個 Python 程式檔，而您不想對每個檔案都輸入一次命令，那麼指定資料夾來處理就很有用。

雖然 Black 工具對其程式碼格式化的風格樣式要求還滿嚴格的，但接下來的三個小節也會介紹一些可以修調的引數選項。若想要查看 Black 工具提供的所有選項，請執行「python -m black --help」命令。

調整 Black 的一行長度設定

Python 程式碼標準的一行長度為 80 個字元。80 個字元一行的歷史可追溯到 1920 年打孔卡式計算機的年代，當時 IBM 推出了具有 80 欄（column）和 12 列（row）的打孔卡。在接下來的幾十年中，印表機、顯示器和命令提示視窗大都保留 80 欄的標準。

但 21 世紀的現代，高解析度的螢幕可顯示的寬度早已超過 80 個字元。一行中容納較長的內容可以使我們不必上下捲動畫面就能查閱檔案。內容較短則不會讓程式碼太多而都擠在同一行上，而且可以讓我們並排比較兩個原始程式碼檔案而不必水平捲動查閱。

Black 工具預設每行 88 個字元並沒有什麼特別的原因，它就只是比標準的 80 個字元多 10% 而已。以筆者的經驗來說，我的首選是使用 120 個字元。若想要讓 Black 使用 120 個字元的一行長度限制來對程式碼進行格式化處理，則請用「-l 120」（即小寫字母 L，而不是數字 1）命令提示選項。在 Windows 系統中，命令如下所示：

```
C:\Users\Al>python -m black -l 120 yourScript.py
```

無論為專案選擇什麼樣的行長寬度限制，專案中的所有 .py 檔都應使用相同的限制。

停用 Black 的雙引號字串設定

Black 會自動把程式碼中的所有單引號的字串字面值更改為雙引號，除非字串中含有雙引號字元，在這種情況下則會使用單引號。舉例來說，假設 yourScript.py 含有以下內容：

```
a = 'Hello'
b = "Hello"
c = 'Al\'s cat, Zophie.'
d = 'Zophie said, "Meow"'
e = "Zophie said, \"Meow\""
f = '''Hello'''
```

以 Black 處理 yourScript.py 後，格式會變成：

```
❶  a = "Hello"
    b = "Hello"
    c = "Al's cat, Zophie."
❷  d = 'Zophie said, "Meow"'
    e = 'Zophie said, "Meow"'
❸  f = """Hello"""
```

Black 對雙引號的偏愛會讓 Python 程式碼看起來與用其他程式語言所編寫的程式碼很相似，其他程式語言通常是使用雙引號來括住字串字面值。請注意，變數 a、b 和 c 的字串是使用雙引號。但變數 d 的字串則保留其原本的單引號，避免轉義字串中有雙引號❷。此外 Black 也會把 Python 的三引號（用來括住多行字串）使用雙引號來表示❸。

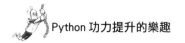

如果您希望 Black 在處理字串字面值時保留原本引號,不更改使用的引號類型,則可用 -S 命令提示選項來指定(請注意,S 是大寫的)。舉例來說,在 Windows 中對前面範例原本的 yourScript.py 檔執行 Black 會產生以下輸出:

```
C:\Users\Al>python -m black -S yourScript.py
All done!
1 file left unchanged.
```

我們還可以在同一命令中使用 -l 行長限制和 -S 選項:

```
C:\Users\Al>python -m black -l 120 -S yourScript.py
```

預覽 Black 所做的更改

雖然 Black 不會重新命名您的變數或更改程式的行為,但您有可能不喜歡 Black 所進行的某些風格樣式更改。如果要堅持原本的格式,則可以對原始程式碼使用版本控制來處理,或是用備份來自行維護。另一種選擇是使用 --diff 命令選項來執行 Black,這樣就可以預覽 Black 所做的更改而不是真的直接更改檔案。在 Windows 系統中,其用法如下列這般:

```
C:\Users\Al>python -m black --diff yourScript.py
```

該命令所輸出的差異結果是以版本控制軟體所使用的 diff 格式來呈現,適合我們閱讀。舉例來說,如果 yourScript.py 內含「weights=[42.0,3.1415,2.718]」,則執行 --diff 選項會顯示以下結果:

```
C:\Users\Al\>python -m black --diff yourScript.py
--- yourScript.py        2020-12-07 02:04:23.141417 +0000
+++ yourScript.py        2020-12-07 02:08:13.893578 +0000
@@ -1 +1,2 @@
-weights=[42.0,3.1415,2.718]
+weights = [42.0, 3.1415, 2.718]
```

- 號表示 Black 將刪除「**weights=[42.0,3.1415,2.718]**」,並以 + 號前置的那行來替換,這個範例會更改成「weights = [42.0, 3.1415, 2.718]」。請記住,執行 Black 來修改原始程式碼檔案後就無法復原此更改了。在執行 Black 之前,最好先備份原始程式碼檔,或是使用版本控制軟體(例如 Git)來管控。

在部分程式碼中停用 Black 工具

我們可能在程式碼中某些部分不希望由 Black 來進行格式化處理。例如，當我列出多個相關的指定值陳述句時，我都希望以自己設定特殊的間距來呈現對齊的情況，如下範例所示：

```
# Set up constants for different time amounts:
SECONDS_PER_MINUTE = 60
SECONDS_PER_HOUR   = 60 * SECONDS_PER_MINUTE
SECONDS_PER_DAY    = 24 * SECONDS_PER_HOUR
SECONDS_PER_WEEK   = 7  * SECONDS_PER_DAY
```

在我看來，若用 Black 自動處理，它會刪除 = 運算子之前多餘的空格，使得這些指定陳述句更難閱讀：

```
# Set up constants for different time amounts:
SECONDS_PER_MINUTE = 60
SECONDS_PER_HOUR = 60 * SECONDS_PER_MINUTE
SECONDS_PER_DAY = 24 * SECONDS_PER_HOUR
SECONDS_PER_WEEK = 7 * SECONDS_PER_DAY
```

透過加上 #fmt:off 注釋告知 Black 對之後程式行停用格式化處理，和 #fmt:on 注釋告知 Black 在之後程式行啟用格式化處理：

```
# Set up constants for different time amounts:
# fmt: off
SECONDS_PER_MINUTE = 60
SECONDS_PER_HOUR   = 60 * SECONDS_PER_MINUTE
SECONDS_PER_DAY    = 24 * SECONDS_PER_HOUR
SECONDS_PER_WEEK   = 7  * SECONDS_PER_DAY
# fmt: on
```

現在，在這個檔案上執行 Black 時，在這兩個注釋之間的程式行並不會進行空格的格式化處理。

總結

雖然好的格式在閱讀上沒有什麼明顯的感覺，但不好的格式卻很容易讓我們在閱讀程式碼時感到沮喪。風格樣式是很主觀的，但在軟體開發領域中對格式的好壞已有一些大家認同的原則，同時也保留了少數個人喜好的空間。

Python 的語法在風格樣式上更有彈性。如果您編寫的程式別人看不到，那怎麼寫都可以，但是軟體開發工作大都是共同協作的，無論與其他人一起在專案上工作，或是請經驗豐富的開發專家來審查您完成的程式，把程式碼格式化為大家公認的風格樣式是很重要的。

在編輯器中手動格式化程式碼是一項很無聊的工作，我們可以使用 Black 之類的工具來自動化處理。本章介紹了 Black 工具所遵循的一些準則，好讓程式碼變得更具可讀性，包括在垂直和水平的留白空間上作分隔，以防止程式碼過於密集而難以閱讀，並限制每行的長度。Black 工具會為我們執行這些規則，由於有了這些大家公認的準則，進而減少了與協作者潛在的風格樣式爭論。

程式碼風格樣式不只是空格、單引號和雙引號之間的抉擇。舉例來說，選用具有描述性的變數名稱也是讓程式碼具有可讀性的關鍵因素。雖然諸如 Black 之類的自動化工具可以對**語法**結構上作處理（例如，空格的數量），但無法做出**語義**上判斷（例如，好的變數名稱是什麼）。這個責任還是由您自己承擔，我們會在下一章中討論這個主題。

第 4 章
選用易懂的命名

「電腦科學中最困難的兩個問題是事物的命名、快取失效和差一錯誤」。這個經典的笑話是由 Leon Bambrick 提出，他引用了 Phil Karlton 所說的話。這個笑話的核心真相是：為變數、函式、類別以及程式設計中的其他任何事物選用好名稱（正式稱為識別子或識別字 – identifier）是不容易的工作。簡潔而具有描述性的名稱對於程式的可讀性非常重要。但是命名這件工作說起來容易做起來難。假設我們要搬家，在所有裝好的箱子上都貼「東西」標籤是很簡潔，但不具有描述性。為一本程式設計書籍取個具有描述性的書名：「Python 好好玩：趣學電玩遊戲程式設計」，但這個書名又不太簡潔。

除非是要寫出只執行一次且不打算維護的「可丟棄」程式碼，不然還是要在程式中取名字時多一些思考。如果只用 a、b 和 c 來當作變數名稱，將來自己還是需要花費精力重新熟悉這些變數最初的用途。

名稱是我們必須做出的主觀選擇。第 3 章中所介紹的自動格式化工具（例如 Black）就無法判別變數名稱的好壞。本章會講解一些指導原則，協助大家選

用合適且避開不好的名稱。和往常一樣，這些準則並不是固定不變的：請根據自己的判斷來決定何時將準則套用程式碼中。

無特別意義的變數（Metasyntactic Variables）

在教學課程或程式區段中只需要一般性通用的變數名稱時，我們會使用無特別意義的變數（Metasyntactic Variables，或譯元語法變數、偽變數）。在 Python 中，我們經常在不重要的程式碼範例中為變數取名為 spam、eggs、bacon 和 ham 之類。因為不太重要，所以這是為什麼書中的程式碼範例中會使用這種名稱。這種名稱請不要在真正的程式中使用。這些名稱來自於 Monty Python 的「Spam」劇本（https://en.wikipedia.org/wiki/Spam_(Monty_Python)）。

另外像 foo 和 bar 這種名稱在無特別意義變數中也很常見。這些名稱是從 FUBAR 衍生而來的，是第二次世界大戰時期的美國陸軍俚語的縮寫，表示一種糟糕透頂的情況（[messed] up beyond all recognition.）。

大小寫的風格

因為 Python 標識子有區分大小寫並且不能有空格，所以程式設計師對含有多個單字組合的標識子會用下列幾種風格樣式：

- **snake_case** 蛇式大小寫以底線來分隔單字，各個單字串連起來就像一條扁平的蛇。這種用法通常是所有字母都是小寫，但也會有 UPPER_SNAKE_CASE 這樣的寫法。

- **camelCase** 駝峰式大小寫是以單字的首字母大寫來分隔單字。這種寫法的第一個單字的首字母是小寫，因為名字中大寫字母的凸起很像駱駝的駝峰而稱之。

- **PascalCase** 這是 Pascal 程式語言中所使用的命名方式，與駝峰式相似，但第一個單字的首字母也用大寫。

大小寫是程式碼格式的議題，我們在第 3 章中有介紹。最常見的風格樣式是
snake_case 和 camelCase。在程式開發專案中統一使用一種，不要兩種交叉使用
即可。

PEP 8 的命名慣例

第 3 章所介紹的 PEP 8 文件有對 Python 命名的慣例提出了一些建議：

■ 所有字母都應是 ASCII 字母，不要用有重音符號的大寫和小寫英文字母。

■ 模組名稱應使用簡短的全小寫名稱。

■ 類別名稱應使用 PascalCase 式。

■ 常數名稱應使用 SNAKE_CASE 式，全大寫以底線連接。

■ 函式、方法和變數名稱應使用 snake_case 式，全小寫以底線連接。

■ 方法的第一個引數應取名為 self 且全小寫。

■ 類別方法的第一個引數應取名為 cls 且全小寫。

■ 類別中的私人屬性的名稱最前面都要加上底線（_）。

■ 類別中的公開屬性的名稱最前面絕對不能加上底線（_）。

我們可以根據需要修調這些規則。例如，雖然英文是程式設計中的主流語言，
但是我們可以使用任何語言的字母字元作為標識子：「コンピューター =
'laptop'」這句語法在 Python 中是有效合法的。如您在本書中所見，我對變數名
稱的偏好與 PEP 8 不同，因為我使用的是 camelCase 而不是 snake_case。PEP 8
提醒程式設計師不必嚴格遵循 PEP8 的規範。決定可讀性的主要因素不是您選
擇哪一種風格樣式，而是要維持風格樣式的一致性。

您可以連到 https://www.python.org/dev/peps/pep-0008/#naming-conventions 網
站，閱讀 PEP 8 的「Naming Conventions」部分。

使用適當長度的名稱

很顯然，命名不應太長或太短。太長的變數名稱輸入起來很麻煩，而太短的變數名稱可能會造成混淆或不具描述性。由於閱讀程式碼的頻率比編寫程式碼的頻率高，因此在變數取名時使用長一點的名稱也不是什麼大錯。接下來讓我們看一些名稱太短和太長的範例。

名稱太短

最常見的命名錯誤是選用過短的名稱。在我們剛寫程式時用很短的名稱好像還不錯，但幾天或幾周後這種名稱所代表的確切含義可能就會被遺忘。以下是幾種過短的名稱。

- 只用一個或兩個字母來命名（例如 g），這名稱可能是指以 g 開頭的其他單字，但是 g 開頭的字很多。首字母縮寫單字和名稱只用一兩個字母來命名對您個人來說是很容易輸入，但讓別人來閱讀時卻很難理解其代表的意思。

- 上述論點也適用於縮寫名稱，例如 mon，這個縮寫到底是代表 monitor、month、monster 或其他字。

- 像 start 這種的單一個字詞的名稱也可能含糊不清：start 是指是什麼開頭呢？這種名稱在別人閱讀時可能很難從表面上看出其上下文脈的意思。

取一個或兩個字母、縮寫或單一個字詞當作名稱，對取名的人來說當下自己可能知道其用意，但是別忘了，其他程式設計師（甚至取名者本身在過了幾周後）是很難理解其含義。

在某些情況下，短式變數名稱卻是可以使用的。例如，在 for 迴圈中，一般都使用 i（當索引－index 的意思）作為變數名稱，用來讓迴圈會遍訪串列一系列數字或索引，如果有巢狀嵌套，則依序會用 j 和 k（因為它們接在字母 i 之後）當迴圈下一層的變數名稱：

```
>>> for i in range(10):
...     for j in range(3):
...         print(i, j)
...
0 0
0 1
```

```
0 2
1 0
-- 省略 --
```

在大多數情況下，我提醒您不要使用單一個字母的變數名稱，但有另一個例外是笛卡兒座標所使用的 x 和 y。雖然使用 w 和 h 作為寬度（width）和高度（height）的縮寫或使用 n 當表示數字（number）這種縮寫很誘人，但對於其他人來說，這些含義可能就沒那麼明顯。

單字中的字母不要縮減

不要從程式碼中對單字作字母的縮減。雖然在 1990 年代之前，以 memcpy（記憶體副本 - memory copy）和 strcmp（字串比較 - string compare）之類的單字縮減字母所組合的名稱在 C 程式語言中很流行，但這是一種不好理解的命名方式，現在的您不應該使用。如果取的名字不容易發音，那也就不容易讓人理解。

此外，請隨意使用短式的片語當名稱，這樣能讓程式碼讀起來更像普通的英文。例如，number_of_trials 比 number_trials 更好懂。

名稱太長

一般來說，取名的範圍越大，其描述性就應該越高。像 payment 這種短式名稱對於單一且小型函式中的區域變數還滿合適的。但是，如果將 payment 這個名稱用於超過 10,000 行程式的全域變數，則描述性就不足，因為大型程式可能會處理多種 payment 付款資料。更有描述性的名稱，像 salesClientMonthlyPayment 或 annual_electric_bill_payment 可能更合適。名稱中的其他單字的組合提供了更多描述而解決了歧義的發生。

足夠的描述性比不足好。不過，接下來介紹一些準則讓我們確定什麼時候是不需要取用較長的名稱。

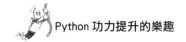

在名稱中的前置

名稱中所使用的一般前置（prefixes）可能是多餘的，指出名稱中不必要的細節。如果變數是類別的屬性，則前置部分就沒必要，因為提供了不需要放在變數名稱中的資訊。舉例來說，如果您的 Cat 類別具有 weight 屬性，那麼顯而易見，weight 指的是 Cat 的重量。因此，取名 catWeight 的描述性就多餘了，只是徒增長度而已。

同樣的情況，已經過時不用的**匈牙利表示法**是在名稱中放入資料型別的縮寫。舉例來說，名稱 strName 指示變數含有字串值，而 iVacationDays 指示變數含有整數。現代的程式語言和 IDE 很容易把這些資料型別的資訊傳達給程式設計師，無須在變數中加入這些前置，因此匈牙利表示法現在已不使用。如果發現名稱中放入了資料型別，請考慮將其刪除。

另一方面，變數或函式和方法名稱的前置有 is 和 has 是表示含有布林值，或者會返回布林值。這種名稱就具可讀性。請看下列名稱為 is_vehicle 的變數和名為 has_key() 的方法：

```
if item_under_repair.has_key('tires'):
    is_vehicle = True
```

has_key() 方法和 is_vehicle 變數讓上面的程式碼讀起來就像簡單的英文：「如果要維修之項目的鍵值名稱為「tires」，則該項目就是台車輛。」

同樣的情況，在名稱中加入單位也能提供有用的資訊。weight 變數用來儲存浮點值的重量，其表示的意義有點模糊：重量是磅、千克還是噸呢？單位資訊不是資料型別，因此在變數名稱的前後中加上 kg、lbs 或 tons，其意義與匈牙利表示法並不同。如果不是使用含有單位資料並指出重量的資料型別，在取變數名稱時最好把單位加上去，例如 weight_kg。確實需要這樣，在 1999 年時，火星氣候軌道飛行器機器人的太空探測器被搞丟了，因為 Lockheed Martin 公司提供的軟體是以英制標準單位進行運算，而 NASA 的系統卻用了公制，因此軌跡算錯，探測器就弄丟了，據報導，這台太空探測器耗資 1.25 億美元。

在名稱中以循序數字當作後置

在名稱中以循序數字當作後置，就表示這個變數的資料型別要變更，或是在名稱中還需要加上其他細節。單靠數字還是無法提供足夠的資訊來區分名稱。

諸如 payment1、payment2 和 payment3 之類的變數名稱無法告知閱讀程式碼的人這些 payment 值之間有什麼區別。程式設計師應該要重構這三個變數，修改成含有三個值，且名為 payments 的串列或多元組變數。

像 makePayment1(amount)、makePayment2(amount) 等的多個函式呼叫，最好也要重構成一個 makePayment 函式，並傳入整數引數來處理：makePayment(1, amount)、makePayment(2, amount) 等。

如果這些函式都具有不同的行為，需要分開成單獨個別的函式，那麼以循序數字為後置的取名方式並不具描述性，還不如在名稱後置加上描述說明：例如 makeLowPriorityPayment(amount) 和 makeHighPriorityPayment(amount)，或 make1stQuarterPayment(amount) 和 make2ndQuarterPayment(amount)。

如果有正當理由以這種循序數字當後置的名稱，那還是可以使用的。不過，若只是因為用起來很容易，那麼請考慮修改一下。

讓名稱變得好尋找

除了很小型的程式之外，在所有程式中我們都可能需要使用編輯器或 IDE 的 CTRL-F 鍵「尋找」功能來找出引用變數和函式的位置。如果我們選用了一個太過簡短的通用變數名稱（例如 num 或 a），則尋找的最終結果可能出現很多不是您想要找的。為了讓名稱容易馬上找到，命名時請選用含有特定詳細資訊，且較長的變數名稱。

某些 IDE 具有重構功能，此功能可以根據程式中名稱的用途來作為識別的標準。舉例來說，有個很通用的功能是「rename」工具，它能區分名為 num 和 number 的變數，以及分辨區域的 num 和全域的 num 變數。但是我們仍然要慎選名稱，不要太依賴這些工具。

記住此規則自然會提醒我們選用具有描述性的名稱，而不要使用一般無識別性的名稱。若取 email 當名稱有點太不明確，請考慮改用更具描述性的名稱，例如 emailAddress、downloadEmailAttachment、emailMessage 或 replyToAddress。這樣的名稱不僅描述更精確，在程式碼檔案中也更容易搜尋到。

避免用玩笑、雙關語和文化隱喻來命名

在我以前的軟體開發工作中，我們的程式庫中有個名為 gooseDownload() 的函式。我不知道這是什麼意思，因為我們正在開發的產品與鳥類或下載鳥類並沒什麼關係。當我找到最初編寫該項功能的資深同事時，他解釋說 goose（鵝）被當作動詞使用，就像「goose the engine」一樣。我也不知道這句話是什麼意思。他不得不進一步解釋，「goose the engine」是汽車術語，表示踩下油門讓引擎更快行駛。因此，gooseDownload() 是讓下載速度更快的功能。我點了點頭，回到自己的辦公桌。多年後這位同事離開公司，我就把他的函式重新命名為 increaseDownloadSpeed()。

在程式中選用名稱時，我們可能想用玩笑、雙關語或文化隱喻來增加程式碼的含義。請不要這麼做，玩笑很難在幾個字詞上表達出來，時間一久，玩笑就可能不會再那麼好笑了。雙關語也很容易出錯，與您協同工作的夥伴在判斷雙關語時搞不清楚這是不是拼寫錯誤，在處理 bug 回報時就會很痛苦。

特定的文化隱喻也會妨礙我們想要清楚傳達程式碼的意思。網路讓我們可以很輕鬆地與世界各地的陌生人共享原始程式碼，但這些陌生人不一定會流利的英語或看懂英語的玩笑話。如本章前面所述，Python 文件中使用的 spam、eggs 和 bacon 這些變數名稱引用自 Monty Python 的劇本，但我們僅把這些名稱視作無特別意義的變數（Metasyntactic Variables）。這種名稱建議您不要在正式的程式碼中使用。

最好的策略是使用非英語母語的人也能理解的方式來編寫程式碼，以禮貌、直接和正經的方式來設計程式。我以前的同事可能認為 gooseDownload() 是個玩笑隱喻，但是需要花很多時間精力去解釋時就不好笑了。

不要使用內建的名稱

為自己的變數命名時，最好永遠不要使用 Python 已內建的名稱。例如，如果把變數命名為 list 或 set，則會蓋掉 Python 內建的 list() 和 set() 函式，因此就有可能會在程式碼中引發錯誤。內建的 list() 函式可以用來建立串列物件，但如果蓋掉它就可能導致以下錯誤：

```
    >>> list(range(5))
    [0, 1, 2, 3, 4]
❶   >>> list = ['cat', 'dog', 'moose']
❷   >>> list(range(5))
    Traceback (most recent call last):
      File "<stdin>", line 1, in <module>
    TypeError: 'list' object is not callable
```

如果我們把串列值指定給名稱為 list 的變數❶，就會失去原本內建的 list() 函式。隨後試著呼叫 list() ❷就會引發 TypeError。要確定 Python 是否已經使用了某個名稱，請在互動式 shell 中當成命令輸入或嘗試將其引入。如果 Python 並未使用該名稱，就會收到 NameError 或 ModuleNotFoundError 錯誤提示。舉例來說，Python 已內建使用了 open 和 test 名稱，但沒有使用 spam 和 eggs 名稱：

```
>>> open
<built-in function open >
>>> import test
>>> spam
Traceback (most recent call last):
  File "<stdin>", line 1, in <module>
NameError: name 'spam' is not defined
>>> import eggs
Traceback (most recent call last):
  File "<stdin>", line 1, in <module>
ModuleNotFoundError: No module named 'eggs'
```

一些 Python 常用的內建名稱是 all、any、date、email、file、format、hash、id、input、list、min、max、object、open、random、set、str、sum、test 和 type。請勿使用這些名稱作為識別子。

另一個常見的問題是把您的 .py 檔命名為與第三方模組相同的名稱。舉例來說，如果您安裝了第三方 pyperclip 模組，但又建立了 pyperclip.py 檔，則在 import pyperclip 陳述句時會引入您自己建立的 pyperclip.py 而不是 pyperclip 模

組。當您嘗試呼叫 pyperclip 的 copy() 或 paste() 函式時，就會收到一條錯誤訊息，提示這些函式並不存在：

```
>>> # Run this code with a file named pyperclip.py in the current folder.
>>> import pyperclip  # This imports your pyperclip.py, not the real one.
>>> pyperclip.copy('hello')
Traceback (most recent call last):
  File "<stdin>", line 1, in <module>
AttributeError: module 'pyperclip' has no attribute 'copy'
```

請小心覆蓋使用了自己 Python 程式碼中現有的名稱，尤其是在沒有出現屬性錯誤訊息的提醒下，可能不小心使用了這些名稱。

史上最糟的變數名稱

data 這個名稱是個可怕的通用變數名稱，因為實際上所有變數用來存放「資料」。變數 var 這個名稱也一樣，有點像為寵物狗取名為「Dog」。temp 這個名稱是臨時儲存資料的變數很常用的命名，但仍然是個糟糕的選擇：畢竟，從禪意上來看，所有變數不都是臨時的嗎。不幸的是，雖然這些名稱的意義含糊不清，但卻經常出現。請避免在程式中使用。

如果您需要一個變數來存放溫度資料的統計變異數，請把這個變數命名為temperatureVariance。不用解釋，取名為 tempVarData 是很糟的選擇。

總結

選用名稱和演算法或電腦科學並沒有什麼相關，但這是編寫出具有可讀性程式碼很重要的元素。不論如何，在程式所使用的名稱取決於我們自己，但請留意現存的許多準則能引導我們選用更好的名稱。PEP 8 文件中建議了幾種命名慣例準則，例如模組名稱是用字母都小寫的名稱，而類別名稱則以 PascalCase 式大小寫來命名。名稱太短或太長都不好，此外，命名時描述的詳細程度多一些比不足來得好。

名稱最好是簡明扼要又具有描述性。取的名稱在使用 CTRL-F 尋找功能時能輕鬆找到，這個變數名稱就具備了獨特性和描述性。命名時多思考一下該名稱是否容易搜尋到，這樣能確定所取用的名稱是否太過通泛。另外，請思考英語程度不太流利的程式設計師是否能理解您取的這個名稱：請避免在命名時使用玩笑、雙關語和文化隱喻。相反地，請選用禮貌、直接和正經的名稱。

本章中的許多建議會直接指引您命名的原則，但請記住不要用到 Python 標準程式庫已使用的名稱，例如：all、any、date、email、file、format、hash、id、input、list、min、max、object、open、random、set、str、sum、test 和 type。使用這些名稱可能會導致程式發生錯誤。

電腦本身並不在乎您取的名稱是具有描述性的還是概念模糊不清的。取好的名稱是為了讓程式碼更容易給人讀懂，而不是為了讓電腦更容易執行。如果程式碼可讀性強，則容易理解；若程式好理解，就容易修改；若好修改，則修復錯誤或新增功能時會簡單許多。選用好理解的名稱是生產高品質軟體的基石。

第 5 章

找出程式碼的異味

導致程式崩潰停住的錯誤應該是很顯然可看出，但是崩潰停住卻不是程式出問題的唯一跡象。其他跡象可能是存有很多細微的錯誤或不好讀懂的程式碼。正如瓦斯的異味能表示氣體外洩，或煙霧的異味表示發生火災一樣，程式碼異味（code smell）是一種原始程式碼模式，能指出潛藏的問題或錯誤。程式碼出現異味不一定真的表示程式有問題，但它卻提醒您應該好好探查一下程式的內容。

本章列出了幾種常見的程式碼異味。與之後遇到錯誤再去理解和修復相比，預防性的工作所需的時間和精力是要少很多。程式設計師大都有花上數小時除錯的經驗，但最後可能發現要修復的地方就只是一行程式碼而已。因此，就算是很小的潛藏錯誤，也應該要暫停一下，仔細探查這個部分是否會造成未來的大問題。

當然，程式碼異味不一定代表程式真的有問題。基本上我們還是要自行判斷程式碼異味是要解決掉還是忽略不管。

重複的程式碼

最常見的程式碼異味是**重複的程式碼**（duplicate code）。重複的程式碼是指把某些會重複使用的程式碼以複製並貼上到程式中所建立的所有原始程式碼。舉例來說，下列的簡短程式中含有重複的程式碼，請留意問候了使用者三次的那幾行程式：

```python
print('Good morning!')
print('How are you feeling?')
feeling = input()
print('I am happy to hear that you are feeling ' + feeling + '.')
print('Good afternoon!')
print('How are you feeling?')
feeling = input()
print('I am happy to hear that you are feeling ' + feeling + '.')
print('Good evening!')
print('How are you feeling?')
feeling = input()
print('I am happy to hear that you are feeling ' + feeling + '.')
```

重複程式碼的問題是這種操作會讓程式碼的修改變得困難。如果重複的程式碼有一個地方要修改，則必須對所有複製出去的程式碼內容都進行修改。假如忘記對某個地方進行修改，或者對複製出去的某個副本進行了不一致的更改，則程式最終可能會出現不是我們預期的結果。

重複程式碼的解決方案是把重複的部分刪除掉。也就是說，把需要重複使用的程式碼放在函式或迴圈內，使其在程式中只出現一次就能完成要處理的工作。在以下的範例中，我把重複的程式碼移至一個函式內，然後反復呼叫該函式：

```python
def askFeeling():
    print('How are you feeling?')
    feeling = input()
    print('I am happy to hear that you are feeling ' + feeling + '.')

print('Good morning!')
askFeeling()
print('Good afternoon!')
askFeeling()
print('Good evening!')
askFeeling()
```

下列範例則是把需要重複使用的程式碼放入迴圈內：

```python
for timeOfDay in ['morning', 'afternoon', 'evening']:
    print('Good ' + timeOfDay + '!')
    print('How are you feeling?')
    feeling = input()
    print('I am happy to hear that you are feeling ' + feeling + '.')
```

我們還可以結合這兩種技術，同時使用函式和迴圈：

```python
def askFeeling(timeOfDay):
    print('Good ' + timeOfDay + '!')
    print('How are you feeling?')
    feeling = input()
    print('I am happy to hear that you are feeling ' + feeling + '.')

for timeOfDay in ['morning', 'afternoon', 'evening']:
    askFeeling(timeOfDay)
```

請留意，產生「Good morning/afternoon/evening!」訊息的程式碼很相似但不相同。在對這個程式的第三次改版中，我對程式碼進行了參數化處理，把相同的部分進行整理與刪除重複的內容，讓 timeOfDay 參數和 timeOfDay 迴圈變數來替換和放置不同的內容。現在，我已把多餘重複的程式碼進行了整理和刪除，只需要在一個地方放入必要且不同的內容即可。

與程式碼異味的處理一樣，避免重複的程式碼並不是必須遵循且一成不變的準則。一般來說，重複的程式碼區段越長或程式中出現的重複副本越多，則對其重複部分進行整理刪除的需求就越強。對某些程式碼使用複製和貼上一次或兩次並沒什麼關係。但是，當程式中需要貼上了三個或四個副本時，我通常會思考對重複程式碼進行整理和刪除。

有時候，並不值得花時間去整理和刪除重複程式碼。以本節中的第一個範例與最後的範例進行比較，雖然重複的程式碼較長，但它簡單直接許多。重複程式碼刪除後，所執行相同操作會用到一個迴圈、一個新的 timeOfDay 迴圈變數和一個帶有參數的新函式，而該參數也命名為 timeOfDay。

重複程式碼會被稱作程式碼異味，因為重複的內容會讓我們難以修改且不容易維持一致。如果程式中有多個複製出來副本，其解決方案是把這重複的程式碼整理到函式或迴圈中，使其僅出現一次。

魔術數字

程式設計需要用到數字並不足為奇。但您的原始程式碼中所出現的某些數字可能會讓別的程式設計師（或是您自己在過了幾星期後）感到困惑。舉例來說，請思考下列這行程式中的數字 604800：

```
expiration = time.time() + 604800
```

time.time() 函式會返回一個代表目前時間的整數。我們假設 expiration 變數是用來表示未來 604,800 秒後到期的時間。但是 604800 這個數字很神秘，這個到期日的意義是什麼呢？加上註釋有助於說明其用意：

```
expiration = time.time() + 604800  # Expire in one week.
```

這算是個不錯的解決方式，但更好的解決方案是用常數來替換這些「魔術」數字。**常數**也是一種變數，但名稱全都用大寫字母表示，代表其值在初始指定後就不會更改。一般來說，會把常數定義成程式碼檔案最頂端的全域變數：

```
# Set up constants for different time amounts:
SECONDS_PER_MINUTE = 60
SECONDS_PER_HOUR = 60 * SECONDS_PER_MINUTE
SECONDS_PER_DAY = 24 * SECONDS_PER_HOUR
SECONDS_PER_WEEK = 7 * SECONDS_PER_DAY

--省略--

expiration = time.time() + SECONDS_PER_WEEK  # Expire in one week.
```

我們應該對不同用途的魔術數字各別定義一個常數來處理，就算魔術數字相同也一樣。舉例來說，在一副撲克牌有 52 張紙牌，一年有 52 週，如果程式中同時有用到這兩個數值，則應進行以下處理：

```
NUM_CARDS_IN_DECK = 52
NUM_WEEKS_IN_YEAR = 52

print('This deck contains', NUM_CARDS_IN_DECK, 'cards.')
print('The 2-year contract lasts for', 2 * NUM_WEEKS_IN_YEAR, 'weeks.')
```

當我們執行上面的程式碼，其輸出結果如下：

```
This deck contains 52 cards.
The 2-year contract lasts for 104 weeks.
```

各別使用常數，在未來需要更改也能分開處理。請注意，在程式執行時，常數
變數是絕不能更改其值的，但這不代表程式設計師永遠不能在原始程式碼中對
其進行更新。例如，如果在新版的程式碼中紙牌多了一張小丑，那麼就要更改
cards 常數，但不會影響 weeks 常數：

```
NUM_CARDS_IN_DECK = 53
NUM_WEEKS_IN_YEAR = 52
```

「魔術數字」這個概念也可以套用到非數值的資料。舉例來說，我們可以把某
個字串值指定為常數。請看下列程式範例，這支程式要求使用者輸入方向，如
果使用者輸入的是 north 則提出警告訊息。如果使用者打錯字成 'nrth'，這會導
致錯誤，讓該程式無法顯示警告訊息：

```
    while True:
        print('Set solar panel direction:')
        direction = input().lower()
        if direction in ('north', 'south', 'east', 'west'):
            break

    print('Solar panel heading set to:', direction)
❶   if direction == 'nrth':
        print('Warning: Facing north is inefficient for this panel.')
```

這種錯誤很難檢測到，打錯的 'nrth' 字串❶在 Python 語法上仍然是正確的，這
支程式不會崩潰終止，並且會忽略掉要顯示警告訊息的情況。但是，如果我們
使用常數來處理這種打錯字的輸入，則該輸入會引起程式崩潰終止，因為
Python 會留意 NRTH 常數是不存在的：

```
    # Set up constants for each cardinal direction:
    NORTH = 'north'
    SOUTH = 'south'
    EAST = 'east'
    WEST = 'west'
    while True:
        print('Set solar panel direction:')
        direction = input().lower()
        if direction in (NORTH, SOUTH, EAST, WEST):
            break

    print('Solar panel heading set to:', direction)
❶   if direction == NRTH:
        print('Warning: Facing north is inefficient for this panel.')
```

使用 NRTH 的那行程式碼❶會引發 NameError 例外異常,程式執行到這裡時會明顯地提出錯誤訊息:

```
Set solar panel direction:
west
Solar panel heading set to: west
Traceback (most recent call last):
  File "panelset.py", line 14, in <module>
    if direction == NRTH:
NameError: name 'NRTH' is not defined
```

魔術數字是程式碼異味的一種,因為這種作法無法傳達其用途,也讓程式的可讀性變差,更不容易修改且容易出現打錯字的情況。這個問題的解決方案是改用常數變數來處理。

注釋掉的程式碼和死碼

注釋掉的程式碼是指在程式行前加注釋符號讓該行程式碼不執行的暫時作法。我們在程式設計時可能想要跳過某些程式行來測試其他功能,並以注釋的方式來處理,讓這些程式稍後很容易加回來。但如果注釋掉的程式碼一直放著,那麼要在什麼情況下再次使用或是將其刪除,這種矛盾還真是不好解決。請看下列的範例:

```
doSomething()
#doAnotherThing()
doSomeImportantTask()
doAnotherThing()
```

這段程式碼提示了許多懸而未決的問題:為什麼 doAnotherThing() 被注釋掉了?我們會再加回去嗎?為什麼第二個 doAnotherThing() 呼叫沒有被注釋掉?原本是要對 doAnotherThing() 進行兩次呼叫,還是只需在 doSomeImportant Task() 之後進行一次呼叫呢?有什麼理由不刪除這行注釋掉的程式碼呢?這些問題並沒有直接的答案。

死碼(Dead code)是指不會存取和用到,或是邏輯上永遠無法執行的程式碼。例如,函式之中放在 return 陳述句之後的程式碼,if 陳述句區塊中始終為 False 的程式碼,或是沒有呼叫之函式中的程式碼都算是死碼。我們從實作中來體會一下,請在互動式 Shell 模式中輸入以下內容:

```
>>> import random
>>> def coinFlip():
...     if random.randint(0, 1):
...         return 'Heads!'
...     else:
...         return 'Tails!'
...     return 'The coin landed on its edge!'
...
>>> print(coinFlip())
Tails!
```

「return 'The coin landed on its edge!'」這一行是死碼，因為在 if 和 else 區塊中就會返回了，根本不會執行到這一行。死碼會產生誤導，因為程式設計師在讀到死碼時會認為還有作用，但其實它們和註釋掉的程式碼是一樣的。

Stub（椿）則是程式碼異味規則的例外，因為這些是放置將來程式碼（例如尚未實作的函式或類別）的佔位符號。真正的程式暫時會以 stub 替代，stub 中含有 pass 陳述句，所以不會做任何事情（也稱為無操作或 no-op）。因為有 pass 陳述句的存在，在建立 stub 時某些語法會要求要輸入內容，此時就可用 pass 陳述句來暫代：

```
>>> def exampleFunction():
...     pass
...
```

在呼叫此函式時，它什麼都沒有做。此外，這裡指出將來會新增需要的程式碼進去。

另一種作法是使用「raise NotImplementedError」陳述句，這樣也能避免意外呼叫未實作的函式。這條陳述句表示該函式還沒準備好讓程式呼叫使用：

```
>>> def exampleFunction():
...     raise NotImplementedError
...
>>> exampleFunction()
Traceback (most recent call last):
  File "<stdin>", line 1, in <module>
  File "<stdin>", line 2, in exampleFunction
NotImplementedError
```

當我們不小心呼叫了 stub 函式或方法時，引發的 NotImplementedError 會顯示出錯誤訊息來提醒。

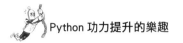

注釋掉的程式碼和死碼都算是程式碼異味，因為可能會誤導程式設計師，讓他們認為這些程式碼還有作用，是程式可執行的一部分。建議您刪除掉，並使用版本控制系統（例如 Git 或 Subversion）來追蹤修訂。本書第 12 章介紹了版本控制的應用。使用版本控制後，我們從程式中刪除程式碼，如果有需要，是可以很輕鬆地回復原樣的。

印出除錯訊息

印出除錯訊息（**print debugging**）是指在程式中放入臨時的 print() 陳述句來以顯示變數的值，然後再重新執行程式。這個處理過程通常會遵循以下步驟：

1.　注意到程式中有 bug。

2.　對某些變數新增 print() 呼叫，印出這些變數所存放的內容。

3.　返回程式。

4.　加入更多的 print() 呼叫，因為前面 print() 呼叫並沒有顯示足夠的資訊。

5.　返回程式。

6.　在找出 bug 之前多重複幾次前面的二個步驟。

7.　返回程式。

8.　留意自己是否忘了刪除前面加入的這些 print() 呼叫，並將其刪除。

印出除錯訊息看似快速又簡單，但在找出修復錯誤所需的訊息之前，通常需要重複執行程式很多次。除錯的真正解決方案是使用 debugger 或設定日誌檔。利用 debugger，我們可以一次執行一行程式碼並檢查所有變數的值。使用 debugger 好像比直接插入 print() 呼叫慢，但從長遠來看，debugger 才是真的能節省我們時間的工具。

日誌檔（**logfile**）可以記錄程式中的大量資訊，因此我們可以把每次執行出來的日誌檔進行比較。在 Python 中，內建的 logging 模組只需三行程式碼即可建立日誌檔，輕鬆享用這項功能：

```
import logging
logging.basicConfig(filename='log_filename.txt', level=logging.DEBUG,
format='%(asctime)s - %(levelname)s - %(message)s')
logging.debug('This is a log message.')
```

匯入 logging 模組並設定其基本配置後，可以呼叫 logging.debug() 把資訊寫入文字檔中，而不是用 print() 在螢幕上顯示。與印出除錯訊息不同，呼叫 logging.debug() 可以清楚分辨什麼輸出是除錯資訊，什麼輸出是程式正常執行的結果。關於除錯的更多資訊，讀者可參考「Python 自動化的樂趣 第二版」一書第 11 章「除錯（Debugging）」的內容，也可連到作者網站看英文版本 https://autbor.com/2e/c11/。

以數字為後置的變數

在編寫程式時，可能需要多個儲存相同類型資料的變數。在這些情況下，我們可能會想要直接在變數名稱後加上數字編號當後置來使用。舉例來說，假設我們在處理登錄表單時，要求使用者輸入兩次密碼以防止輸入錯誤，我們把這兩組密碼字串儲存在名為 password1 和 password2 的變數內。這種以數字當後置的作法並不能清楚描述變數所存放的內容或是變數之間的差異。這樣的作法也無法指出可能會有多少個變數：是否還有 password3 或 password4 呢？請試著取個不同的名稱，而不要偷懶只加個數字當後置。以這個密碼範例來看，這組變數更好的名稱應是 password 和 Confirm_password。

讓我們來看另一個範例：如果有一個處理起始和目的座標的函式，該函式可能會有參數 x1、y1、x2 和 y2。這種以數字當後置的名稱所傳達的資訊就不如名稱 start_x、start_y、end_x 和 end_y。與 x1 和 y1 相比，start_x 和 start_y 很明顯地展示出彼此是相關的。

如果變數後置編號的數字超過 2 以上，則可能需要使用串列或設定資料結構來把這些資料儲存成一個集合。例如，我們可以把 pet1Name、pet2Name、pet3Name 等的值以一個 petNames 串列來存放。

並不是每個以數字當後置的變數都有程式碼異味飄出。例如，使用 enableIPv6 當變數的名稱就很正確，因為這裡的「6」是「IPv6」專有名稱的一部分，它並不是數字後置編號。如果在編寫程式時，需要用到一系列以數字後置編號的變數時，請考慮把這些變數改用串列、字典等資料結構來存放。

濫用類別

使用 Java 等語言的程式設計師習慣建立類別來組織其程式碼。舉例來說,我們來看下面這個 Dice 類別的範例,它含有 roll() 方法:

```
>>> import random
>>> class Dice:
...     def __init__(self, sides=6):
...         self.sides = sides
...     def roll(self):
...         return random.randint(1, self.sides)
...
>>> d = Dice()
>>> print('You rolled a', d.roll())
You rolled a 1
```

這是個看起來組織結構良好的程式碼,但請思考一下我們的實際需求:從 1 到 6 之間取一個隨機數字。這裡其實只需一個簡單的函式呼叫就能替換上面整個類別:

```
>>> print('You rolled a', random.randint(1, 6))
You rolled a 6
```

與其他語言相比,Python 組織管理程式碼的方式較隨意,因為 Python 程式不需要存放在類別或其他樣板結構中。如果發現建立物件只是為了進行單個函式呼叫,或者編寫的類別僅含有靜態方法,則這些都算是程式碼異味,表示我們最好改寫成函式來處理即可。

在 Python 中,我們使用模組而不是類別來把一些功能分組結合在一起。反正類別是一定放在模組中,因此再把這些程式碼放入類別只會讓程式增加不必要的組織層級。第 15 至 17 章會針對這些物件導向設計原理作更深入的探討和說明。Jack Diederich 在 PyCon 2012 上的演講主題「Stop Writing Classes」就講述了各種可能讓 Python 程式碼過於複雜的處理方式。

串列推導式中又有串列推導式

串列推導式(**List comprehensions**,或譯串列解析式、串列綜合運算式)是建立和處理複雜串列值的簡便方法。舉例來說,若要建立一個數位字串的串列,放入 0 到 100 數字但不包括 5 的所有倍數。通常這需要用 for 迴圈來處理:

```
>>> spam = []
>>> for number in range(100):
...     if number % 5 != 0:
...         spam.append(str(number))
...
>>> spam
['1', '2', '3', '4', '6', '7', '8', '9', '11', '12', '13', '14', '16', '17',
--省略--
'86', '87', '88', '89', '91', '92', '93', '94', '96', '97', '98', '99']
```

另一種作法是用串列推導語法，只用一行程式碼中即可建立相同的串列：

```
>>> spam = [str(number) for number in range(100) if number % 5 != 0]
>>> spam
['1', '2', '3', '4', '6', '7', '8', '9', '11', '12', '13', '14', '16', '17',
--省略--
'86', '87', '88', '89', '91', '92', '93', '94', '96', '97', '98', '99']
```

Python 還可以使用集合推導式（set comprehensions）和字典推導式（dictionary comprehensions）的語法：

```
❶ >>> spam = {str(number) for number in range(100) if number % 5 != 0}
   >>> spam
   {'39', '31', '96', '76', '91', '11', '71', '24', '2', '1', '22', '14', '62',
   --省略--
   '4', '57', '49', '51', '9', '63', '78', '93', '6', '86', '92', '64', '37'}
❷ >>> spam = {str(number): number for number in range(100) if number % 5 != 0}
   >>> spam
   {'1': 1, '2': 2, '3': 3, '4': 4, '6': 6, '7': 7, '8': 8, '9': 9, '11': 11,
   --省略--
   '92': 92, '93': 93, '94': 94, '96': 96, '97': 97, '98': 98, '99': 99}
```

集合推導式❶是用大括號代替中括號，以此來產生集合值。字典推導式❷會產生字典值，並使用冒號把推導式中的鍵和值隔開。

這些推導式很簡潔，可以讓我們的程式碼更具可讀性。但是請注意，這些推導式是以可迭代（iterable）物件為基礎來產生一個串列、集合或字典（在此範例中，range 物件是呼叫 range(100) 所返回的）。串列、集合和字典本身也是可迭代的物件，這表示我們可以將推導式再巢狀嵌套在另一個推導式之中，如以下的範例所示：

```
>>> nestedIntList = [[0, 1, 2, 3], [4], [5, 6], [7, 8, 9]]
>>> nestedStrList = [[str(i) for i in sublist] for sublist in nestedIntList]
>>> nestedStrList
[['0', '1', '2', '3'], ['4'], ['5', '6'], ['7', '8', '9']]
```

但是巢狀串列推導式（或巢狀集合和字典推導式）會把太多的複雜性塞入一小段程式碼中，這樣反而讓程式碼難以閱讀且不好理解。最好把串列推導式分解擴展成一個或多個 for 迴圈：

```
>>> nestedIntList = [[0, 1, 2, 3], [4], [5, 6], [7, 8, 9]]
>>> nestedStrList = []
>>> for sublist in nestedIntList:
...     nestedStrList.append([str(i) for i in sublist])
...
>>> nestedStrList
[['0', '1', '2', '3'], ['4'], ['5', '6'], ['7', '8', '9']]
```

推導式也可以放入多個 for 表示式，不過這樣的程式是很難閱讀且不好理解。舉例來說，以下串列推導式會從巢狀的串列中生成一個扁平單層的串列：

```
>>> nestedList = [[0, 1, 2, 3], [4], [5, 6], [7, 8, 9]]
>>> flatList = [num for sublist in nestedList for num in sublist]
>>> flatList
[0, 1, 2, 3, 4, 5, 6, 7, 8, 9]
```

這個串列推導式含有兩個表示式，就算是經驗豐富的 Python 開發專家看到這個也很難馬上看懂。把它分解擴展成兩個 for 迴圈來建立相同的扁平單層串列，這樣的寫法更好懂易讀：

```
>>> nestedList = [[0, 1, 2, 3], [4], [5, 6], [7, 8, 9]]
>>> flatList = []
>>> for sublist in nestedList:
...     for num in sublist:
...         flatList.append(num)
...
>>> flatList
[0, 1, 2, 3, 4, 5, 6, 7, 8, 9]
```

推導式的語法是生成簡潔程式碼的快捷方式，但不要太過複雜，也不要相互巢狀嵌套。

空的 except 區塊與不好的錯誤訊息

捕捉例外是確保程式即使出現問題也能繼續執行的主要方法之一。當引發例外後，讓 except 區塊是空的而沒有進行處置，那麼 Python 程式就會崩潰並馬上停止。如此一來就可能會讓您還沒儲存的工作遺失，或是讓檔案處於未完成的狀態。

我們可以透過 except 程式區塊來防止程式崩潰，這個程式區塊可放入處理錯誤的程式碼。不過有時候很難決定要怎麼處置錯誤，有時程式設計師可能想偷懶，只在 except 區塊寫句 pass 就過關了。舉例來說，在下面的程式碼中，我們使用 pass 建立一個無操作的 except 區塊：

```
>>> try:
...     num = input('Enter a number: ')
...     num = int(num)
... except ValueError:
...     pass
...
Enter a number: forty two
>>> num
'forty two'
```

當程式把 'forty two' 傳給 int() 時，這支程式不會崩潰終止，因為 int() 引發的 ValueError 會由 except 區塊來處理。但是，不回應錯誤可能比崩潰停止更糟糕。程式崩潰終止了，那程式就不會在錯誤的資料或不完整的狀態下繼續執行，如果沒有崩潰繼續執行，就有可能在後面引起更嚴重的錯誤。輸入非數值字串後，這裡的程式不會崩潰，但現在的 num 變數中存放了字串值而不是整數值，這在使用 num 變數時可能會引發其他問題。這裡的 except 陳述句對錯誤並沒有處理，這樣的作法就如同是把錯誤隱藏起來而已。

處理例外時只用很爛的錯誤訊息提示也算是另一種程式碼異味。請看下面這個例子：

```
>>> try:
...     num = input('Enter a number: ')
...     num = int(num)
... except ValueError:
...     print('An incorrect value was passed to int()')
...
Enter a number: forty two
An incorrect value was passed to int()
```

這段程式碼還算不錯，並不會崩潰，但它並沒有為使用者提供足夠的資訊來提醒使用者怎麼解決問題。錯誤訊息是給使用者看的，而不是給程式設計師閱讀。上述這條錯誤訊息放了使用者不太了解的技術細節，例如提到 int() 函式，而且還沒有告訴使用者如何解決問題。錯誤訊息應陳述發生了什麼事，以及提示使用者應該如何處理。

對於程式設計師而言，很容易快速對所發生的事情進行簡單而無用的陳述，但
卻不容易對使用者提示詳細的解決問題步驟。不過請您記住，如果程式無法處
理所有可能引發的例外異常，則表示這支程式還未完成。

程式碼異味的迷思

某些程式碼異味其實根本不是真的程式碼異味。程式設計的觀念中有很多一知
半解的錯誤建議，這些錯誤的建議常常是斷章取義，沒什麼作用但又一直存
在。這歸咎於那些試圖把主觀想法當成最佳實務的技術書籍作者。

您可能已經從中學過一些被稱為程式碼異味的情況，但大多數情況下的這些程
式碼異味並不是什麼問題。我稱它們為**程式碼異味的迷思**（code smell
myths）：這些異味只是提醒，我們應該忽略不管。讓我們看看其中一些程式碼
異味的迷思。

迷思：函式末尾應該只有一個 return

「一進一出」這種概念來自組合語言和 FORTRAN 語言，算是舊時代留下的誤
解。這些語言能讓我們可以進入子程序（類似於函式的結構）的任意位置（包
括在中間），這在判斷要在子程序的哪一個部分除錯就很困難了。函式則沒有
這樣的問題（因為函式一定是從開頭開始執行的），但是這樣的建議一直留存
到現在，變成「函式和方法應該只有一個 return，而且應該在函式或方法的尾
端」。

試圖在函式或方法中實作只有一個 return 的作法，通常需要一系列複雜的 if-
else 陳述句配合，這種作法比使用多個 return 句更容易混淆。請記住，函式或
方法中是可以放多個 return 陳述句的。

迷思：函式中最多應該只有一個 try 陳述句

一般來說，「函式和方法應該只處理一件事」是個很好的建議，但這表示例外
處理要在單獨的函式中進行，這樣好像有點矯枉過正了。舉例來說，讓我們看
看下面這個函式，此函式指出要刪除的檔案是否已經不存在：

```
>>> import os
>>> def deleteWithConfirmation(filename):
...     try:
...         if (input('Delete ' + filename + ', are you sure? Y/N') == 'Y'):
...             os.unlink(filename)
...     except FileNotFoundError:
...         print('That file already did not exist.')
...
```

支持上面程式有程式碼異味的人認為，函式應該只處理一件事，而錯誤處理算是一件事，因此要把這個函式分為兩個。他們認為，如果您使用 try-except 陳述句，那它應該是函式中的第一條陳述句，函式的程式碼要改成下面這般：

```
>>> import os
>>> def handleErrorForDeleteWithConfirmation(filename):
...     try:
...         _deleteWithConfirmation(filename)
...     except FileNotFoundError:
...         print('That file already did not exist.')
...
>>> def _deleteWithConfirmation(filename):
...     if (input('Delete ' + filename + ', are you sure? Y/N') == 'Y'):
...         os.unlink(filename)
...
```

這樣的分成兩個函式的寫法是不必要且變複雜了。_deleteWithConfirmation() 函式現在已使用 _ 底線當作前置標為私有，說明了不應直接呼叫，而只能透過對 handleErrorForDeleteWithConfirmation() 的呼叫來間接取用，這個新函式的名稱很尷尬，因為我們呼叫它是要刪除檔案而不是要處理刪除檔案的錯誤。

函式應該小而簡單，但並不表示局限在只能做「一件事情（無論您如何定義）」。如果函式有一個以上的 try-except 陳述句，且這些陳述句沒有包住所有程式碼，這樣的寫法也是沒問題的。

迷思：旗標引數是不好的

用在函式或方法呼叫的布林引數有時稱之為**旗標引數**（**flag argument**）。在程式設計中，**旗標**的值大多是以二進位來設定，例如「啟用」或「停用」，通常用布林值來表示。我們可以把這些設定描述為已設定（即 True）或已清除（即 False）。

函式呼叫時使用旗標引數是不好，這種錯誤信念是來自於函式是根據旗標值執行兩項完全不同的操作，例如以下範例：

```
def someFunction(flagArgument):
    if flagArgument:
        # Run some code...
    else:
        # Run some completely different code...
```

沒錯，如果函式看起來像上面這樣，則應該建立兩個單獨的函式，而不是透過引數來決定要執行該函式的哪一個部分。不過大多數帶有旗標引數的函式並不是做這樣的事。舉例來說，我們可以對 sorted() 函式的傳入一個布林值來當作降冪關鍵字引數，以此來決定排序是升冪或降冪。把函式拆分為兩個名為 sorted() 和 reverseSorted() 的函式並不是提升和改進，反而還會重複了很多程式碼而增加了檔案的大小。所以「旗標引數是不好的」這種說法其實是迷思。

迷思：全域變數是不好的

函式和方法算是程式中的小型程式：它們含有程式碼以及在函式返回時會刪除掉的區域變數。這就像程式結束後會刪除掉變數的一樣。函式是獨立的：其程式碼是正確執行或產生錯誤，大都根據呼叫時所傳入的引數來處理。

使用全域變數的函式和方法會失去一些有用的隔離。就和引數一樣，您在函式中使用的所有全域變數實際上都會成為函式的另一個輸入。使用愈多的引數就表示程式愈複雜，同時也表示有更高的出錯可能性。如果因為全域變數中不好的值而讓函式出現錯誤，則這個不好的值可能在程式中任意的位置所設定的。要搜尋這個不好的值可能的起因，我們不僅要分析函式中的程式碼或呼叫該函式的那行程式碼，我們還必須探查整支程式的內容。因為這個理由，我們最好要小心使用全域變數。

舉例來說，下面的 calculateSlicesPerGuest() 函式是在 partyPlanner.py 檔中，大約有一千多行程式碼。特別列出程式行號是為了讓您了解程式的規模：

```
1504. def calculateSlicesPerGuest(numberOfCakeSlices):
1505.     global numberOfPartyGuests
1506.     return numberOfCakeSlices / numberOfPartyGuests
```

假設執行這支程式時，遇到以下例外異常：

```
Traceback (most recent call last):
  File "partyPlanner.py", line 1898, in <module>
    print(calculateSlicesPerGuest(42))
  File "partyPlanner.py", line 1506, in calculateSlicesPerGuest
    return numberOfCakeSlices / numberOfPartyGuests
ZeroDivisionError: division by zero
```

程式出現除以 0 的錯誤，起因在「return numberOfCakeSlices / numberOfParty Guests」這行。應該是 numberOfPartyGuests 被設為 0 才引起這個問題的，但 numberOfPartyGuests 是在哪裡被設為 0 的呢？因為這是全域變數，有可能在這上千行程式碼的任一位置發生！從 traceback 訊息中得知，是在程式的 1898 行呼叫了 calculateSlicesPerGuest()。如果回去查看 1898 行，可找到是什麼引數傳給 numberOfCakeSlices 參數。但 numberOfPartyGuests 這個全域變數有可能在函式呼叫前的任一位置被設定。

請注意，全域常數（global constant）並不被認定為是壞的程式設計作法。因為它們的值永遠不變，因此不像其他全域變數可能把複雜性引入程式中。當程式設計師提到「全域變數是不好的」時，它們所指的並不是常數變數。

全域變數增大了要找出引發例外原因的除錯範圍，因此大量使用全域變數並不是個好主意。但把「所有的」全域變數都認定為不好的，這樣的想法就算是迷思了。全域變數在較小型的程式或在追蹤整個程式的設定時就很有用。能不用全域變數那就不用，但完全認定「全域變數是不好的」，這樣就太過簡化了。

迷思：注釋是不需要的

不好的注釋描述確實比沒有注釋更糟糕。帶有過時或誤導性資訊的注釋不會讓程式設計師加深理解程式的用途，反而會浪費更多精力和時間。但有時大家會以這個潛藏的問題來宣稱所有注釋都是不好的，這樣的論點指出不需要花心思在注釋上，應該費心在把程式碼的可讀性變高，所以程式根本不需要加注釋。

注釋可以用白話（程式設計師可用任何一種語言）來書寫，因此注釋還是可以傳達程式中變數、函式和類別名稱所無法表達的資訊。不過要寫出簡潔有效的注釋卻不容易，注釋就和程式碼一樣，需要重寫和多次修調才會更好。我們在編寫程式碼的當下是很了解這些程式碼的意義，所以就會覺得編寫注釋好像是沒有意義的多餘工作，因而有不少程式設計師接受了「注釋是不需要」的這種觀點。

在過去常見的大多數印象中，大部分都是覺得程式中的注釋太少或沒有注釋，而不是注釋太多或具有誤導的問題。覺得「注釋是不需要」的人，就像是在說：「搭乘噴氣客機飛越大西洋的安全性僅為百分之 99.999991，因此，我決定要游泳橫跨大西洋」。

本書第 11 章會介紹更多關於如何寫出有效率注釋的方法。

總結

程式碼飄出異味是提醒我們可能有更好的方式來編寫程式碼。程式碼異味並不一定需要修改，但應該要探討檢查一下。最常見的程式碼異味是重複的程式碼，這表示重複的程式碼可能有機會放入函式或迴圈中來處理，這樣就能確保將來要修改程式碼時，只需要在一個地方修改即可。

其他程式碼異味包括魔術數字，這種數字是指程式中無法解釋的某個值，建議用具有描述性名稱的常數來替換。此外，在程式中注釋掉的程式碼和死碼是永遠不會執行的，而這些內容卻可能誤導後來閱讀程式的人。如果有需要用到，就把這些程式碼重新加回程式中，不然最好是刪除掉。另外，建議您最好是使用 Git 之類的原始程式碼版本控制系統來打理程式。

印出除錯訊息是指用 print() 來顯示除錯的資訊，雖然這種除錯方法很簡單，但從長遠來看，使用 debugger 和日誌檔來診斷錯誤會更有效率。

以數字當後置的變數名稱，例如 x1、x2、x3 等，這種一串變數的用法最好改成串列的單個變數來處理。與 Java 等語言不同，在 Python 中，我們是用模組而不是類別來將函式組合在一起的。只有單個方法或僅含有靜態方法的類別算是一種程式碼異味，建議您把這樣的程式碼改放入模組而不是類別中。雖然使用串列推導式是建立串列值很簡潔的一種方法，但有多層結構的巢狀嵌套串列推導式是很不好閱讀和理解的。

除此之外，例外處理的 except 區塊使用的是空區塊，這也算是一種程式碼異味，這種作法只是跳過錯誤而不是處置錯誤。總而言之，語意不清的錯誤訊息對使用者來說就跟沒有錯誤訊息是一樣的，都沒有任何作用。

有些程式碼異味是一知半解的迷思,這種迷思的建議不會對程式設計有幫助,有些則是已經過時不適用於現代的程式語言,這些迷思有:函式中僅能有一個 return 陳述句或 try-except 區塊、不要使用旗標引數或全域變數、認為注釋是不必要的。

當然,與所有程式設計的忠告建議一樣,本章介紹的程式碼異味可能適用於您的開發專案或個人喜好,但也可能不適用。最佳的實務作法並不算是客觀的衡量標準。隨著經驗的累積,您在判讀哪些程式碼具可讀性或可靠度時會有不同的結論,但本章中的建議已幫您整理出要思考的一些議題。

第6章

寫出 Pythonic 風格的程式碼

功能強大（powerful）對程式語言來說是沒什麼意義的形容詞。因為每一種程式語言都會把自己的功能描述的很強大：Python 官方教學指南開頭第一句是「Python 是一種容易學習且功能強大的程式語言」。但沒有一種演算法能夠讓某種程式語言做到別種程式語言所無法做到的功能，也沒有一種度量單位可以量化程式語言的「能力」（雖然我們可以統計出程式設計師選擇自己喜歡的程式語言之數量）。

不過，每種程式語言的確有其自身的設計模式和容易誤解的結構，因而各有其優勢和劣勢。想要像真正的 Python 高手（Pythonista）那樣編寫程式，不僅需要了解語法和標準程式庫，其他需要學習和了解的東西還有很多。下一步是學習其慣用語法或 Python 專有的程式設計實務作法。學會某些 Python 語言的功能有助於讓我們寫出 Pythonic 風格的程式碼。

在本章中，我將提供幾種慣用的 Python 程式編寫手法，和非 Pythonic 風格的常用作法。Pythonic 這個字詞的含義因人而異，但大都包括了我在本章討論的範

例和實務作法。經驗豐富的 Python 程式設計師會運用這些技術，因此熟悉這些作法能讓您在真實的程式碼中識別出這些技術。

Python 之禪

Tim Peters 所撰寫的「Python 之禪（The Zen of Python）」是針對 Python 語言的設計和程式所提出的 20 條準則指南。您的 Python 程式碼不一定全都要遵循這些準則，但是最好能記下這些準則的建議。Python 之禪有個彩蛋或隱藏的說明，我們可以執行 import this 來顯現：

```
>>> import this
The Zen of Python, by Tim Peters

Beautiful is better than ugly.
Explicit is better than implicit.
--省略--
```

> NOTE
>
> 其實只有 19 條準則。據報導，Python 之父 Guido van Rossum 說，缺少的第 20 條是「Tim Peters 開的玩笑」，因為第 20 條是 Tim 空著留給 Guido 來填寫的，但 Guido 似乎沒有填上去。

無論如何，對於這些準則程式設計師是可以站在支持或反對的觀點。就像所有道德規範一樣，有很大的彈性可以討論辯駁。以下是筆者對這些準則的觀點和說明：

優美優於醜陋（Beautiful is better than ugly） 優美的程式碼被認定為易讀和好懂。程式設計師大都很快寫出程式碼，並不太考慮其可讀性。電腦可以執行不易讀的程式碼，但是人對不易讀的程式碼卻很難維護和除錯。優美漂亮（beauty）是主觀的看法，但是編寫程式時忽略了別人是否能理解，則寫出的程式通常會很醜陋（ugly）。Python 之所以受歡迎，是因為它的語法不會像其他語言有雜亂的標點符號標示，其語法結構清晰也使它易於使用。

明瞭優於隱晦（Explicit is better than implicit）　如果我只寫「這不言自明」，這種說明解釋方式就太嚇人了。同樣地，在程式碼中最好用長而明確的寫法。請避免使用含糊的語言特性把程式碼的功能隱藏起來，尤其避免需要深入研究才能完全理解的手法。

簡單優於複雜，複雜優於凌亂（Simple is better than complex. Complex is better than complicated）　這兩條準則提醒我們，不管用簡單或複雜的技術都能建構想要的東西。如果您的問題只是個「需要鏟土」的簡單問題，那麼動用 50 噸的液壓推土機就有點大材小用了。但如果是一項很大型的任務，那麼操作一台推土機的複雜性要比協調由 100 個人所組成的鏟子團隊要簡單多了。簡單優於複雜，但要了解「簡單」的局限性。

扁平優於嵌套（Flat is better than nested）　程式設計師喜歡對程式碼進行分類組織，特別是含有一層又一層子分類方式。這些層次結構通常不會像官僚機構有那麼多層的組織。只有一個頂層模組或資料結構的寫法是可以的。但如果程式碼看起來像是 spam.eggs.bacon.ham() 或 spam['eggs']['bacon']['ham'] 這樣，那就表示這種寫法太過複雜了。

稀疏優於稠密（Sparse is better than dense）　程式設計師有時候很喜歡在一小段程式碼中擠進愈多功能愈好，如這行範例程式：print('\n'.join("%i bytes = %i bits which has %i possiblevalues." % (j, j*8, 256**j-1) for j in (1 << i for i in range(8)))).儘管這樣的程式碼能讓別人留下深刻的印象，但也會激怒必須理解這行程式的同事。請不要讓您的程式碼一次做太多事情。與擠在一行的稠密程式碼相比，稀疏散佈在多行且結構分明的程式碼是更易讀好懂。這條準則大致上與「簡單優於複雜」準則相同。

可讀性很重要（Readability counts）　雖然 strcmp() 這個名稱對來自 1970 年代一直使用 C 語言設計和編寫程式的人來說，很明顯就知道是「字串比較（string compare）」的功能，但現代的電腦已有足夠的記憶體可以讓我們寫出完整的函式名稱而不用像以前需要縮寫來節省空間。在命名時，請不要縮減名稱中的字母或縮寫太過簡潔。請花點時間為變數和函式取個具有描述性的名稱。程式碼區段之間的空行可以發揮像書本中的分段隔開的功效，讓讀者知道哪些部分應該一起閱讀。這條準則大致上與「優美優於醜陋」準則相似。

即使實用比純粹更優，特例亦不可違背原則（Special cases aren't special enough to break the rules. Although practicality beats purity）　這兩條準則相互矛盾。程式設計的作法中充滿了程式設計師可以運用的「最佳實務作法」。直接採用這些作法很誘人且能快速搞定一些問題，但卻可能會導致您寫出一堆混亂、難以理解的程式碼。另一方面，太過遵從這條準則也可能會導致程式碼的寫法太過抽象而難以閱讀。舉例來說，Java 程式語言試著讓所有程式碼都符合物件導向的典範，即使是很小型的程式也要用到很大量的樣板程式碼。用自身的經驗來遵從這兩條準則會變得容易些，隨著時間和經驗的累積，您不僅學會遵從準則，也能了解何時不必遵守。

錯誤絕不能悄悄忽略，除非它明確需要如此（Errors should never pass silently. Unless explicitly silenced）　就只因為程式設計師常會忽略掉錯誤訊息，就認為程式不用發出錯誤訊息，這種觀點是不對的。當函式返回錯的程式碼或返回 None 而不引發例外時，可能會發生這種無提示的錯誤。這兩條準則告訴我們，讓程式在出問題時馬上失敗並崩潰是比較好的，不要讓錯誤寧靜的發生而且還繼續執行，錯誤留著且放了很久，但錯誤還是不可避免地在以後發生，而這樣的錯誤會更難除錯，因為它已離原本的起因很遠。雖然您可以明確地決定要忽略掉程式所引發的錯誤，但建議您還是小心一點比較好。

面對不確定性，拒絕妄加猜測（In the face of ambiguity, refuse the temptation to guess）　電腦有時候會讓人迷信著魔：為了驅除電腦中的惡魔，我們常會執行重開機這種神聖儀式，據說能搞定任何神祕的問題。但電腦並沒有魔法，如果您的程式碼無法正常運作，那一定有原因的，只有謹慎小心的思考才能解決問題。拒絕那種暫時性的誘惑，不要盲目亂試一通，看起來好像可行的解決方案。這種作法通常只是掩蓋了問題而不是為了解決問題。

任何問題應有一種，且最好只有一種顯而易見的解決方法（There should be one—and preferably only one—obvious way to do it）　這條準則與 Perl 語言的座右銘剛好相反：「完成一件事的方法有多種！」。事實證明，擁有 3 或 4 種不同方式來完成相同工作的程式碼是一把雙面刃：在設計和編寫程式時會有更多的彈性，但在閱讀和理解別人的程式時必須知道各種可能的方式。不值得為了這種彈性而要花更多精力和時間來學習程式語言。

儘管這方法一開始並非如此直觀，除非你是荷蘭人（Although that way may not be obvious at first unless you're Dutch）　這一條算是玩笑話，因為 Python 之父 Guido van Rossum 就是荷蘭人。

做優於不做，然而不假思索還不如不做（Now is better than never. Although never is often better than *right* now）　這兩條準則告訴我們，慢慢完成的程式碼顯然比快速完成的程式碼差。但是，最好有耐心完成程式，而不要為了快點完成程式而導致錯誤的結果。

很難解釋的，必然是壞方法。很好解釋的，可能是好方法（If the implementation is hard to explain, it's a bad idea. If the implementation is easy to explain, it may be a good idea）　很多事情會隨著時間變得越來越複雜，例如稅法、男女關係、Python 程式設計書籍都是如此，而軟體也一樣。這兩條準則提醒我們，如果程式碼過於複雜以至於程式設計無法理解和除錯，那麼它就是不好的程式碼。不過，很容易讓人理解的程式碼也不一定是好的程式碼。不幸的是，要弄清楚怎麼讓程式碼盡可能簡單，而不是更簡單，這反而不容易。

命名空間是個絕妙的主意，我們應好好利用它（Namespaces are one honking great idea—let's do more of those!）　命名空間是識別子的單獨容器，可防止命名衝突。例如，內建的 open() 函式和 webbrowser.open() 函式都有相同的名稱，但功能卻不同。匯入 webbrowser 不會覆蓋內建的 open() 函式，因為兩個 open() 函式各有不同的命名空間：內建的命名空間和 webbrowser 模組的命名空間。但請記住，扁平比嵌套更好這條準則：名稱空間也是一樣，我們應該僅用來防止命名衝突，而不要加入不必要的分類。

與其他程式設計的觀點一樣，讀者可以對這裡列出的觀點有不同的意見，或者認為這些東西可能與您目前所碰到的情況無關。花時間爭論怎麼寫程式才對或者怎麼才算是 Pythonic 風格，這並沒有什麼用（除非您準備要寫出一整本關於程式設計觀點的書）。

學會正確使用具有意義的縮排方式

我從其他語言的程式設計師那裡聽到關於 Python 最普遍的擔憂是，不熟悉 Python 其具**有意義的縮排**方式（通常被誤解為**有效空白**）。程式行開頭的內縮空格數量在 Python 中有其意義，因為這是用來確定哪些程式行歸屬同一層級的程式碼區塊。

Python 程式碼區塊以內縮來分組好像有點奇怪，因為其他語言大都以大括號 { 和 } 作為開頭和結尾來分組。不過，非 Python 語言的程式設計師也會使用 Python 的縮排方式來讓程式碼層次分明而更具可讀性。例如，Java 語言沒有規定縮排方式。Java 程式設計師無須內縮程式碼區塊，但為了提高可讀性，大家都會縮排。下面的範例有個名為 main() 的 Java 函式，該函式中含有對 println() 函式呼叫的程式行：

```java
// Java Example
public static void main(String[] args) {
    System.out.println("Hello, world!");
}
```

就算 println() 這行不內縮，Java 程式也一樣能好好執行，因為它是用大括號而不是以內縮來標記 Java 區塊的開始和結束。Python 則一定要使用內縮，強制讓程式碼層次分明好閱讀。但請注意，Python 沒有要求有效空白，因為 Python 不會限制非內縮空格的使用方式（2 + 2 和 2+2 都是 Python 合法的表示式）。

有些程式設計師認為左括號應與起始陳述句在同一行，但也有些程式設計師認為應該放在下一行，程式設計師為了自己喜歡風格的優缺點而爭論到天荒地老。好在 Python 根本不使用大括號，巧妙地避開了這個問題，讓 Python 高手們（Pythonistas）去完成更有成效的工作。我由衷希望所有程式語言都能採用 Python 縮排方式來對程式碼區塊進行分組。

不過，還是有些人希望使用大括號，而且還希望把這種用法加到 Python 的未來版本中，從這裡看得出這些人是多麼沒有 Pythonic 風格。Python 的 __future__ 模組可以向後移植功能到早期的 Python 版本，如果嘗試把括號功能匯入 Python，則會發現一個隱藏的彩蛋提示，想把括號功能匯入 Python 中是「門兒都沒有啦（not a chance）」：

```
>>> from __future__ import braces
SyntaxError: not a chance
```

我覺得不用指望很快能把括號功能添加到 Python 版本中。

常見的語法誤用

如果 Python 不是您所學的第一門程式語言，您可能使用與其他語言相同的策略來編寫Python程式碼。又或者您學了一種不太尋常的方式來編寫Python程式，因為您還沒學過其他成熟的最佳作法。這種笨拙的程式碼雖然可以運作，但如果您學習更多的 Pythonic 風格的標準方法，就能節省一些時間和精力。本節將介紹程式設計師常犯的錯誤以及講解應該如何正確編寫程式碼。

使用 enumerate() 而不要用 range()

當遍訪串列或其他序列時，有些程式設計師是用 range() 和 len() 函式生成從 0（但不包括）到該序列長度的索引整數來處理。在這些 for 迴圈中通常會用到變數 i（當作索引）。舉例來說，在互動式 shell 模式中輸入以下非 Pythonic 風格的範例：

```
>>> animals = ['cat', 'dog', 'moose']
>>> for i in range(len(animals)):
...     print(i, animals[i])
...
0 cat
1 dog
2 moose
```

range(len()) 的用法看似簡單但並不理想，因為這並不好閱讀。若是把串列或序列傳給內建的 enumerate() 函式，此函式會返回索引的整數和索引處的項目。舉例來說，我們可以寫出下列這種 Pythonic 風格的程式碼：

```
>>> # Pythonic Example
>>> animals = ['cat', 'dog', 'moose']
>>> for i, animal in enumerate(animals):
...     print(i, animal)
...
0 cat
1 dog
2 moose
```

使用 enumerate() 而不要用 range(len())，這樣寫出的程式碼會更乾淨一些。如果只需要項目而不需要索引編號，仍然可以用 Pythonic 風格直接遍訪串列：

```
>>> # Pythonic Example
>>> animals = ['cat', 'dog', 'moose']
>>> for animal in animals:
...     print(animal)
...
cat
dog
moose
```

直接呼叫 enumerate() 並在序列上進行遍訪，比使用舊式的 range(len()) 慣例作法要好的多。

使用 with 陳述式而不要用 open() 和 close()

open() 函式會返回一個檔案物件，其中含有用於讀取或寫入檔案的方法。處理完成後，檔案物件的 close() 方法可關閉檔案，讓檔案變成其他程式可讀取和寫入的狀態。我們可以單獨使用這些函式，但是不建議這麼做。舉例來說，在互動式 shell 模式中輸入以下內容來把文字「Hello, world!」寫入檔名為 spam.txt 的檔案中：

```
>>> # UnPythonic Example
>>> fileObj = open('spam.txt', 'w')
>>> fileObj.write('Hello, world!')
13
>>> fileObj.close()
```

如果在 try 區塊中發生錯誤而程式跳過 close() 的呼叫，則以這種方式編寫的程式碼可能會導致未關閉檔案的發生。例如：

```
>>> # UnPythonic Example
>>> try:
...     fileObj = open('spam.txt', 'w')
...     eggs = 42 / 0     # A zero divide error happens here.
...     fileObj.close()   # This line never runs.
... except:
...     print('Some error occurred.')
...
Some error occurred.
```

執行到除以 0 錯誤時就會跳至 except 區塊，因而跳過 close() 呼叫並使檔案保持打開狀態。隨後可能導致檔案損壞的錯誤，這種錯誤很難回溯到 try 區塊。

另一種作法是使用 with 陳述句，當執行離開 with 陳述句區塊時會自動呼叫 close()。以下是 Pythonic 風格的範例，與本節之前的範例功用相同：

```
>>> # Pythonic Example
>>> with open('spam.txt', 'w') as fileObj:
...     fileObj.write('Hello, world!')
...
```

就算沒有明顯呼叫 close()，with 陳述句也會在執行離開該區塊時會自動呼叫 close()。

使用 is 來比較是否為 None 而不用 == 來處理

== 相等運算子是用來比較兩個物件的值，而 is 恆等運算子則是比較兩個物件的識別碼。第 7 章會介紹說明值與識別碼的不同之處。兩個物件都能儲存等效的值，但是成為兩個單獨的物件意味著它們各自有自己的身份識別碼。不過，當我們要把「值」和「None」進行比較時，請一定要用 is 運算子而不要用 == 運算子。

在某些情況下，spam 只含有 None，表示式「spam == None」求值的結果可能會是 True，這可能因為多載（overload） == 運算子而發生的，第 17 章會更詳細地介紹該運算子的運用。但是「spam is None」則會檢查 spam 變數中的值是否為字面的「None」，因為 None 是 NoneType 資料型別的唯一值，Python 程式中只有一個 None 物件。如果把變數設定為 None，則「is None」比較運算結果都是為 True。第 17 章會介紹多載 == 運算子的相關細節，但在這裡先列出其範例的處理行為：

```
>>> class SomeClass:
...     def __eq__(self, other):
...         if other is None:
...             return True
...
>>> spam = SomeClass()
>>> spam == None
True
>>> spam is None
False
```

類別以這種方式來多載 == 運算子的可能性較少，但是為了以防萬一，還是在 Python 中慣用「is None」而不要用「== None」。

最後提醒您不要把 is 運算子與 True 和 False 值一起使用。我們大都是用 == 運算子來把值與 True 或 False 進行比較，例如「spam == True」或「spam == False」。最常見的用法是完全省略掉運算子和布林值，直接寫出「if spam:」或「if not spam:」，而不是「if spam == True:」或「if spam == False:」的程式。

格式化字串

不管用什麼樣的程式語言，程式中最常見到的一定字串（string）。這種資料型別很平常，因此有很多方法可以處理和格式化字串。本節摘選重點並列出了一些最佳實務作法。

若字串中有很多反斜線，建議使用原始字串來處理

轉義字元能讓我們在字串文字值中插入其他無法放入的文字。例如，我們需要在 'Zophie\'s chair' 中使用 \，讓 Python 把第二個引號解譯為字串的一部分，而不是把該引號當作字串結尾的引號。因為反斜線具有特殊的轉義（escape）含義，所以如果要在字串中放入實際要用的反斜線字元，則必須輸入成為 \\。

原始字串（**raw string**）是指以 r 為前置的字串字面值，加了 r 之後字串的反斜線字元就不會被視為轉義字元。這種原始字串中的反斜線就只是反斜線字元而已。舉例來說，Windows 檔案路徑的字串需要用到多個轉義的反斜線，而這種用法就不是 Pythonic 風格：

```
>>> # UnPythonic Example
>>> print('The file is in C:\\Users\\Al\\Desktop\\Info\\Archive\\Spam')
The file is in C:\Users\Al\Desktop\Info\Archive\Spam
```

使用原始字串（請留意前置的 r）也能生成相同的字串值，而這種寫法更具可讀性：

```
>>> # Pythonic Example
>>> print(r'The file is in C:\Users\Al\Desktop\Info\Archive\Spam')
The file is in C:\Users\Al\Desktop\Info\Archive\Spam
```

原始字串與字串是不同的資料型別，它們只是一種方便的格式可以讓我們在字串字面值中不用輸入那麼多個反斜線字元。原始字串常用在正則表示式或 Windows 檔案路徑的字串，這類的字串中經常含多個反斜線字元，如果都需要使用 \\ 來轉義是很麻煩的事。

使用 f-strings 來格式化字串

字串格式化（**string formatting**）或**字串插值**（**string interpolation**）是建立引用其他字串的過程，且是 Python 已運用很久的功能。最初是使用 + 運算子來把字串連接在一起，這種用法導致程式碼中會有很多引號和加號：「'Hello, ' + name + '. Today is ' + day + ' and it is ' + weather + '.'」。使用 %s 轉換指定子讓語法變容易：「'Hello, %s. Today is %s and it is %s.' % (name, day, weather)」。這兩種技術都是把 name、day 和 weather 變數中的字串插入字串字面值中，得出新的字串值，例如：'Hello, Al. Today is Sunday and it is sunny.'。

format() 字串方法加入了 **Format Specification Mini-Language** 功能（https://docs.python.org/3/library/string.html#formatspec），此功能會用到 {} 大括號，其用法與 %s 轉換指定子很類似。但這個功能有點複雜，而且會生成不好閱讀的程式碼，因此我並不建議讀者使用它。

但是從 Python 3.6 版開始，**f-strings**（format strings 的縮寫）功能提供了建立引用其他字串更為便捷的方法。就像原始字串在第一個引號之前以 r 為前置一樣，f-strings 是以 f 為前置。使用 f-strings 後可直接在兩個大括號中放入變數名稱，就可將變數中的值插入到字串內：

```
>>> name, day, weather = 'Al', 'Sunday', 'sunny'
>>> f'Hello, {name}. Today is {day} and it is {weather}.'
'Hello, Al. Today is Sunday and it is sunny.'
```

大括號中也可以放入整個表示式：

```
>>> width, length = 10, 12
>>> f'A {width} by {length} room has an area of {width * length}.'
'A 10 by 12 room has an area of 120.'
```

如果需要在 f-strings 中使用到括號符號，則可用多加一個括號來轉義：

```
>>> spam = 42
>>> f'This prints the value in spam: {spam}'
```

```
'This prints the value in spam: 42'
>>> f'This prints literal curly braces: {{spam}}'
'This prints literal curly braces: {spam}'
```

因為我們可以在字串行內直接使用變數名稱和表示式，所以和舊的字串格式化方法相比，現在這種程式碼更具可讀性。

這麼多種不同的格式化字串方式好像違背了 Python 之禪的準則－任何問題應有一種，且最好只有一種。但從筆者的觀點來看，f-strings 功能對程式語言來說是一種進步，而且正如另一條準則所說的－它明確需要如此。如果您使用 Python 3.6 或更高版本來編寫設計程式，建議您使用 f-strings。如果您要編寫的程式可能要在較早的 Python 版本中執行，則請使用 format() 字串方法或 %s 轉換指定子。

串列的淺複製

切片（slice）語法可以輕鬆地從現有的字串或串列取出部分來建立新的字串或串列。請在互動式 shell 模式中輸入以下內容以體會其工作原理：

```
>>> 'Hello, world!'[7:12]  # Create a string from a larger string.
'world'
>>> 'Hello, world!'[:5]  # Create a string from a larger string.
'Hello'
>>> ['cat', 'dog', 'rat', 'eel'][2:]  # Create a list from a larger list.
['rat', 'eel']
```

以冒號（:）來分隔項目的起始索引和結尾索引，把對應的項目取出來建立新的串列。如果省略掉冒號之前的起始索引，如 'Hello, world!'[:5] 所示，則起始索引預設為 0。如果省略掉冒號之後的結尾索引，如 ['cat', 'dog', 'rat', 'eel'][2:] 所示，結尾索引預設為串列的最尾端項目。

如果省略掉起始和結尾兩個索引，則起始索引預設為 0（串列的開頭），而結尾索引為串列的結尾。這種寫法會很快建立串列的副本：

```
>>> spam = ['cat', 'dog', 'rat', 'eel']
>>> eggs = spam[:]
>>> eggs
['cat', 'dog', 'rat', 'eel']
>>> id(spam) == id(eggs)
False
```

請注意，spam 和 eggs 串列兩者的識別並不相同。「eggs = spam[:]」這行會從 spam 中建立串列的淺複製，若使用「eggs＝spam」則只是把串列的參照複製過去而已。但是 [:] 的寫法看起來確實有些奇怪，若使用 copy 模組的 copy() 函式來生成串列的淺複製就更容易理解了：

```
>>> # Pythonic Example
>>> import copy
>>> spam = ['cat', 'dog', 'rat', 'eel']
>>> eggs = copy.copy(spam)
>>> id(spam) == id(eggs)
False
```

您有可能在讀別人的 Python 程式碼時看過 [:] 這種奇怪的語法，但是我不建議您在自己的程式中使用。請記住，[:] 和 copy.copy() 都能建立串列的淺複製。

以 Pythonic 風格來運用字典

字典是很多 Python 程式的核心，因為鍵－值對（在第 7 章會進一步討論）提供了很好的彈性，可以讓某個資料與另一個資料對映關聯。因此，了解一些 Python 程式的字典慣用手法是很有用的。

關於字典的更多資訊，請查閱 Python 專家 Brandon Rhodes 在 PyCon 的精彩演講，他講述了關於字典及其工作原理：PyCon 2010 的「The Mighty Diction ary」可在 https://invpy.com/mightydictionary 上瀏覽。而另外 PyCon 2017 上的「The Dictionary Even Mightier」可在 https://invpy.com/dictionaryevenmightier 上瀏覽。

使用 get() 和 setdefault() 來處理字典

嘗試以不存在的字典鍵（key）來進行存取時會引起 KeyError 錯誤，因此有些程式設計師會寫出非 Pythonic 風格的程式以迴避這種情況，如下所示：

```
>>> # UnPythonic Example
>>> numberOfPets = {'dogs': 2}
>>> if 'cats' in numberOfPets:  # Check if 'cats' exists as a key.
...     print('I have', numberOfPets['cats'], 'cats.')
... else:
...     print('I have 0 cats.')
...
I have 0 cats.
```

這段程式碼會檢查 numberOfPets 字典中是否有以 'cats' 作為鍵。如果有，則以 print() 把存取 numberOfPets['cats'] 的結果當作使用者訊息的一部分印出。如果不是，則在不存取 numberOfPets['cats'] 的情況下印出訊息字串，因此不會引發 KeyError。

這種情況很常碰到，而字典其實可使用 get() 方法來處理，此方法允許我們指定預設值，當字典中所存取的鍵值不存在時返回預設值。以下是使用 Pythonic 風格的程式碼，其作用和前面範例相同：

```
>>> # Pythonic Example
>>> numberOfPets = {'dogs': 2}
>>> print('I have', numberOfPets.get('cats', 0), 'cats.')
I have 0 cats.
```

呼叫 numberOfPets.get('cats', 0) 會檢查 numberOfPets 字典中是否有以 'cats' 作為鍵，如果有，此方法呼叫會返回'cats' 鍵所對映的值。如果沒有，則返回第二個引數 0。與使用 if-else 陳述句相比，使用 get() 方法來指定當鍵不存在時的預設值，其寫法更精簡、更易讀。

反過來說，如果鍵不存在，我們可能需要為這個鍵在字典中設定一個預設值。例如，如果 numberOfPets 字典中的沒有 'cats' 鍵，則「numberOfPets ['cats'] += 10」這行指令會引發 KeyError 錯誤，這時可能會寫些程式碼來檢查鍵是否存在，並為它設定對映的預設值：

```
>>> # UnPythonic Example
>>> numberOfPets = {'dogs': 2}
>>> if 'cats' not in numberOfPets:
...     numberOfPets['cats'] = 0
...
>>> numberOfPets['cats'] += 10
>>> numberOfPets['cats']
10
```

這種運用的情況也很常見，所以字典具有另一個 Pythonic 風格的 setdefault() 方法。以下程式碼的作用與前面範例相同：

```
>>> # Pythonic Example
>>> numberOfPets = {'dogs': 2}
>>> numberOfPets.setdefault('cats', 0)  # Does nothing if 'cats' exists.
0
>>> workDetails['cats'] += 10
>>> workDetails['cats']
10
```

如果您還在用 if 陳述句來檢查字典中是否存在某個鍵，並在該鍵不存在時設定預設值的話，建議您改用 setdefault() 方法來處理。

使用 collections.defaultdict 處理預設值

我們可以使用 collections.defaultdict 類別完全消除 KeyError 錯誤。此類別能讓我們透過匯入 collections 模組並呼叫 collections.defaultdict()，傳入當作預設值的資料型別來建立預設字典。舉例來說，透過把 int 傳給 collections.default dict()，就可建立一個類似字典的物件，該物件使用 0 來當作鍵不存在時的預設值。請在互動式 shell 模式中輸入以下內容：

```
>>> import collections
>>> scores = collections.defaultdict(int)
>>> scores
defaultdict(<class 'int'>, {})
>>> scores['Al'] += 1  # No need to set a value for the 'Al' key first.
>>> scores
defaultdict(<class 'int'>, {'Al': 1})
>>> scores['Zophie']  # No need to set a value for the 'Zophie' key first.
0
>>> scores['Zophie'] += 40
>>> scores
defaultdict(<class 'int'>, {'Al': 1, 'Zophie': 40})
```

請留意，我們是傳入 int() 函式，而不是呼叫它，因此可以在 collections.default dict(int) 中把 int 後面的括號省略。我們還可以傳入 list，把空串列當作預設值。請在互動式 shell 模式中輸入以下內容：

```
>>> import collections
>>> booksReadBy = collections.defaultdict(list)
>>> booksReadBy['Al'].append('Oryx and Crake')
>>> booksReadBy['Al'].append('American Gods')
>>> len(booksReadBy['Al'])
2
>>> len(booksReadBy['Zophie'])  # The default value is an empty list.
0
```

如果對每個可能的鍵都需要指定一個預設值，使用 collections.defaultdict() 會比使用常規的字典並不斷呼叫 setdefault() 方法要容易得多。

使用字典而不要用 switch 語法

像 Java 之類的程式語言都有 switch 語法可用，也算是一種 if-elifelse 語法，該語法會根據特定變數符合多個值之中的某一個來執行程式碼。Python 沒有 switch 語法，因此 Python 程式設計師有時會像下面的範例這樣寫程式，這段程式碼根據 season 變數中的值來執行不同的指定值陳述句：

```
# All of the following if and elif conditions have "season ==":
if season == 'Winter':
    holiday = 'New Year\'s Day'
elif season == 'Spring':
    holiday = 'May Day'
elif season == 'Summer':
    holiday = 'Juneteenth'
elif season == 'Fall':
    holiday = 'Halloween'
else:
    holiday = 'Personal day off'
```

這段程式碼未必不符合 Pythonic 風格，但寫法有點冗長。預設情況下，Java 的 switch 語法會無間斷通過（fall-through），需要在每個區塊以 break 陳述句來結束，否則，執行將繼續進行到下一個區塊。忘記加入 break 陳述句是最常見的錯誤來源。但是上述 Python 範例中的所有 if-elif 語句是可以重複運用的。有些 Python 程式設計師更喜歡設定字典值，而不用這種 if-elif 語法。以下簡潔且有 Pythonic 風格的程式碼與前面範例功效相同：

```
holiday = {'Winter': 'New Year\'s Day',
    'Spring': 'May Day',
    'Summer': 'Juneteenth',
    'Fall': 'Halloween'}.get(season, 'Personal day off')
```

這段程式碼只是個指定值陳述句。holiday 中儲存的值是由 get() 方法呼叫的返回值，該方法返回 season 所設定鍵的值。如果 season 鍵不存在，則 get() 返回 'Personal day off'。使用字典會讓程式碼更簡潔，但也可能會讓程式碼變得不好閱讀。是否使用則由您自己決定。

條件表示式：Python 的「醜陋」三元運算子

三元運算子（**Ternary operators**）會根據條件對表示式兩個值運算求值成一個
（在 Python 中通常稱為條件表示式，有時也稱為三元選擇表示式）。一般來
說，我們可以使用屬於 Pythonic 風格的 if-else 陳述句來做到這一點：

```
>>> # Pythonic Example
>>> condition = True
>>> if condition:
...     message = 'Access granted'
... else:
...     message = 'Access denied'
...
>>> message
'Access granted'
```

三元簡單來說就是具有三個輸入的運算子，在程式設計時它與條件表示式同
義。條件表示式對符合這種模式的程式碼提供了更簡潔的語法。在 Python 中，
它們是透過 if 和 else 關鍵字的奇怪排列來實作的：

```
    >>> valueIfTrue = 'Access granted'
    >>> valueIfFalse = 'Access denied'
    >>> condition = True
❶   >>> message = valueIfTrue if condition else valueIfFalse
    >>> message
    'Access granted'
❷   >>> print(valueIfTrue if condition else valueIfFalse)
    'Access granted'
    >>> condition = False
    >>> message = valueIfTrue if condition else valueIfFalse
    >>> message
    'Access denied'
```

「valueIfTrue if condition else valueIfFalse」表示式❶在 condition 變數為 True 時
運算求值為 valueIfTrue。當 condition 變數為 False 時，表示式運算求值為 value
IfFalse。Guido van Rossum 曾經開玩笑地說他設計的這種語法是「刻意的醜陋
（intentionally ugly）」。大多數有三元運算子的程式語言，其語法都會先列出條
件，然後是真值，最後是假值。在任何可以使用表示式或值的地方都可以使用
條件表示式，包括當作函式呼叫時的引數❷。

為什麼 Python 不惜打破「優美優於醜陋」這條準則也要在 2.5 版引入這種語法
呢？很遺憾地，雖然有些難以理解，但很多程式設計師仍在使用三元運算子，

並希望 Python 支援這種語法。有可能會濫用布林運算子的短路求值來建立某些三元運算子。「condition and valueIfTrue or valueIfFalse」表示在 condition 變數為 True 時運算求值為 valueIfTrue，當 condition 變數為 False 時，表示式運算求值為 valueIfFalse（指狀況僅有一種）。請在互動式 shell 中輸入以下內容：

```
>>> # UnPythonic Example
>>> valueIfTrue = 'Access granted'
>>> valueIfFalse = 'Access denied'
>>> condition = True
>>> condition and valueIfTrue or valueIfFalse
'Access granted'
```

這種「condition and valueIfTrue or valueIfFalse」偽三元運算子風格有個小小的 bug：如果 valueIfTrue 是個假值（例如 0、False、None 或空字串），就算 condition 為 True，表示式也會意外地求值出 valueIfFalse 的結果。

程式設計師無論怎麼都還是繼續使用偽三元運算子，「為什麼 Python 沒有三元運算子？」成為 Python 核心開發人員長期的問題。建立條件表示式的目的就是為了讓程式設計師不再要求提供三元運算子，而且不會再使用有 bug 的偽三元運算子。但條件表示式也很醜陋，不鼓勵程式設計師使用。雖然優美優於醜陋，但 Python 的「醜陋」三元運算子卻是實用性勝過純粹性的例子。

使用條件表示式並不一定表示有 Pythonic 風格，但也不是沒有 Pythonic 風格，如果我們要使用條件表示式，請避免使用巢狀嵌套式的條件表示式：

```
>>> # UnPythonic Example
>>> age = 30
>>> ageRange = 'child' if age < 13 else 'teenager' if age >= 13 and age < 18
else 'adult'
>>> ageRange
'adult'
```

巢狀嵌套式的條件表示式雖然能在一行搞定技術上的處理，但寫出的程式卻不好懂也難閱讀。

變數值的處理

我們在寫程式時很常需要檢查和修改變數中所存放的值。Python 提供了很多種方法可以進行這樣的處理。讓我們一起探討下列的幾個範例。

鏈接指定與比較運算子

當我們需要檢查某個數字是否在某個範圍內時，可以使用布林 and 運算子來處理，如下所示：

```
# UnPythonic Example
if 42 < spam and spam < 99:
```

但 Python 可讓我們使用鏈接式比較運算子（chain comparison operators）來處理，因此不需要使用 and 運算子。以下程式碼等效於前面的範例：

```
# Pythonic Example
if 42 < spam < 99:
```

鏈接 = 指定運算子也是如此。我們可以在一行程式中對多個變數指定相同的值：

```
>>> # Pythonic Example
>>> spam = eggs = bacon = 'string'
>>> print(spam, eggs, bacon)
string string string
```

要檢查這三個變數是否都相同，可以使用 and 運算子來處理，或是更簡單直接以 == 比較運算子鏈接在一起進行比較，看看是否相等。

```
>>> # Pythonic Example
>>> spam = eggs = bacon = 'string'
>>> spam == eggs == bacon == 'string'
True
```

鏈接運算子是 Python 中一個很小但有用的快捷處理方式。但如果使用的方式不正確，則可能會引發問題。第 8 章會介紹一些錯用而引發異常的實例。

檢查變數是否為多個值中一個

有時我們可能會碰到與上一節描述相反的情況，需要檢查某個變數中內容是否為多個可能值中的一個，這時會使用 or 運算子來處理，例如表示式「spam == 'cat' or spam == 'dog' or spam == 'moose'」，這裡一直重複出現的「spam ==」部分讓整個表示式變得有點笨拙。

我們可以把多個值放入一個多元組（tuple）中，並使用 in 運算子來檢查變數中的值是否有在這個多元組中，如以下範例所示：

```
>>> # Pythonic Example
>>> spam = 'cat'
>>> spam in ('cat', 'dog', 'moose')
True
```

這種語法不僅容易理解，另外根據 timeit 評測結果，其執行速度也很快。

總結

所有程式語言都有屬於自己的慣用方式和最佳作法。本章重點是介紹 Python 程式設計師怎麼編寫設計具有「Pythonic」風格的程式碼，以充分發揮 Python 語法的特質。

Pythonic 風格程式碼的核心是 Python 之禪的 20 條準則，這是讓我們寫出具有 Pythonic 風格的指引。這些準則是一種見解和觀點，並不是寫出 Python 程式碼的必要條件，但如果記住這些準則會讓我們提升程式設計的水準。

Python 式的縮排（請不要與特定的空白搞混）對第一次接觸的新進程式設計師是很不習慣。雖然所有程式語言也會使用縮排來讓程式碼層次分明好閱讀，但是 Python 是嚴格要求使用內縮來代替其他語言所使用的傳統大括號。

雖然很多 Python 程式設計師在 for 迴圈中都是用 range(len()) 來配合處理，但 enumerate() 函式提供了更乾淨簡潔的方式來遍訪串列的索引和值。同樣地，與手動呼叫open()、close() 處理檔案相比，使用with語法會更乾淨簡潔且更不易出錯。with 陳述句能確保每當執行移出 with 陳述句區塊時，都會自動呼叫 close()。

Python 有幾種字串插值的方法。最原本的方法是使用 %s 轉換指定子來標記原本字串中要引入變數字串的位置。從 Python 3.6 版開始提供了 f-strings 這種新式的格式化字串方法。f-strings 是在字串字面值前面加上字母 f，並使用大括號標記可以在插入字串（或整個表示式）的位置。

用來建立串列淺複製的 [:] 切片語法看起來有點奇怪，屬於非必要的 Pythonic 風格，但這種作法已成為快速建立串列淺複製的常見方式。

字典具有 get() 和 setdefault() 方法可處理鍵不存在的情況。另外，collections. defaultdict 可以讓字典為不存在的鍵使用預設值。此外，雖然 Python 沒有 switch 語法，但不需使用多個 if-elif-else 陳述句，直接使用字典來代替也是有相同的功效。此外還可以使用三元運算子來進行兩個值二選一來的處理。

鏈接 == 運算子可以檢查多個變數是否彼此相等，而 in 運算子可以檢查變數的內容是否為多個可能值之一。

本章還介紹了幾種 Python 語言的慣例，提供多種能寫出具有 Pythonic 風格的相關提醒。在下一章中，會介紹初學者可能會遇到的一些雖然合法但容易誤用的語法和陷阱。

第 7 章
程式設計的行話

在 XKCD 網站的漫畫作品「Up Goer Five」(https://xkcd.com/1133/)中，網路漫畫藝術家 Randall Munroe 僅用 1,000 個最常用的英語單字就為 Saturn V 火箭製作了技術示意圖。這幅漫畫把所有技術術語分解成小孩子都能理解的句子，但這也突顯了為什麼不容易用簡單的術語來解釋很多事物:「出問題的時候可以很快逃脫，反正都著火了，那就不去太空了吧(Thing to help people escape really fast if there's a problem and everything is on fire so they decide not to go to space)」這種解釋可能更容易理解，比「發射逃生系統(Launch Escape System)」更吸引觀眾，但是對 NASA 工程師來說，這種解釋太冗長了，就算用了 Launch Escape System 這種術語還不滿足，可能還會改用首字母縮寫 LES 來表示。

雖然電腦專業術語可能會讓程式新手感到困惑和恐懼，但這是必須要學的速記。Python 和軟體開發中的幾個術語在含義上有細微的差異，即使是經驗豐富的開發人員有時也會不小心顛倒誤用。這些術語的技術定義在不同的程式語言

中可能會有所不同,而本章中所介紹的都是與 Python 相關的術語,在這裡並不深入說明,但可以廣泛地學習和了解其背後的程式語言概念。

本章內容是假設讀者還不熟悉類別(class)和物件導向程式設計(OOP)。我在這裡先對類別和其他 OOP 術語進行初步的解釋,但是在第 15 章至第 17 章中會更詳細地解釋說明這些術語。

定義

當房間裡面的程式設計師人數有 2 位以上時,發生語義爭論的可能性就接近 100%。語言是會變動的,人應該是掌控字詞的主人,而不是被字詞所掌控。開發人員彼此使用的術語可能略有不同,但是熟悉這些術語還是很有用的。本章將探討這些術語以及如何相互比較。如果您需要以字母順序排列的術語列表,則可以連到 https://docs.python.org/3/glossary.html 上的 Python 官方術語列表中查閱其規範的定義。

毫無疑問,有些程式設計師在閱讀本章中的定義後,會提出可以挑剔的特殊情況或例外。本章不是要當作權威指南,目標是在提供容易見到的定義,就算定義並不全面,但卻是大家常使用的。就和程式設計這個大領域一樣,一直都有很多東西需要學習。

Python 語言和 Python 直譯器

Python 這個詞可以有多種含義。Python 程式語言的名稱引用自英國喜劇團體 Monty Python,而不是蟒蛇(雖然 Python 教材和文件同時都有用 Monty Python 和蟒蛇來當作參考)。同樣地,Python 在電腦程式設計方面也有兩種含義。

當我們說「Python 執行程式」或「Python 會引發例外」時,我們所指的是 **Python 直譯器**,它是讀取 .py 檔中文字並執行其指令的實際軟體。當我們說「Python 直譯器」時,大都是指 CPython,這是由 Python 軟體基金會所維護的 Python 直譯器,可從 https://www.python.org 官網取得。CPython 是 Python 語言的一種**實作**,是按照其規範所建立的軟體,另外還有別種的直譯器。CPython 是用 C 語言所編寫的,但 Jython 則是用 Java 編寫的,可用來執行 Python 程式腳本與 Java 程式彼此協作。PyPy 是 Python 的**即時編譯器**，可將程式編譯成執行檔，它是用 Python 編寫的。

當我們說「這是一支 Python 程式」或「我正在學習 Python」時的意思，這裡的 Python 所指的這些實作都是執行以 Python 語言所編寫的原始程式碼。理想情況下，Python 直譯器都可以執行任何以 Python 語言所編寫的原始程式碼，但在現實世界中，直譯器之間還是會有一些不相容和差異。CPython 被稱為 Python 語言的**參照實作**，如果 CPython 和其他直譯器在直譯 Python 程式碼的方式有所不同時，CPython 的作法會被視為規範和正解。

垃圾回收

在許多早期的程式語言中，程式設計師必須指示程式依據需要分配然後釋放用於資料結構的記憶體空間。手動分配記憶體是許多錯誤的根源，例如**記憶體洩漏**（程式設計師忘記釋放記憶體）或**重複釋放記憶體**的錯誤（程式設計師兩次釋放相同的記憶體空間，導致資料損壞）。

為了避免這些錯誤，Python 有**垃圾回收**功能，這是一種自動化的記憶體管理方式，會自動追蹤何時分配和釋放記憶體空間，所以程式設計師就不用管這些處理了。我們可以把垃圾回收視為記憶體回收，因為這項功能可以讓記憶體釋放出空間來放置新的資料。舉例來說，在互動式 shell 模式中輸入以下內容：

```
>>> def someFunction():
...     print('someFunction() called.')
...     spam = ['cat', 'dog', 'moose']
...
>>> someFunction()
someFunction() called.
```

當 someFunction() 被呼叫時，Python 就會自動分配記憶體空間給 ['cat', 'dog', 'moose'] 串列使用。程式設計師不用管要分配多少位元組空間，因為 Python 會自動搞定這些工作。當函式呼叫返回後，Python 的垃圾回收機制會釋放區域變數所佔用的空間，釋放出來的空間就能讓其他資料使用。垃圾回收機制讓程式設計變簡單且錯誤更少。

字面值

字面值（**literal**）是指在程式中固定輸入進去的文字值。如下列這個實例：

```
>>> age = 42 + len('Zophie')
```

42 和 'Zophie' 文字是整數和字串字面值，我們把字面值視為在原始程式碼文字中實際顯示的常值。在 Python 程式碼中，只有內建資料型別可以具有字面值，因此變數 age 不是字面值。表 7-1 列出了一些 Python 字面值的範例。

表 7-1　在 Python 中的字面值範例

字面值	資料型別
42	整數
3.14	浮點數
1.4886191506362924e+36	浮點數
"""Howdy!"""	字串
r'Green\Blue'	字串
[]	串列
{'name': 'Zophie'}	字典
b'\x41'	位元組
True	布林
None	NoneType

吹毛求疵的人會辯稱，這裡列出的選擇並不是以官方 Python 語言文件所指的字面值。從技術上看，-5 不是 Python 中的字面值，因為 Python 語言把否定符號（-）定義為對 5 字面進行運算的運算子。除此之外，True、False 和 None 被認為是 Python 關鍵字而不是字面值，而 [] 和 {} 則被稱為**展示**（**display**）或**原子**（**atom**），具體取決於您查看的是官方文件的哪個部分。不管怎麼樣，字面值是軟體專業開發人員看到上述這些範例時會使用的通用術語。

關鍵字

每一種程式語言都有其**關鍵字**（**keywords**），Python 的關鍵字是指在語言中已被預留使用的一組名稱，在為變數（也稱為識別子）命名是不能使用的。舉例來說，我們不能取一個名為 while 的變數，因為 while 是保留給 while 迴圈使用的關鍵字。以下是 Python 3.9 版本之後所用的關鍵字。

and	continue	finally	is	raise
as	def	for	lambda	return
assert	del	from	None	True
async	elif	global	nonlocal	try
await	else	if	not	while
break	except	import	or	with
class	False	in	pass	yield

請注意，Python 關鍵字都是英文，別種語言不能當作關鍵字。舉例來說，以下
函式取了西班牙語命名的標識子，但是 def 和 return 關鍵字還是保留使用英文。

```
def agregarDosNúmeros(primerNúmero, segundoNúmero):
    return primerNúmero + segundoNúmero
```

不幸的是，對於地球上 65 億不說英語的人來說，英語在程式設計領域中還是
占了主導地位。

物件、值、實例和識別子

物件（object） 是資料的表示形式，例如數字、某些文字，或者是更複雜的資
料結構（例如串列或字典）。所有物件都可以儲存在變數中，可當作引數傳給
函式呼叫使用，而且也可從函式呼叫中返回。

所有物件都具有值、識別碼和資料型別。**值（value）** 是物件所表示的資料，
例如整數 42 或字串 'hello'。雖然容易搞混，但某些程式設計師把術語「值」視
作「物件」的同義詞，尤其是對於整數或字串之類的簡單資料型別。舉例來
說，存放了 42 的變數是指存有整數值的變數，但是我們也會說這個變數存放
了值為 42 的整數物件。

物件建立時會有唯一的整數 **識別碼（identity）**，可透過呼叫 id() 函式來取得這
個整數。例如，在互動式 shell 模式中輸入以下程式碼：

```
>>> spam = ['cat', 'dog', 'moose']
>>> id(spam)
33805656
```

spam 變數存放了一個串列資料型別的物件，其值為 ['cat', 'dog', 'moose']。它的
識別碼為 33805656，這個整數 ID 碼在每次執行程式時都會有所不同，因此可

能會在您的電腦上取得不同的 ID 碼。物件建立後，只要程式還在執行，這個
識別碼就不會改變。雖然程式執行時資料型別和物件的識別碼永遠不會改變，
但是物件的值卻可以改變，正如我們在範例中看到的：

```
>>> spam.append('snake')
>>> spam
['cat', 'dog', 'moose', 'snake']
>>> id(spam)
33805656
```

現在，串列中多了 'snake' 項目。但從 id(spam) 呼叫可看出，其識別碼並沒有
改變，這仍是相同的串列。接下來看看輸入以下程式碼後會發生什麼事：

```
>>> spam = [1, 2, 3]
>>> id(spam)
33838544
```

spam 中的值已被具有新識別碼的新串列物件所覆蓋：這裡的識別碼是新的
33838544 而不是 33805656。像 spam 這樣的**標識子**（**identifier**）有不同的標識
碼（identity），因為多個標識子可以指到相同的物件，如下列範例，兩個變數
指定了相同的字典：

```
>>> spam = {'name': 'Zophie'}
>>> id(spam)
33861824
>>> eggs = spam
>>> id(eggs)
33861824
```

spam 和 eggs 的識別碼都是 33861824，因為它們都指向同一個字典物件。接下
來我們在互動式 shell 模式中變更 spam 的值：

```
    >>> spam = {'name': 'Zophie'}
    >>> eggs = spam
❶  >>> spam['name'] = 'Al'
    >>> spam
    {'name': 'Al'}
    >>> eggs
❷  {'name': 'Al'}
```

您會發現 spam ❶中的變更也神秘地出現在 eggs ❷中，原因是它們都參照到相
同的物件。

變數的比喻：箱子和標籤

許多入門書都用箱子作為變數的比喻，這種隱喻有點過於簡化。很容易把變數視為存放值的箱子，如圖 7-1 所示，但在談到參照（reference）時，這種比喻就不能用了。前面所介紹的 spam 和 eggs 變數並沒有個別存放一個的字典，它們是參照到電腦記憶體中同一個字典。

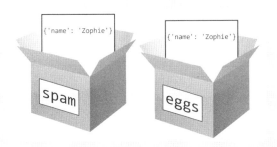

圖 7-1　許多入門書把箱子作為變數的比喻來存放值

在 Python 中，所有變數，無論其資料型別是什麼，在技術上都是參照，而不是值的容器。箱子的比喻太過簡單而存有誤解的可能。我們可以把變數看作是物件在記憶體中的標籤（label），而不要把變數看作為箱子（box），圖 7-2 是先前 spam 和 eggs 範例以標籤的樣貌呈現。

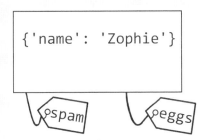

圖 7-2　變數看作是值的標籤

多個變數可能參照到同一個物件，也可說成同個物件被「存放」到多個變數內。在比喻時，多個箱子無法存放同一個物件，所以用標籤來比喻更為恰當。Ned Batchelder 在 PyCon 2015 上的演講「Facts and Myths about Python Names and Values」有談到關於此主題更多的詳細資訊，請連到 https://youtu.be/_AEJHKGk9ns 這裡觀看。

在不了解 = 指定運算子其實只是複製參照而不是物件本身的情況下,您以為複製了物件本身但其實只是複製了到原本物件的參照而已,在一知半解的情況下設計程式可能會引入錯誤。好在對於整數、字串和多元組之類的不可變值,就沒有這樣的問題,我會在後面的「可變與不可變」小節中對此進行解釋。

我們可以用 is 運算子比較兩個物件是否有相同的識別碼,而 == 運算子則只是檢查物件值是否相同。您可以認定「x is y」是「id(x) == id(y)」的縮寫。請在互動式 shell 模式中輸入以下內容來查看不同之處:

```
   >>> spam = {'name': 'Zophie'}
❶ >>> eggs = spam
   >>> spam is eggs
   True
   >>> spam == eggs
   True
❷ >>> bacon = {'name': 'Zophie'}
   >>> spam == bacon
   True
   >>> spam is bacon
   False
```

spam 和 eggs 變數都參照指到同一個字典物件❶,因此它們的識別碼和值相同。但是,bacon 則參照指到另一個單獨的字典物件❷,即使物件的資料與 spam 和 eggs 相同,這也是兩個不同的物件。有相同的資料表示 bacon 與 spam 和 eggs 的值相同,但是它們分別代表著兩個具有不同識別碼的物件。

項目

在 Python 中,位於容器物件(例如串列或字典)內部的物件也稱為**項目**(**item**)或**元素**(**element**)。例如,串列 ['dog', 'cat', 'moose'] 中的字串是物件,但也稱為項目。

可變與不可變

如前所述,Python 中的所有物件都具有值、資料型別和識別碼,其中只有值是可以變更的。如果物件可以更改其值,則該物件為**可變物件**(**mutable object**)。如果無法更改其值,則是**不可變物件**(**immutable object**)。表 7-2 列出了 Python 中一些可變和不可變的資料型別。

表 7-2　一些 Python 中可變和不可變的資料型別

可變資料型別	不可變資料型別
串列（list）	整數（integer）
字典（dictionary）	浮點數（floating-point number）
集合（set）	布林（Boolean）
位元陣列（bytearray）	字串（string）
陣列（array）	凍結集合（frozen set）
	位元組（bytes）
	多元組（tuple）

當我們要在覆蓋某個變數，其行為看起來像是在變更物件的值一樣，如下面的
互動式 shell 模式中的範例所示：

```
>>> spam = 'hello'
>>> spam
'hello'
>>> spam = 'goodbye'
>>> spam
'goodbye'
```

但是在這段程式碼中，並沒有把 'hello' 物件的值從 'hello' 更改為 'goodbye'，
它們是兩個單獨的物件。我們只是把 spam 從參照到 'hello' 物件切換改參照到
'goodbye' 物件。這裡可以使用 id() 函式顯示兩個物件的識別碼來檢查這個觀
點是否成立：

```
>>> spam = 'hello'
>>> id(spam)
40718944
>>> spam = 'goodbye'
>>> id(spam)
40719224
```

這兩個字串物件有不同的識別碼（40718944 和 40719224），因為它們是兩個不
同的物件。但是參照指到可變物件的變數則可以就地修改其值。舉例來說，在
互動式 shell 模式中輸入以下內容：

```
    >>> spam = ['cat', 'dog']
    >>> id(spam)
    33805576
❶  >>> spam.append('moose')
❷  >>> spam[0] = 'snake'
    >>> spam
```

```
['snake', 'dog', 'moose']
>>> id(spam)
33805576
```

使用 append() 方法❶和透過索引編號❷來指定的項目都能就地修改串列的
值。即使串列的值已更改，其識別碼也是不變的（33805576）。但是，當使用
+ 運算子來連接串列時，則會建立一個新物件（有新的識別碼），該物件會覆
蓋掉舊的串列：

```
>>> spam = spam + ['rat']
>>> spam
['snake', 'dog', 'moose', 'rat']
>>> id(spam)
33840064
```

串列連接會建立具有新識別碼的新串列。發生這種情況時，垃圾回收機制會把
舊串列從記憶體中釋放出來。請一定要查閱 Python 文件，了解有哪些方法和操
作可以就地修改物件以及有哪些可以覆蓋物件。請記住下列的規律，如果您在
原始程式碼中看到某個字面值，例如上一個範例中的 ['rat']，那麼 Python 大都
會建一個新物件來表示該字面值；若在物件上呼叫的方法（例如 append()）通
常都會就地修改物件。

對於像整數、字串或多元組之類的不可變資料型別的物件，其指定的方式更為
簡單。舉例來說，在互動式 shell 模式中輸入以下內容：

```
    >>> bacon = 'Goodbye'
    >>> id(bacon)
    33827584
❶  >>> bacon = 'Hello'
    >>> id(bacon)
    33863820
❷  >>> bacon = bacon + ', world!'
    >>> bacon
    'Hello, world!'
    >>> id(bacon)
    33870056
❸  >>> bacon[0] = 'J'
    Traceback (most recent call last):
      File "<stdin>", line 1, in <module>
    TypeError: 'str' object does not support item assignment
```

字串是不可變物件，因此不能更改其值。雖然看起來 bacon 中的字串值已從
'Goodbye' 更改為 'Hello' ❶，但實際上它已被具有新識別碼的字串物件所覆

蓋。同樣地，使用字串連接的表示式❷會建立一個具有新識別碼的字串物件。
在 Python 中，字串本身不允許透過項目指定方式就地修改❸。

多元組的值被定義為是含有的物件以及這些物件的順序。**多元組**是不可變的序
列物件，通常是把值括在括號中來表示。因此多元組中的項目是不能被覆蓋更
改的：

```
>>> eggs = ('cat', 'dog', [2, 4, 6])
>>> id(eggs)
39560896
>>> id(eggs[2])
40654152
>>> eggs[2] = eggs[2] + [8, 10]
Traceback (most recent call last):
  File "<stdin>", line 1, in <module>
TypeError: 'tuple' object does not support item assignment
```

不過，在不可變多元組中的可變串列還是可以就地修改：

```
>>> eggs[2].append(8)
>>> eggs[2].append(10)
>>> eggs
('cat', 'dog', [2, 4, 6, 8, 10])
>>> id(eggs)
39560896
>>> id(eggs[2])
40654152
```

雖然這是個隱晦的特殊情況，但請務必牢記。多元組仍是參照相同的物件，如
圖 7-3 所示。但如果多元組中含有可變物件，而且該物件更改了它的值（也就
是說，如果物件發生了變化），則該多元組的值也會更改。

我和大多數 Pythonista 高手們都把多元組稱為不可變的。但是某些多元組是否
是可變多元組則取決於您的定義。我在 https://invpy.com/amazingtuple/ 上的
PyCascades 2019 演講主題「The Amazing Mutable, Immutable Tuple」中進一步
探討了此主題。另外您也可以在 *Fluent Python*（O'Reilly Media，2015 年出版）
的第 2 章中閱讀 Luciano Ramalho 的說明和解釋。

多元組不會改變

('cat',
 'dog',
)

[2, 4, 6,
 8, 10]

串列會改變

eggs

圖 7-3　雖然多元組中的物件集合是不可變的，但集合中是可以放入可變物件

索引、鍵和雜湊

Python 串列和字典中的值是可以放入多個其他值。要存取這些值，可以使用**索引運算子**，該運算子由一對中括號（ [ ] ）和索引編號的整數所組成，用來指定要存取的值。請在互動式 shell 模式中輸入以下內容，查看索引如何與串列搭配運用：

```
>>> spam = ['cat', 'dog', 'moose']
>>> spam[0]
'cat'
>>> spam[-2]
'dog'
```

在這個範例中，0 是索引編號。開始的第 1 個索引是 0 不是 1，因為 Python（和大多數程式語言一樣）是以 0 為基底的索引編號（zero-based indexing）。以 1 為基底的索引編號很少數：Lua 和 R 語言是最主要的。Python 也支援負數索引，像 -1 是指串列最尾端的項目，而 -2 是指串列倒數第 2 個項目，以此類推。可以把負數索引 spam[-n] 看成是 spam[len(spam) - n]。

> NOTE
> 電腦科學家兼歌手和作詞家的 Stan Kelly-Bootle 曾開玩笑說：「陣列索引應該從 0 還是 1 為起始呢？我的折衷建議 0.5 不用想就知道會被拒絕了。」

您也可以在串列字面值上直接使用索引運算子，雖然在現實世界中程式碼內的這種中括號用法看起來有點令人困惑和不必要：

```
>>> ['cat', 'dog', 'moose'][2]
'moose'
```

除了串列之外，索引也能用在其值中，例如擷取字串中的某個單獨字元：

```
>>> 'Hello, world'[0]
'H'
```

Python 的字典則是由**鍵－值對**（**key-value pairs**）所組織構成的：

```
>>> spam = {'name': 'Zophie'}
>>> spam['name']
'Zophie'
```

串列中的索引只能用整數，但 Python 字典的索引運算子是鍵（key），這個鍵可以是任何可雜湊的物件（hashable object）。**雜湊**（**hash**）是一個整數，其作用像是某個值的指紋。物件的雜湊值在物件的整個生命週期內是不會改變，而且具有相同值的物件必須具有相同的雜湊值。在上面的範例中，字串 'name' 是值 'Zophie' 的鍵。如果物件是可雜湊的，則 hash() 函式會返回該物件的雜湊值。不可變物件（例如字串、整數、浮點數和多元組）是可雜湊的。串列（以及其他可變物件）則是不可雜湊的。　請在互動式 shell 模式中輸入以下內容：

```
>>> hash('hello')
-1734230105925061914
>>> hash(42)
42
>>> hash(3.14)
322818021289917443
>>> hash((1, 2, 3))
2528502973977326415
>>> hash([1, 2, 3])
Traceback (most recent call last):
  File "<stdin>", line 1, in <module>
TypeError: unhashable type: 'list'
```

雖然更詳細的資訊不在本書的討論範圍之內，但是鍵的雜湊值是用來查找字典中所儲存的項目並設定其資料結構。這就是為什麼我們不能在字典的鍵中使用可變串列的原因：

```
>>> d = {}
>>> d[[1, 2, 3]] = 'some value'
Traceback (most recent call last):
  File "<stdin>", line 1, in <module>
TypeError: unhashable type: 'list'
```

雜湊與識別碼不同。具有相同值的兩個不同物件會有不同的識別碼，但它們有相同的雜湊值。舉例來說，請在互動式 shell 模式中輸入以下內容：

```
    >>> a = ('cat', 'dog', 'moose')
    >>> b = ('cat', 'dog', 'moose')
    >>> id(a), id(b)
    (37111992, 37112136)
❶  >>> id(a) == id(b)
    False
    >>> hash(a), hash(b)
    (-3478972040190420094, -3478972040190420094)
❷  >>> hash(a) == hash(b)
    True
```

a 和 b 所參照到的多元組具有不同的識別碼❶，但是它們有相同的值，這表示它們也會有相同的雜湊值❷。請注意，如果某個多元組只含有可雜湊項目，則這個多元組就是可雜湊的。由於我們只能把可雜湊的項目當作字典中的鍵，因此不能使用含有不可雜湊串列的多元組當作鍵。請在互動式 shell 中輸入以下內容：

```
    >>> tuple1 = ('cat', 'dog')
    >>> tuple2 = ('cat', ['apple', 'orange'])
    >>> spam = {}
❶  >>> spam[tuple1] = 'a value'
❷  >>> spam[tuple2] = 'another value'
    Traceback (most recent call last):
      File "<stdin>", line 1, in <module>
    TypeError: unhashable type: 'list'
```

請留意，tuple1 是可雜湊的❶，但 tuple2 含有不可雜湊的串列❷，因此它也是不可雜湊的。

容器、序列、對映和集合型別

容器（**container**）、**序列**（**sequence**）和**對映**（**mapping**）等在 Python 是有其意義的，對其他程式語言則不一定。在 Python 中，容器這個物件中是可以放入多個其他任何資料型別的物件。串列和字典是 Python 中很常用的容器類型。

序列（**sequence**）是任何放入有序值容器資料型別的物件，其有序值可透過整數索引來存取。字串、多元組、串列和位元組物件都是序列資料型別。這些型別的物件可以用索引運算子中的整數索引（[和] 括號）來存取其中的值，也可以將它傳給 len() 函式來取得長度值。「有序（ordered）」是指序列中有第一個值、第二個值，依此類推的排列順序。舉例來說，下面這兩個串列值是不相等的，因為它們的值排放順序不同：

```
>>> [1, 2, 3] == [3, 2, 1]
False
```

對映（**mapping**）是使用鍵（key）而不是索引編號的任何容器資料型別的物件。對映可以有序的，也可以無序的。Python 3.4 和更早版本中的字典是無序的，因為字典中並沒有分第一個或最後一個鍵－值對：

```
>>> spam = {'a': 1, 'b': 2, 'c': 3, 'd': 4}  # This is run from CPython 3.5.
>>> list(spam.keys())
['a', 'c', 'd', 'b']
>>> spam['e'] = 5
>>> list(spam.keys())
['e', 'a', 'c', 'd', 'b']
```

字典在 Python 早期版本的無法保證取得項目上會有一致的順序。由於字典的無序性質，兩個字典的字面值其鍵－值對是以不同順序寫入的，它們仍會被視為相等：

```
>>> {'a': 1, 'b': 2, 'c': 3} == {'c': 3, 'a': 1, 'b': 2}
True
```

但從 CPython 3.6 版開始，字典確實保留了鍵－值對的插入順序：

```
>>> spam = {'a': 1, 'b': 2, 'c': 3, 'd': 4}  # This is run from CPython 3.6.
>>> list(spam)
['a', 'b', 'c', 'd']
>>> spam['e'] = 5
>>> list(spam)
['a', 'b', 'c', 'd', 'e']
```

這是 CPython 3.6 版直譯器中的功能，但其他 Python 3.6 版直譯器則沒有。Python 3.7 版後所有直譯器都已支援有序字典的功能，在 3.7 版的 Python 語言中有序字典已成為標準。雖然字典是有序的，但不代表字典的項目可以透過整數索引來存取：spam[0] 不會取得有序字典中的第一項目（除非第一項的鍵剛

好是 0）。如果有序字典含有相同的鍵－值對，即使它們所在字典中的順序不同，字典也會被視為相同的。

collections 模組含有許多其他對映型別，包括 OrderedDict、ChainMap、Counter 和 UserDict，請連到 https://docs.python.org/3/library/collections.html，這裡的線上文件有介紹說明。

Dunder 方法與 Magic 方法

Dunder 方法（也稱為 **Magic 方法**）是 Python 中的特殊方法，其名稱是以兩個底線來開頭和結尾，這些方法用於運算子的多載（overloading）。dunder 是雙底線（double underscore）的縮寫，最熟悉的 dunder 方法是 __init__()（發音為 dunder init dunder，或直接發音為 init），該方法用於初始化物件。Python 有幾十種 dunder 方法，本書第 17 章會詳細解釋說明。

模組和套件

模組（module）是其他 Python 程式可以匯入的 Python 程式，匯入後就可以使用模組中的程式碼。Python 內建隨附的模組統稱為 Python 標準程式庫，但是您也可以建立屬於自己的模組。如果您把 Python 程式另存新檔為 spam.py，那麼其他程式就可以執行 import spam 來存取 spam.py 程式中的函式、類別和頂層的變數。

套件（package）是透過在資料夾內放置名為 __init__.py 檔所形成的模組集合。您所使用資料夾的名稱會作為程式套件的名稱。軟體套件中可以包含多個模組（即 .py 檔）或其他軟體套件（其他含有 __init__.py 檔的資料夾）。

有關模組和軟體套件的更多說明和詳細資料，請連到 https://docs.python.org/3/tutorial/modules.html 網站，查閱官方正式的 Python 文件說明。

可呼叫與第一類物件

函式和方法並不是在 Python 中唯一可以呼叫的東西。任何實作**可呼叫運算子**（包含括號 ()）的物件都是可呼叫物件。舉例來說，如果您有一個「def hello():」的陳述句，則可以把程式碼視為一個名為 hello 的變數，而其中含有一個函式物件。在此變數上使用可呼叫運算子就能在該變數上呼叫函式：
hello()。

類別（**class**）是 OOP 概念，而類別是可呼叫物件，但不是函式或方法。舉例
來說，呼叫 datetime 模組中的 date 類別是用可呼叫運算子來處理的，例如
datetime.date(2020, 1, 1)。呼叫類別物件時會執行該類別 __init__() 方法中的程
式碼。第 15 章會說明更多關於類別的詳細資訊。

在 Python 中函式是**第一類物件**（**first-class objects**），意思是我們可以把它存放
在變數中，可當成引數傳入函式進行呼叫，也可從函式呼叫返回。def 陳述句
就是把函式物件指定給變數。舉例來說，我們要建立一個 spam() 函式，然後
呼叫：

```
>>> def spam():
...     print('Spam! Spam! Spam!')
...
>>> spam()
Spam! Spam! Spam!
```

我們還可以把 spam() 函式物件指定給其他變數。當您呼叫指定了函式物件的
變數，Python 就會執行這個函式：

```
>>> eggs = spam
>>> eggs()
Spam! Spam! Spam!
```

這就是**別名**（**aliases**）的用法，別名是讓函式擁有不同的名稱。通常在函式需
要重新命名時使用這種別名的作法。但若是有大量程式碼都使用舊名稱，修改
名稱會花費很多工作。

第一類函式的最常見用法是可以把函式傳給其他函式。例如，我們可以定義一
個 callTwice() 函式，可以把需要呼叫兩次的函式傳給它：

```
>>> def callTwice(func):
...     func()
...     func()
...
>>> callTwice(spam)
Spam! Spam! Spam!
Spam! Spam! Spam!
```

您可以在程式之中寫兩次 spam() 來進行兩次的呼叫，但也可以把函式傳給 callTwice()，而不必在程式中鍵入兩次函式呼叫。

一般常誤用的術語

技術行話有時很令人困惑，尤其是對於那些相關但有截然不同定義的術語更是如此。更糟的是，在電腦運算中的語言、作業系統和領域等可能會用不同的術語來表示同一事物，或者使用相同的術語來表示不同的事物。為了能清楚地與其他程式設計師交流，您需要了解下列這些術語之間的區別。

陳述句與表示式

表示式（expressions）是由運算子和值所組成的指令，這個值是運算結果為單一個的值。值可以是變數（含有值）或函式呼叫（返回值）。因此，「2 + 2」是一個表示式，運算結果為 4 這個單一的值。但是「 len(myName) > 4 」和「 myName.isupper() or myName == 'Zophie' 」也是表示式。值本身也是對自己運算求值的表示式。

陳述句（Statements）實際上是 Python 中的所有其他指令，包括 if 陳述句、for 陳述句、def 陳述句、return 陳述句等。陳述句並不運算求值。有些陳述句中可以含有表示式，例如「spam = 2 + 2」之類的指定值陳述句，或是「if myName == 'Zophie': 」的 if 陳述句。

雖然 Python 3 是使用 print() 函式，但 Python 2 卻是用一條 print 陳述句。區別似乎只是括號的引入，但是需要注意的是，Python 3 的 print() 函式具有返回值（都是 None），也可以當作引數傳給其他函式，並且可以指定給某個變數。使用陳述句則無法執行這些操作。在 Python 2 中仍然可以使用括號，如以下互動式 shell 的範例所示：

```
>>> print 'Hello, world!'  # run in Python 2
Hello, world!
❶ >>> print('Hello, world!')  # run in Python 2
Hello, world!
```

上面範例很像函式呼叫❶，但實際上是 print 陳述句處理以括號括起來的字串值，就像「spam = (2 + 2)」與「spam = 2 + 2」是相同的一樣。在 Python 2 和 3 版中，我們可以傳入多個值給 print 陳述句或 print() 函式。在 Python 3 中會像下列這般：

```
>>> print('Hello', 'world')  # run in Python 3
Hello world
```

但相同的程式碼在 Python 2 中會被解譯為在 print 陳述句中傳入有兩個字串值的多元組，並產生以下輸出結果：

```
>>> print('Hello', 'world')  # run in Python 2
('Hello', 'world')
```

由函式呼叫所組成的陳述句和表示式看起來只有細微差異，但實際上真的很不相同。

區塊、子句、正文

區塊（**block**）、**子句**（**clause**）、**正文**（**body** ）等術語通常在指到某一組 Python 指令時意義上是可以互換使用。區塊是指某行內縮一層為起始到某行不再內縮為結尾的區段。例如，if 或 for 語法後的程式碼稱為陳述句區塊。在以冒號結尾的陳述句之後需要一個新的區塊，例如 if、else、for、while、def、class 等。

不過 Python 允許一行區塊。雖然我們不推薦使用，但這是合法的。Python 一行區塊的語法如下這般：

```
if name == 'Zophie': print('Hello, kitty!')
```

另外使用分號，在 if 陳述句的區塊中可以放入多個指令：

```
if name == 'Zophie': print('Hello, kitty!'); print('Do you want a treat?')
```

但是您不能在一行區塊中與其他需要放入新區塊的陳述句一起使用。以下是不合法的 Python 程式碼範例：

```
if name == 'Zophie': if age < 2: print('Hello, kitten!')
```

這是不合法的，因為如果下一行有 else 陳述句時，則這個 else 陳述句是配合哪個 if 陳述句呢？這樣很容易搞混。

官方的 Python 文件更喜歡用「子句（clause）」這個術語而不是區塊（https://docs.python.org/3/reference/compound_stmts.html）。以下是子句的範例：

```
if name == 'Zophie':
    print('Hello, kitty!')
    print('Do you want a treat?')
```

if 陳述句是**子句標題**（**clause header**），而巢狀嵌套在 if 中的兩個 print() 呼叫就是子句組合或正文（body）。官方的 Python 文件中區塊（block）是指當作某個單元來執行的一段 Python 程式碼，例如模組、函式或類別定義（https://docs.python.org/3/reference/executionmodel.html ）。

變數與屬性

變數（**variables**）是代表物件的名稱。以官方文件（https://docs.python.org/3/tutorial/classes.html#python-scopes-and-namespaces）來看，「句點後的任何名稱」就是指**屬性**（**attributes**）。屬性與物件（點或句點之前的名稱）是相關聯的。舉例來看，在互動式 shell 模式中輸入以下內容：

```
>>> import datetime
>>> spam = datetime.datetime.now()
>>> spam.year
2018
>>> spam.month
1
```

在上述程式範例中，spam 為變數，含有 datetime 物件（從 datetime.datetime.now() 返回），year 和 month 是物件的屬性。若以 sys.exit() 為例，則 exit() 函式也被視為 sys 模組物件的屬性。

在某些語言中，屬性（attributes）也被稱為**欄位**（**fields**）、**特性**（**properties**）或**成員變數**（**member variables**）。

函式、方法

函式（**function**）是呼叫時執行之程式碼的集合。**方法**（**method**）是與類別相關聯的函式（或是可呼叫的，在下一節會描述說明），就像屬性是與物件相關聯的變數一樣。函式包括內建函式或與模組關聯的函式。例如，在互動式 shell 模式中輸入以下內容：

```
>>> len('Hello')
5
>>> 'Hello'.upper()
'HELLO'
>>> import math
>>> math.sqrt(25)
5.0
```

在這個範例中，len() 是函式而 upper() 是字串方法。方法也被視為與之關聯的物件之屬性。請注意，句點並不一定表示正在使用的是方法而不是函式。sqrt() 函式與 math 模組相關聯，而 math 是模組而不是類別。

Iterable、Iterator

Python 的 for 迴圈其功能很多樣。「for i in range(3):」陳述句：將執行一段程式碼三次。呼叫 range(3) 不僅是 Python 讓 for 迴圈「重複一些程式碼 3 次」的處理方式，呼叫 range(3) 還會返回一個範圍物件，就像呼叫 list('cat') 會返回一個串列物件一樣。這兩個物件都是**可迭代物件**（**iterable objects**）的實例，有時我們直接簡稱這兩個物件可迭代。

我們在 for 迴圈中使用可迭代物件，在互動式 shell 模式中輸入以下內容，查看 for 迴圈迭代範圍物件和串列物件的應用：

```
>>> for i in range(3):
...     print(i)  # body of the for loop
...
0
1
2
>>> for i in ['c', 'a', 't']:
...     print(i)  # body of the for loop
...
c
a
t
```

可迭代物件除了包括所有序列型別，例如範圍、串列、多元組和字串物件，還包括一些容器物件，例如字典、集合和檔案物件等。

不過，在這些 for 迴圈範例的後面還有很多的工作正在進行。在後端，Python 會為 for 迴圈呼叫內建的 iter() 和 next() 函式。在 for 迴圈中使用時，可迭代物件將傳到內建的 iter() 函式，該函式會返回**迭代器（iterator）**物件。可迭代物件內含有多個項目，而迭代器物件則會追蹤迴圈下一個要使用的項目。在迴圈的每次迭代中，迭代器物件都傳給內建的 next() 函式，以返回可迭代物件中的下一項目。我們可以手動呼叫 iter() 和 next() 函式來直接查看 for 迴圈的工作原理。請在互動式 shell 模式中輸入以下內容，以執行與前面的迴圈範例相同的指令：

```
>>> iterableObj = range(3)
>>> iterableObj
range(0, 3)
>>> iteratorObj = iter(iterableObj)
>>> i = next(iteratorObj)
>>> print(i)  # body of the for loop
0
>>> i = next(iteratorObj)
>>> print(i)  # body of the for loop
1
>>> i = next(iteratorObj)
>>> print(i)  # body of the for loop
2
>>> i = next(iteratorObj)
Traceback (most recent call last):
  File "<stdin>", line 1, in <module>
❶ StopIteration
```

請注意，如果在返回 iterable 的最後一個項目之後，若再呼叫 next()，Python 會引發 StopIteration 例外 ❶。Python 的 for 迴圈在捕捉到這個例外時不會讓程式崩潰停住，而是讓迴圈處理停下來。

迭代器（iterator）只能迭代一次可迭代物件中的項目。這有點像是使用 open() 和 readlines() 讀取一次檔案內容後想要再讀取，則必須重新打開檔案才能再次讀取其內容。如果想要再次迭代可迭代物件，則必須再次呼叫 iter() 來建立另一個迭代器物件。您可以根據需要建立任意數量的迭代器物件，每個物件都會獨立追蹤應返回的下一個項目。請在互動式 shell 模式中輸入以下內容，以了解其工作原理：

```
>>> iterableObj = list('cat')
>>> iterableObj
['c', 'a', 't']
>>> iteratorObj1 = iter(iterableObj)
>>> iteratorObj2 = iter(iterableObj)
>>> next(iteratorObj1)
'c'
>>> next(iteratorObj1)
'a'
>>> next(iteratorObj2)
'c'
```

請記住，可迭代物件是當作引數傳給 iter() 函式，而從 iter() 呼叫返回的物件
則是迭代器物件，該迭代器物件會傳給 next() 函式。當我們使用 class 陳述句
建立自己的資料型別時，可實作 __iter__() 和 __next__() 特殊方法讓我們在
迴圈中可使用物件。

語法、執行時期、語義錯誤

有不少方法可以對錯誤進行分類。若從較高的層次來說，我們可以把程式錯誤
分為三種類型：語法錯誤、執行時期錯誤和語義錯誤。

語法（syntax）是給定程式語言中合法指令的規則集合。語法錯誤（例如少了
括號、句點（而不是逗號）或其他拼寫錯誤）時會立即生成 SyntaxError。語法
錯誤也稱為解析錯誤，當 Python 直譯器無法把原始程式碼的文字解析為合法有
效的指令時，就會發生語法錯誤。用白話來說，這種錯誤等同於文法錯誤或一
堆無意義的詞句，例如「未被污染的乳酪肯定是」。電腦需要下達特定的指
令，它沒有讀心術，也不會去理解程式設計師的想法來決定程式應該要怎麼執
行操作，所以有語法錯誤的程式是無法執行的。

執行時期（runtime）錯誤是指正在執行的程式無法達成某些工作，例如嘗試
打開不存在的檔案或數字除以零。用白話來說，執行時期錯誤等同於給出不可
能的指令，例如「請畫出具有三個邊的正方形」。如果沒解決執行時期錯誤，
程式會崩潰停住並顯示 traceback 錯誤訊息。但我們可以使用 try-except 陳述句
捕捉執行時期錯誤，然後執行自己編寫的錯誤處理程式碼。例如，在互動式
shell 模式中輸入以下內容：

```
>>> slices = 8
>>> eaters = 0
>>> print('Each person eats', slices / eaters, 'slices.')
```

執行時會顯示 traceback 錯誤訊息：

```
Traceback (most recent call last):
  File "<pyshell#4>", line 1, in <module>
    print('Each person eats', slices / eaters, 'slices.')
ZeroDivisionError: division by zero
```

請記住，traceback 中提及的行號僅是 Python 直譯器檢測到錯誤的地方。錯誤的真正原因可能在程式碼的上一行，甚至在程式更前面的地方。

程式執行之前，直譯器會捕捉原始程式碼中的語法錯誤，但是語法錯誤也可能在執行時期發生。eval() 函式可以接受一串 Python 程式指令並執行它，這樣就有可能在執行時期才會發生 SyntaxError。舉例來說，eval('print("Hello, world)') 中的 print 指令少了右引號，程式在呼叫 eval() 之前是不會遇到引號問題。

語義（semantic）錯誤（也稱為**邏輯錯誤**）是不易察覺的錯誤。語義錯誤不會產生錯誤訊息或導致崩潰停止，但是電腦會以程式設計師沒想到的方式執行指令。用白話來說，語義錯誤的意思相當於告訴電腦：「從商店買一箱牛奶，如果他們有雞蛋，就買一打。」結果電腦買了 13 箱牛奶，因為商店裡有雞蛋。不論好壞，電腦會完全按照您的要求進行操作。舉例來說，在互動式 shell 模式中輸入以下內容：

```
>>> print('The sum of 4 and 2 is', '4' + '2')
```

執行後得到的結果是：

```
The sum of 4 and 2 is 42
```

顯然，42 並不是答案。但請注意，這程式並沒有崩潰停住。由於 Python 的 + 運算子除了會進行整數值相加之外，也會進行字串值的連接。由於錯誤使用字串值 '4' 和 '2' 而不是整數來相加就會導致意外的行為和結果。

參數、引數

參數（parameters）是指在 def 陳述句之中，在括號之間的變數名稱。**引數（arguments）**則是在函式呼叫中傳入的值，然後指定給參數。舉例來說，請在互動式 shell 模式中輸入以下內容：

```
❶  >>> def greeting(name, species):
    ...      print(name + ' is a ' + description)
    ...
❷  >>> greeting('Zophie', 'cat')
    Zophie is a cat
```

在 def 陳述句中，name 和 species 是參數❶。在呼叫函式時，'Zophie' 和 'cat'
是引數❷。參數和引數這兩個術語常常搞混，請記住，在這裡的上下文脈中所
使用參數和引數分別是變數和值的別稱。

Type Coercion、Type Casting

我們可以把某種型別的物件轉換為另一種型別的物件。例如，int('42') 將字串
'42' 轉換為整數 42。實際上，字串物件 '42' 並沒怎麼轉換，因為 int() 函式會
依據原本物件來建立新的整數物件。像轉換是以這種明確的（explicitly）方式
進行，這其實是在**鑄造**（**casting**）物件，雖然程式設計師一般仍將這個過程稱
為轉換物件。

Python 通常會隱式地（implicitly）進行型別轉換，例如在對表示式「2 + 3.0」
運算求值得到 5.0 時。值（如 2 和 3.0）會被強制（coerced）成為運算子可以使
用的通用資料型別，這種轉換是**隱式**完成的，也稱為**型別強制轉換**（**type
coercion**）。

強制轉換有時會產生令人驚訝的結果。Python 中的布林值 True 和 False 可以分
別強制轉換為整數值 1 和 0。雖然我們不會在真實世界的程式碼中把布林值寫
成這些值，但表示式「True + False + True」就等於「1 + 0 + 1」，運算求值結果
為 2。學會了這一點之後，您可能會想到傳入一個布林值的串列到 sum() 中，
以計算出串列中有多少個 True 值。但是事實證明，直接呼叫 count() 串列方法
會更快算出結果。

Property、Attribute

在許多程式語言中，property 和 attribute 是同義詞，大都譯為特性和屬性，但
在 Python 中，這兩個詞有不同的含義。在前面「變數與屬性」小節中說明的屬
性（attribute）是與物件關聯的名稱。屬性包括物件的成員變數和方法。

在其他語言（例如 Java）中，類別有 getter 和 setter 方法。程式不能直接為屬性指定（可能不合法）值，必須對該屬性呼叫 setter 方法來處理。

setter 方法中的程式碼可以確保成員變數僅被指定一個合法值。getter 方法則用來讀取屬性的值。如果某個屬性命名為 accountBalance，則 setter 和 getter 方法一般分別命名為 setAccountBalance() 和 getAccountBalance()。

在 Python 中，**property**（複數為 **properties**）允許程式設計師可以用更簡潔的語法來運用 getter 和 setter。第 17 章將會更詳細地探討 Python 的 property。

位元組碼、機器碼

原始程式碼被編譯成**機器碼**（**machine code**）指令形式，可讓 CPU 可直接執行。機器碼由 CPU 指令集（電腦內建的指令集）中的指令所組成。由機器碼組成的已編譯程式稱為二進位（binary）檔案。像 C 這樣老式語言都有編譯器軟體可以把 C 程式碼編譯成幾乎所有 CPU 都能執行的二進位檔案。但像 Python 這種的語言想要在同一組 CPU 上執行，則必須針對 CPU 編寫 Python 編譯器，這需要進行大量工作。

程式碼另一種可轉換成機器使用的方法就是建立**位元組碼**（**bytecode**），而不要建立直接由 CPU 硬體執行的機器碼。位元組碼也稱為**可攜式碼**（**portable code**，或簡稱 **p-code**），這種碼是由軟體直譯程式來執行，而不是直接由 CPU 執行。Python 位元組碼是由指令集的指令所組成，雖然現實世界中沒有硬體 CPU 能執行這些指令，但軟體直譯器卻可執行。Python 位元組碼儲存在 .pyc 檔中，有時會在 .py 原始檔案旁邊看得到它們。以 C 所編寫的 CPython 直譯器可以把 Python 程式碼編譯成 Python 位元組碼，然後執行這些指令（執行 Java 位元組碼的 Java 虛擬機 [JVM] 軟體也是如此）。由於 CPython 是用 C 語言編寫的，因此這個 Python 直譯器可以在相容於 C 編譯器的任何 CPU 進行編譯。

Scott Sanderson 和 Joe Jevnik 在 PyCon 2016 的演講主題「Playing with Python Bytecode」是想要了解關於這個主題的絕佳參考資源（https://youtu.be/mxjv9 KqzwjI）。

腳本、程式、腳本語言、程式語言

腳本（script）和程式（program）之間的差異，甚至在腳本語言（scripting languages）和程式語言（programming languages）之間的差異是很模糊且不明確。把所有腳本都稱之為程式也可以，所有腳本語言也都是程式語言，但是腳本語言有時被認定為是較簡單或「不是真正的」程式語言。

區分腳本和程式的一種方法是程式碼的執行方式。使用腳本語言編寫的腳本直接從原始程式碼直譯，而用程式語言編寫的程式則會編譯成為二進位檔。雖然執行 Python 程式執行時會有一個變成位元組碼的編譯步驟，但是 Python 一般還是被認定為是一種腳本語言。不過，Java 也像 Python 一樣生成位元組碼而不是機器碼的二進位檔，但 Java 卻不會被視為腳本語言。從技術上來講，語言不會自己編譯或直譯，而是由語言的編譯器或直譯器來實作，而且我們可以為任何一種語言建立編譯器或直譯器。

這種差異可以爭論，但並不是很重要。腳本語言也可能是功能很強大，而編譯型的程式語言也不一定很複雜難用。

程式庫、框架、SDK、引擎、API

取用他人作好的程式碼可以節省大量時間。我們通常可以從程式庫（library）、框架（framework）、SDK、引擎（engine）或 API 套件中取用現成的程式碼。上述這些名稱之間的差異不太明顯但很重要。

程式庫（library）是指由第三方所編寫程式碼集合的通用術語。程式庫中含有函式、類別或其他程式碼段，可供開發人員取用。Python 程式庫可能採用套件（package）、套件集、或單個模組的形式。程式庫通常是專屬於某種程式語言的。開發人員不需要知道程式庫中程式碼的工作原理，他們只需要知道如何呼叫程式庫中的程式碼，或只需知道與之互動的方式即可取用。標準程式庫（例如 Python 標準程式庫）的程式碼是可用於程式語言所有的實作中。

框架（framework）是以控制反轉（inversion of control）操作的程式碼集合；開發人員是依據框架需要呼叫來建立函式，而不是開發人員呼叫在框架中的函式。控制反轉通常被描述為「不要打電話給我們，我們打電話給你」。舉例來說，為 Web 應用程式框架編寫程式碼時，就會涉及到當 Web 請求進來時就要為 Web 頁面建立框架要呼叫的函式。

軟體開發工具套件（Software Development Kit，**SDK**）包括程式庫、說明文件和軟體工具，以幫助為特定作業系統或平台建立應用程式。舉例來說，Android SDK 和 iOS SDK 分別用來為 Android 和 iOS 建立行動應用程式。Java 開發工具套件（JDK）是用來為 JVM 建立應用程式的 SDK。

引擎（**engine**）是個大型、獨立的系統，可以由開發人員的軟體進行外部控制。開發人員通常呼叫引擎中的函式來處理大型、複雜的工作。引擎的實例有遊戲引擎、物理引擎、推薦引擎、資料庫引擎、西洋棋引擎和搜尋引擎等。

應用程式界面（Application Programming Interface，**API**）是程式庫、SDK、框架或引擎的公開界面。API 指定了怎麼呼叫函式或怎麼對程式庫請求以存取需要的資源。程式庫建立者會提供（希望有）這個 API 的說明文件。許多主流的社群網路和網站都有提供 HTTP API 來讓程式存取其服務，不需要用 Web 瀏覽器來存取。使用這些 API，我們就可以編寫程式自動在 Facebook 上發布貼文，或讀取 Twitter 時間軸的內容。

總結

寫程式寫了那麼多年，但仍可能不熟悉某些程式設計術語。但是大多數主要軟體應用程式都是由軟體開發人員團隊而非個人建立的。因此，與團隊合作時，能夠明確溝通是十分重要的事。

本章說明 Python 程式由識別子、變數、字面值、關鍵字和物件所組成，而且所有 Python 物件都具有值、資料型別和識別碼。雖然所有物件都有個資料型別，大概分成幾類，例如容器、序列、對映、集合，內建和使用者定義等。

有些術語（例如值、變數和函式）在特定的上下文脈中可能會有不同的名稱，例如項目、參數，引數和方法等。

有幾個術語很容易相互混淆，在日常程式設計中搞混某些術語並沒有什麼大問題，例如，property 和 attribute、區塊與正文，例外與錯誤等；另外程式庫、框架、SDK，引擎和 API 之間的差別也不太。其他誤解不會讓您寫出的程式碼有錯誤，但可能會讓您的程式看起來不太專業，舉例來說，誤解了陳述句和表示式、函式和方法以及參數和引數，通常這些是初學者才會搞混的用語。

不過還有其他術語（例如，可迭代與迭代器、語法錯誤與語義錯誤以及位元組碼與機器碼）具有不同的含義，除非您想讓合作的同事也搞混，不然最好是分辨清楚其用途和意義。

您可能發現，術語的使用會因不同的程式語言而有差異，甚至不同程式設計師之間也有所不同的見解。隨著經驗的累積（和頻繁的網路搜尋），相信您會更加熟悉程式設計相關的行話。

進一步的補充

https://docs.python.org/3/glossary.html 上的官方 Python 詞彙表中有列出了 Python 生態系統所使用的簡短定義。官方 Python 文件放在 https://docs.python.org/3/reference/datamodel.html 網頁，這裡有更詳細的 Python 物件相關說明。

Nina Zakharenko 在 PyCon 2016 上的演講「Memory Management in Python—The Basics,」，其視訊檔放在 https://youtu.be/F6u5rhUQ6dU，這個演講解釋了關於 Python 垃圾回收機制的工作原理和相關細節。官方 Python 文件放在 https://docs.python.org/3/library/gc.html 網頁，這裡提供了許多關於垃圾回收機制的相關資訊。

在 https://mail.python.org/pipermail/python-dev/2016-September/146327.html 網站中 Python 郵件清單討論內探討了很多關於 Python 3.6 版字典保留了建立項目時的順序。

第8章

常見的 Python 誤解和陷阱

雖然 Python 是我最喜歡的程式語言，但它並不完美。每種
程式語言或多或少都有一些誤解和陷阱，Python 也不例
外。新手 Python 程式設計師必須學會避免一些常見的「誤
解和陷阱（gotchas）」。程式設計師大都是從經驗中隨機學
到這類知識，但這裡特別收集彙總成一章，讓讀者可以了解這
些誤解和陷阱背後的程式設計相關知識，進而幫助您理解為什麼 Python 有時表
現有點異常。

本章說明了可變物件（如串列和字典）在修改其內容時可能會表現出來的意外
行為。您會了解到 sort() 方法為何有時候不按照字母順序對項目進行排序，以
及浮點數怎麼樣會產生捨入的錯誤。使用 != 不等式運算子鏈接在一起時，可
能會產生異常行為。除此之外，當編寫含有單個項目的多元組時，必須使用結
尾逗號。本章會告訴您怎麼避免這些常見的誤解和陷阱。

不要對迴圈中用來遍訪的串列新增或刪除項目

對 for 或 while 迴圈用來遍訪（即迭代）的串列進行新增或刪除項目，很可能會導致錯誤的發生。請思考下面這種情況：您想要遍訪某個存放了服裝項目的串列，並在每次遍訪串列中出現 'sock' 時插入對應的 'sock' 項目來確保襪子項目成偶數。這項任務看似簡單：遍訪串列的字串項目，然後在找到 'sock'，例如 'red sock' 時，把另一個 'red sock' 字串項目新增到串列內。

但是這段程式碼無效，會陷入無窮迴圈，您必須按 CTRL-C 鍵才能中斷它：

```
>>> clothes = ['skirt', 'red sock']
>>> for clothing in clothes:  # Iterate over the list.
...     if 'sock' in clothing:  # Find strings with 'sock'.
...         clothes.append(clothing)  # Add the sock's pair.
...         print('Added a sock:', clothing)  # Inform the user.
...
Added a sock: red sock
Added a sock: red sock
Added a sock: red sock
--省略--
Added a sock: red sock
Traceback (most recent call last):
  File "<stdin>", line 3, in <module>
KeyboardInterrupt
```

您可以連到 https://autbor.com/addingloop/ 網站，查看這段程式碼執行的視覺化圖解呈現。

問題在於，當您把 'red sock' 新增到 clothes 串列時，串列當下會有一個新的，必須遍訪迭代的第 3 個項目：['skirt', 'red sock', 'red sock']。for 迴圈進入下一次迭代到達第 2 個 'red sock' 時，又會新增另一個 'red sock' 字串進去。這樣就形成了串列 ['skirt', 'red sock', 'red sock', 'red sock']，又為串列提供了另一個可供 Python 迭代的字串項目。如圖 8-1 所示，這種情況會持續發生，這就是為什麼我們看到 'Added a sock.' 訊息源源不斷顯現的原因。只有在電腦記憶體不足而讓 Python 程式當掉或是直到我們按下 CTRL-C 鍵中斷它時，這個迴圈的執行才會停止。

clothing

['skirt', 'red sock']

              clothing

['skirt', 'red sock']

              clothing

['skirt', 'red sock', 'red sock']

                      clothing

['skirt', 'red sock', 'red sock']

                      clothing

['skirt', 'red sock', 'red sock', 'red sock']

                              clothing

['skirt', 'red sock', 'red sock', 'red sock']

                              clothing

['skirt', 'red sock', 'red sock', 'red sock', 'red sock']

    ⋮

圖 8-1　for 迴圈每次迭代時就新增一個 'red sock' 項目到串列中，
而 clothing 串列又是迴圈迭代的依據，因此就陷入無窮迴圈

修正的要點是，在迭代串列時不要對該串列中新增項目，而是用一個新的獨立
串列來進行新增修改的處理，例如本範例中使用了 newClothes 串列來處理：

```
>>> clothes = ['skirt', 'red sock', 'blue sock']
>>> newClothes = []
>>> for clothing in clothes:
...     if 'sock' in clothing:
...         print('Appending:', clothing)
...         newClothes.append(clothing)  # We change the newClothes list, not
clothes.
...
Appending: red sock
Appending: blue sock
>>> print(newClothes)
['red sock', 'blue sock']
>>> clothes.extend(newClothes)  # Appends the items in newClothes to clothes.
>>> print(clothes)
['skirt', 'red sock', 'blue sock', 'red sock', 'blue sock']
```

您可以連到 https://autbor.com/addingloopfixed/ 網站，查看這段程式碼執行的視
覺化圖解。

這個 for 迴圈遍訪 clothes 串列中的項目,但沒有修改迴圈中的 clothes 串列。不過這裡修改了一個單獨的串列 newClothes。接著在迴圈結束之後,我們透過把 newClothes 串列的內容新增到 clothes 串列來進行新增的處理。如此一來,我們就有了內含成對襪子項目的 clothes 串列。

同樣的道理,在迭代串列時不應該從串列中刪除項目。請思考下列程式碼:我們要在其中刪除串列中不是 'hello' 字串的項目。最天真的作法是遍訪串列表,然後刪除與 'hello' 不相符的項目:

```
>>> greetings = ['hello', 'hello', 'mello', 'yello', 'hello']
>>> for i, word in enumerate(greetings):
...     if word != 'hello':  # Remove everything that isn't 'hello'.
...         del greetings[i]
...
>>> print(greetings)
['hello', 'hello', 'yello', 'hello']
```

您可以連到 https://autbor.com/deletingloop/ 網站,查看這段程式碼執行的視覺化圖解呈現。

似乎 'yello' 還留在串列中。原因是當 for 迴圈檢查索引 2 時,從串列中刪除了 'mello',這使得串列中的所有剩餘項目向前移一個索引,原本的 'yello' 從索引 3 移成索引 2。迴圈的下一次迭代已移到索引 3,現在是最後一個 'hello',如圖 8-2 所示。'yello' 項目未經檢查就跳過了!所以在遍訪串列時不要從串列中刪除項目。

i

['hello', 'hello', 'mello', 'yello', 'hello']

i

['hello', 'hello', 'mello', 'yello', 'hello']

i

['hello', 'hello', 'mello', 'yello', 'hello']

這個字串被刪除

i

['hello', 'hello', 'yello', 'hello']

其他項目向前移

i 迴圈變數移動 ➡ i

['hello', 'hello', 'yello', 'hello']

圖 8-2　迴圈刪除 'mell' 後，後面的項目會往前移一個索引值，導致 'yello' 被跳過

正確的作法是建立一個新串列，此串列會複製除了要刪除之項目外的所有項目，然後再以這個新串列替換原始串列。要做出與先前範例等效且無錯誤的程式，請在互動式 shell 模式中輸入以下程式碼。

```
>>> greetings = ['hello', 'hello', 'mello', 'yello', 'hello']
>>> newGreetings = []
>>> for word in greetings:
...     if word == 'hello':  # Copy everything that is 'hello'.
...         newGreetings.append(word)
...
>>> greetings = newGreetings  # Replace the original list.
>>> print(greetings)
['hello', 'hello', 'hello']
```

https://autbor.com/deletingloopfixed/ 中有這段程式碼執行的視覺化圖解呈現。

請記住，由於這裡的程式碼只是建立串列的簡單迴圈處理，因此您可以把它換成串列推導式。串列推導式不會讓執行更快速或減少使用記憶體，但是在不損失太多可讀性的情況下，這種方式讓鍵入的內容變短。請在互動式 shell 模式中輸入以下內容，這段程式碼等效於上一個範例中的程式：

```
>>> greetings = ['hello', 'hello', 'mello', 'yello', 'hello']
>>> greetings = [word for word in greetings if word == 'hello']
>>> print(greetings)
['hello', 'hello', 'hello']
```

串列推導式不僅讓程式變得更簡潔，也還避免了在迭代串列時修改串列發生的陷阱。

參照、記憶體使用情況和 SYS.GETSIZEOF()

建立一個新串列而不是修改原始串列好像會浪費記憶體空間。但是請記住，就像變數在技術上是存放對值的參照而不是實際值一樣，串列也是存放對值的參照。前面顯示的 newGreetings.append(word) 這行程式並不是在 word 變數中複製字串，而是複製對字串的參照，這種用法所需的空間要小得多。

我們可以用 sys.getsizeof() 函式查看此情況，該函式會返回傳入物件在記憶體中所佔用的位元組數。在這個互動式 shell 範例中，我們可以看到短字串 'cat' 佔用了 52 個位元組，而較長的字串佔用了 85 個位元組：

```
>>> import sys
>>> sys.getsizeof('cat')
52
>>> sys.getsizeof('a much longer string than just "cat"')
85
```

（在筆者使用的 Python 版本中，字串物件的空間佔用 49 個位元組，而字串中的每個實字元佔用 1 個位元組）。不過串列不管包含這兩個字串中的任何一個都會佔用 72 個位元組：

```
>>> sys.getsizeof(['cat'])
72
>>> sys.getsizeof(['a much longer string than just "cat"'])
72
```

從技術上來講，原因是串列並不存入字串，而只是存入對字串的參照，而且無論參照的資料大小為何，其參照所佔的大小都相同。諸如 newGreetings.append(word) 之類的程式碼並不是複製 word 中的字串值，而是複製對該字串的參照。如果您想弄清楚物件及其參照的所有物件佔用了多少記憶體空間，可以利用 Python 核心開發人員 Raymond Hettinger 所設計的函式，您可以從 https://code.activestate.com/recipes/577504-compute-memory-footprint-of-an-object-and-its-cont/ 網站取得相關內容。

> 所以說，您不應該覺得建立新串列而不是在迭代原始串列時直接修改會比較
> 浪費記憶體空間。即使您的串列修改程式碼看似可行，它也可能藏有細微的
> 錯誤，這種錯誤可能需要花很長時間才能發現和修復。浪費程式設計師的時
> 間比浪費電腦記憶體空間要昂貴得多了。

雖然您在迭代串列時不應該對串列（或任何可迭代物件）新增或刪除項目，但
是卻可以修改串列的內容。舉例來說，假設我們有一個字串型別的數字串列：
['1', '2', '3', '4', '5']。我們可以在遍訪迭代該串列時將其轉換為整數值的串列 [1,
2, 3, 4, 5]：

```
>>> numbers = ['1', '2', '3', '4', '5']
>>> for i, number in enumerate(numbers):
...     numbers[i] = int(number)
...
>>> numbers
[1, 2, 3, 4, 5]
```

https://autbor.com/covertstringnumbers 網站中有這段程式碼執行的視覺化圖解
呈現。修改串列中的項目內容是可以的，但變更了串列中項目的數量則會容易
引發錯誤。

另一種安全新增或刪除串列中項目的作法是從串列尾端向前迭代遍訪，使用這
種作法，我們可以在遍訪串列時從串列中刪除項目、或者將項目新增串列尾端
即可。舉例來說，輸入以下程式碼，這段程式會從 someInts 串列中刪除偶數的
整數。

```
>>> someInts = [1, 7, 4, 5]
>>> for i in range(len(someInts)):
...
...     if someInts[i] % 2 == 0:
...         del someInts[i]
...
Traceback (most recent call last):
  File "<stdin>", line 2, in <module>
IndexError: list index out of range
>>> someInts = [1, 7, 4, 5]
>>> for i in range(len(someInts) - 1, -1, -1):
...     if someInts[i] % 2 == 0:
...         del someInts[i]
```

```
...
>>> someInts
[1, 7, 5]
```

這段程式碼之所以有效，是因為這個迴圈將來要迭代的所有項目都不會更改其索引。但是這種在刪除值之後讓所有項目值重複向前移作法會讓程式執行很沒效率。https://autbor.com/iteratebackwards1 網站中有這段程式碼執行的視覺化圖解呈現。您可以在圖 8-3 中看到向前和向後迭代之間的區別。

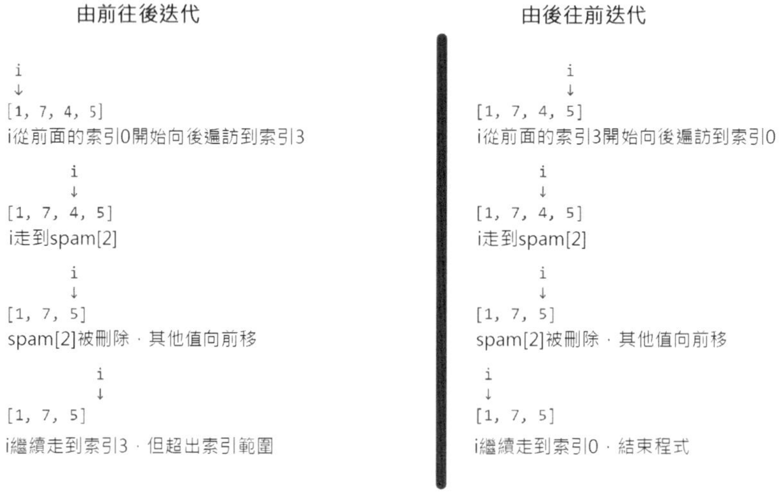

圖 8-3　從串列中刪除偶數，由前往後（左側）和由後往前（右側）迭代的作法

同樣的道理，我們可以在由後向前迭代串列時把項目新增到串列表的尾端。請在互動式 shell 模式中輸入以下內容，程式會把串列中偶數整數的副本新增到在 someInts 串列的尾端：

```
>>> someInts = [1, 7, 4, 5]
>>> for i in range(len(someInts) - 1, -1, -1):
...     if someInts[i] % 2 == 0:
...         someInts.append(someInts[i])
...
>>> someInts
[1, 7, 4, 5, 4]
```

https://autbor.com/iteratebackwards2 網站中有這段程式碼執行的視覺化圖解呈現。由後向前的迭代遍訪，我們可以把項目新增到串列中或是從串列中刪除。

不過，要正確執行此操作並不簡單，因為對這項基本技術作微小的更改都有可能在後面引入錯誤。建立新串列的作法比修改原始串列要簡單得多了。正如 Python 核心開發人員 Raymond Hettinger 所回應的答案：

> 問：在遍訪串列時直接修改原本串列的最佳作法是什麼？

> 答：不要這麼做。

一定要用 copy.copy() 和 copy.deepcopy() 來複製可變值

最好把變數看作是參照到物件的標籤或名條，而不是存放物件的箱子。當修改**可變**（**mutable**）物件時，這種思維模型特別有用：可變物件（如串列、字典和集合），其值是可變的（也就可以更改的）。

將一個參照到可變物件的變數複製到另一個變數時，認為複製的是真的物件本身，這種思維方式是很常見的誤解和陷阱。在 Python 中，指定值陳述句從不複製物件，它們只是複製指到物件的參照。（Python 開發人員 Ned Batchelder 在 PyCon 2015 上有個很棒的演講，其主題是「Facts and Myths about Python Names and Values.」，可連到 https://youtu.be/_AEJHKGk9ns 網站觀看。）

舉例來說，把以下程式碼輸入到互動式 shell 模式中，並請留意，就算只是修改 spam 變數，cheese 變數也會發生變化：

```
>>> spam = ['cat', 'dog', 'eel']
>>> cheese = spam
>>> spam
['cat', 'dog', 'eel']
>>> cheese
['cat', 'dog', 'eel']
>>> spam[2] = 'MOOSE'
>>> spam
['cat', 'dog', 'MOOSE']
>>> cheese
['cat', 'dog', 'MOOSE']
>>> id(cheese), id(spam)
2356896337288, 2356896337288
```

https://autbor.com/listcopygotcha1 網站中有這段程式碼執行的視覺化圖解呈現。

如果您認定「cheese = spam」是複製了串列物件，那麼在後面修改了 spam 後，您可能會驚訝地發現 cheese 似乎也跟著修改了。指定值陳述句從不複製物件，複製的是指到物件的參照。指定值陳述句「cheese = spam」會讓 cheese 指到電腦記憶體中與 spam 所指到的相同串列物件。指定值不會複製串列物件，這就是為什麼修改了 spam 後，cheese 也會跟著修改的原因，因為這兩個變數都參照指到同一個串列物件。

相同的原理可套用到傳給函式呼叫的可變物件。在互動式 shell 模式中輸入以下內容，並留意全域變數 spam 和區域參數（請記住，參數是在函式 def 陳述句中定義的變數）theList 都是參照到相同的物件：

```
>>> def printIdOfParam(theList):
...     print(id(theList))
...
>>> eggs = ['cat', 'dog', 'eel']
>>> print(id(eggs))
2356893256136
>>> printIdOfParam(eggs)
2356893256136
```

https://autbor.com/listcopygotcha2 網站中有這段程式碼執行的視覺化圖解呈現。請注意，由 id() 返回的 eggs 和 theList 的識別碼是相同的，這代表兩個變數參照的是同一個串列物件。eggs 變數的串列物件並未複製到 theList，而只是把參照複製過去，這就是為什麼兩個變數都參照到同一串列的原因。參照的大小只有幾個位元組，但如果 Python 是真的複製了整個串列而不是參照，假設 eggs 含有上百萬個項目而不是 3 個項目，那傳給 printIdOfParam() 函式的就是個超巨大的串列了。這就是為什麼 Python 的指定值陳述句只複製參照而不會複製串列物件的原因。

要避免這種只複製參照的誤解和陷阱，其中一種方法是使用 copy.copy() 函式來複製串列物件（此函式複製的就不是參照）。請在互動式 shell 模式中輸入以下內容：

```
>>> import copy
>>> bacon = [2, 4, 8, 16]
>>> ham = copy.copy(bacon)
>>> id(bacon), id(ham)
(2356896337352, 2356896337480)
>>> bacon[0] = 'CHANGED'
>>> bacon
['CHANGED', 4, 8, 16]
```

```
>>> ham
[2, 4, 8, 16]
>>> id(bacon), id(ham)
(2356896337352, 2356896337480)
```

https://autbor.com/copycopy1 網站中有這段程式碼執行的視覺化圖解呈現。ham
變數參照指到的是複製出來的串列物件，而不是 bacon 參照指到的原始串列物
件，因此它不會受這種陷阱的困擾。

但如同變數比喻為標籤或名條而不是裝入物件的箱子一樣，串列也看作是標籤
或名條，它們是參照指到物件而不是指真的物件。如果您的串列含有其他串
列，使用 copy.copy() 時只會複製這些內部串列的參照。請在互動式 shell 模式
中輸入以下內容來查看此問題的呈現：

```
>>> import copy
>>> bacon = [[1, 2], [3, 4]]
>>> ham = copy.copy(bacon)
>>> id(bacon), id(ham)
(2356896466248, 2356896375368)
>>> bacon.append('APPENDED')
>>> bacon
[[1, 2], [3, 4], 'APPENDED']
>>> ham
[[1, 2], [3, 4]]
>>> bacon[0][0] = 'CHANGED'
>>> bacon
[['CHANGED', 2], [3, 4], 'APPENDED']
>>> ham
[['CHANGED', 2], [3, 4]]
>>> id(bacon[0]), id(ham[0])
(2356896337480, 2356896337480)
```

https://autbor.com/copycopy2 網站中有這段程式碼執行的視覺化圖解呈現。雖然
bacon 和 ham 是兩個不同的串列物件，但是它們卻參照指到相同的 [1, 2] 和
[3, 4] 內部串列，就算我們使用 copy.copy()，對這些內部串列的更改也會反映
在兩個變數中，解決方案是使用 copy.deepcopy()，此函式會複製串列物件內部
的所有串列物件（若內部這些串列物件中還有串列物件也會複製，依此類
推）。請在互動式 shell 模式中輸入以下內容：

```
>>> import copy
>>> bacon = [[1, 2], [3, 4]]
>>> ham = copy.deepcopy(bacon)
>>> id(bacon[0]), id(ham[0])
(2356896337352, 2356896466184)
>>> bacon[0][0] = 'CHANGED'
```

```
>>> bacon
[['CHANGED', 2], [3, 4]]
>>> ham
[[1, 2], [3, 4]]
```

https://autbor.com/copydeepcopy 網站中有這段程式碼執行的視覺化圖解呈現。
雖然 copy.deepcopy() 執行速度會比 copy.copy() 慢一點點，但使用這個來複製
會比較安全一些，尤其是在不知道要複製的串列中是否還有其他串列在其中
（或是不知道是否有其他可變物件如字典或集合在其中）。我的建議是都使用
copy.deepcopy()，這能避免一些不易察覺的錯誤，就算程式執行慢一點點，但
您應該不會有感覺的。

不要使用可變物件作為預設引數

Python 允許我們在定義函式時為參數設定**預設引數**（**default arguments**）。如
果使用者沒有明確設定參數，則該函式就會使用預設引數來執行。若大多數的
函式呼叫都使用相同的引數時，這樣的設定會很有用，因為預設引數讓使參數
變成是可選擇性放入或不放入。舉例來說，傳入 None 到 split() 方法可以讓它
以空白字元當作分割的依據，但 None 也是個預設引數：呼叫 'cat dog'.split()
和呼叫 'cat dog'.split(None) 是一樣的。除非在呼叫函式時傳入引數，不然函式
會使用預設引數當作參數的引數。

不過，請絕對不要把**可變**物件（例如串列或字典）設定為預設引數。想要了解
這樣會引發什麼錯誤，可以看下列的範例，該範例定義了一個 addIngredient()
函式，該函式會把成分的字串新增到代表三明治的串列中。因為此串列的第一
和最後一個項目是 'bread'，所以把可變串列 ['bread', 'bread'] 當作預設引數：

```
>>> def addIngredient(ingredient, sandwich=['bread', 'bread']):
...     sandwich.insert(1, ingredient)
...     return sandwich
...
>>> mySandwich = addIngredient('avocado')
>>> mySandwich
['bread', 'avocado', 'bread']
```

但是，使用可變物件（例如 ['bread', 'bread'] 之類的串列）當作預設引數會有
一個不易察覺的問題：該串列是在函式的 def 陳述句執行時期建立的，而不是

在每次呼叫函式時建立的。這表示僅建立一個 ['bread', 'bread'] 串列物件，因為我們只定義了一次 addIngredient() 函式，但每次呼叫 addIngredient() 函式都會重用此串列，這會引發意外的行為，如下所示：

```
>>> mySandwich = addIngredient('avocado')
>>> mySandwich
['bread', 'avocado', 'bread']
>>> anotherSandwich = addIngredient('lettuce')
>>> anotherSandwich
['bread', 'lettuce', 'avocado', 'bread']
```

因為 addIngredient('lettuce') 所使用串列與之前呼叫預設引數串列是相同的，因此先前的呼叫時已經新增了 'avocado'，所以這個新的三明治就不是['bread', 'lettuce', 'bread']，該函式會返回 ['bread', 'lettuce', 'avocado', 'bread']。再次出現 'avocado' 字串是因為 sandwich 參數的串列與最後呼叫函式時所使用的串列是同一個，都是用定義函式時 def 陳述句所建立 ['bread', 'bread'] 串列，而不是每次呼叫函式才建立新的串列。https://autbor.com/sandwich 網站中有這段程式碼執行的視覺化圖解呈現。

如果您需要使用串列或字典當作預設引數，pythonic 風格的解決方案是把預設引數設為 None，然後使用程式碼進行檢查，並在每次呼叫該函式時提供新的串列或字典。這樣可以確保函式在**每次**呼叫時都建立一個新的可變物件，而不是在定義函式時建立一次可變物件後一直使用，例如以下範例：

```
>>> def addIngredient(ingredient, sandwich=None):
...     if sandwich is None:
...         sandwich = ['bread', 'bread']
...         sandwich.insert(1, ingredient)
...         return sandwich
...
>>> firstSandwich = addIngredient('cranberries')
>>> firstSandwich
['bread', 'cranberries', 'bread']
>>> secondSandwich = addIngredient('lettuce')
>>> secondSandwich
['bread', 'lettuce', 'bread']
>>> id(firstSandwich) == id(secondSandwich)
❶ False
```

請注意，firstSandwich 和 secondSandwich 不會共享同一個的串列參照❶，因為每次呼叫 addIngredient() 時，「sandwich = ['bread', 'bread']」都會建立一個新的串列物件，而不只是在定義 addIngredient() 時建立一次而已。

可變的資料型別包括串列、字典、集合和由 class 陳述句製成的物件。不要把這類型的物件當作預設引數放在 def 陳述句中。

不要以字串連接來製作字串

在 Python 中，字串（string）是**不可變**的物件，這表示字串值不能更改，而且任何修改字串的程式碼實際上都是在新建的字串物件上進行處理的。舉例來說，以下每項操作都會更改 spam 變數的內容，但不是更改原本的字串值，而是以新識別碼的新字串值來替換原本的字串值：

```
>>> spam = 'Hello'
>>> id(spam), spam
(38330864, 'Hello')
>>> spam = spam + ' world!'
>>> id(spam), spam
(38329712, 'Hello world!')
>>> spam = spam.upper()
>>> id(spam), spam
(38329648, 'HELLO WORLD!')
>>> spam = 'Hi'
>>> id(spam), spam
(38395568, 'Hi')
>>> spam = f'{spam} world!'
>>> id(spam), spam
(38330864, 'Hi world!')
```

請注意，每次呼叫 id(spam) 都會返回一個不同的識別碼，因為 spam 中的字串物件不是以修改來處理：它是以一個具有不同識別碼的全新字串物件來替換。使用 f-strings、format() 字串方法或 %s 格式指定子來建立新的字串也是用新建立的字串物件來處理，另外使用字串連接的處理也一樣。一般來說，字串連接的處理細節是不用管的，Python 是高階語言，可以幫我們搞定很多細節的處理，這樣可以讓我們專注於設計和編寫程式。

透過大量的字串連接來建立字串會降低程式的執行速度，迴圈的每次迭代都會建立一個新的字串物件，並丟棄舊的字串物件，以下列程式碼為例，for 或 while 迴圈內是使用字串連接來處理的：

```
>>> finalString = ''
>>> for i in range(100000):
...     finalString += 'spam '
...
```

```
>>> finalString
spam spam spam spam spam spam spam spam spam spam spam spam --省略--
```

因為迴圈中的「finalString += 'spam '」要執行 100,000 次，所以 Python 就要進行 100,000 次的字串連接處理。CPU 必須建立目前的 finalString 與 'spam' 連接起來的中間字串值，然後把它們放入記憶體，然後在下一次迭代時處理後又立丟棄。這會浪費很多中間重複的工作，因為我們只要最後的字串結果即可。

以 pythonic 風格來建構字串的作法是把要連接的小型字串逐一新增到串列中，最後再把串列中的項目合併為一個字串即可。此方法仍然要建 100,000 個字串物件，但是只有在呼叫 join() 時執行一次字串連接。舉例來說，下列程式碼生成與上述範例相同的 finalString，但不會有中間新增又刪除的字串連接處理：

```
>>> finalString = []
>>> for i in range(100000):
...     finalString.append('spam ')
...
>>> finalString = ''.join(finalString)
>>> finalString
spam spam spam spam spam spam spam spam spam spam spam spam --省略--
```

在筆者的機器上評測這兩段程式碼的執行時期效率，串列新增的方式比字串連接的方式**快了近 10 倍**（第 13 章會介紹如何評測程式執行的速度）。for 迴圈進行的迭代次數越多，這種差異就越大。如果把迴圈次數從 range(100000) 改成 range(100)，雖然字串連接的速度仍然比串列新增的速度慢，但是因為只有 100 次，所以速度的差異幾乎可以忽略不計。一般情況下，我們是不必刻意避開使用字串連接、f-strings、format() 字串方法或 %s 格式指定子。只有在執行很大量的字串連接時，速度才會有顯著的差異。

Python 讓我們不必考量很多程式底層的細節處理，這使得程式設計師可以快速設計和編寫軟體，如前面所提過的，程式設計師的時間比 CPU 的時間更寶貴。但是在某些情況下，最好還是多了解一些細節，例如不可變字串和可變串列之間有什麼區別，以避開誤解和陷阱，像透過連接方式來建構字串是個很好的例子。

不要期望 sort() 會按字母順序來排序

學習和理解排序演算法（按某種既定順序有系統地排列值的演算法）是電腦科學課程中很重要的基礎。但本書並不算是電腦科學的教科書，我們不需要了解這些演算法的細節，只需要知道怎麼呼叫 Python 的 sort() 方法來完成工作即可。不過，您還是會注意到 sort() 有一些奇怪的排序行為，會把大寫字母 Z 放在小寫字母 a 之前：

```
>>> letters = ['z', 'A', 'a', 'Z']
>>> letters.sort()
>>> letters
['A', 'Z', 'a', 'z']
```

ASCII（發音為 "ask-ee"）是數值碼（又稱為**碼位**或**序數**）和文字字元之間的對映編碼系統。sort() 方法是依據 ASCII 碼來排序（意思是按序數來排序），而不是按照字母的順序來排序。在 ASCII 系統中，A 的位碼是 65、B 是 66，以此類推到 Z 是 90。而小寫 a 的位碼是 97、b 是 98，以此類推到 z 是 122。當我們以 ASCII 位碼來排序時，大寫 Z（位碼是 90）會排放在小寫 a（位碼是 97）的前面。

雖然在整個 1990 年代，ASCII 在西方電腦計算領域幾乎是通用的，但 ASCII 卻是以美國為標準：美元符號 $ 有一個位碼是 36，而英鎊符號 £ 卻沒有位碼。現在 ASCII 在很大程度上已被 Unicode 所取代，因為 Unicode 內含了所有 ASCII 的位碼，而且還包含其他超過 100,000 個位碼代表不同字元。

我們可以透過把字元傳入 ord() 函式來取得字元的位碼值，也可以把某個位碼序數值轉入 chr() 函式來進行相反的操作，該函式會返回對應的字元字串。舉例來說，請在互動式 shell 模式中輸入以下內容：

```
>>> ord('a')
97
>>> chr(97)
'a'
```

如果想要按照字母順序來排序，請把 str.lower 方法傳給 key 參數，這樣子對串列的排序處理，就像是呼叫 lower() 字串方法來處理是一樣：

```
>>> letters = ['z', 'A', 'a', 'Z']
>>> letters.sort(key=str.lower)
>>> letters
['A', 'a', 'z', 'Z']
```

請注意，串列中的實際字串並沒有轉換為小寫，只是按它們的原樣進行排序。
Ned Batchelder 在他的演講「Pragmatic Unicode, or, How Do I Stop the Pain?」中
提供了有關 Unicode 和位碼的更多資訊。請連到 https://nedbatchelder.com/text/
unipain.html 查閱。

順便一提，Python 的 sort() 方法使用的排序演算法是 Timsort，該演算法是由
Python 核心開發人員和「Python 之禪」作者 Tim Peters 所設計的。它是合併排
序和插入排序算法的混合體，相關資訊可連到 https://en.wikipedia.org/wiki/
Timsort 查閱。

不要假設浮點數是完全精確的

電腦只能儲存二進位數字系統的數字，分別是 1 和 0。要表示我們熟悉的十進
位數字，我們需要把 3.14 之類的數字轉換為一系列二進位的 1 和 0。電腦是根
據電氣和電子工程師協會（IEEE，發音為 "eyetriple-ee"）發布的 IEEE 754 標
準來進行此項操作。為簡單起見，這些細節對程式設計師是隱蔽的，我們可以
鍵入帶小數點的數字，不用管十進位到二進位的轉換過程：

```
>>> 0.3
0.3
```

雖然具體情況的詳細資訊不在本書的討論範圍之內，但 IEEE 754 標準的浮點
數表示法並不一定與十進位數完全相符。以一個眾所周知的範例 0.1 來說明：

```
>>> 0.1 + 0.1 + 0.1
0.30000000000000004
>>> 0.3 == (0.1 + 0.1 + 0.1)
False
```

這有點奇怪和不正確的加總結果是因為電腦在表示和處理浮點數有所不同而導
致的捨入產生誤差。這不算是 Python 的缺陷，IEEE 754 標準是直接在 CPU 浮
點電路中實作的硬體標準。在使用 IEEE 754 的 CPU（實際上是世界上每個

CPU 都是用這個標準）上執行的 C++、JavaScript 和所有其他語言中，我們都會得到相同的結果。

IEEE 754 標準不能表示大於 2^{53} 的整數值（因為太過技術細節而超出了本書討論的範圍，這裡不解釋原因）。舉例來說，浮點值 2^{53} 和 $2^{53} + 1$，都捨入為 9007199254740992.0：

```
>>> float(2**53) == float(2**53) + 1
True
```

只要是使用浮點資料型別，就沒有解決這些捨入錯誤的方法。不過您也不必擔心，除非您是為銀行、核反應堆或銀行的核反應堆來設計編寫軟體，否則捨入誤差真的很小，對於您的程式而言可能並不是什麼重要問題。一般來說，我們可以使用較小面額的整數來解析：例如，133 美分而不用 1.33 美元，或者 200 毫秒而不是 0.2 秒。這樣，「10 + 10 + 10」加總為 30 美分或毫秒，而不是「0.1 + 0.1 + 0.1」加總為 0.30000000000000004 美元或秒。

不過，如果您需要更精確的精度（例如用於科學或財務運算），請使用 Python 內建的 decimal 模組，關於該模組的詳細資訊可連到 https://docs.python.org/3/library/decimal.html 查閱。雖然 Decimal 物件執行速度比較慢，但它們的精確度可以取代浮點值。舉例來說，decimal.Decimal('0.1') 建立了一個物件，該物件代表的是精確的數字 0.1，而不是具有不精確性的浮點值 0.1。

把浮點值 0.1 傳入 decimal.Decimal() 所建立的 Decimal 物件與原本的浮點值一樣具有不精確性，這就是為什麼 Decimal 物件不完全是 Decimal('0.1') 的原因。正確的作法是把浮點值的「字串」傳入 decimal.Decimal()，以下面的範例來說明，請在互動式 shell 模式中輸入以下內容來體會：

```
>>> import decimal
>>> d = decimal.Decimal(0.1)
>>> d
Decimal('0.1000000000000000055511151231257827021181583404541015625')
>>> d = decimal.Decimal('0.1')
>>> d
Decimal('0.1')
>>> d + d + d
Decimal('0.3')
```

整數不會有捨入錯誤，因此把整數傳入 decimal.Decimal() 沒什麼問題。請在互
動式 shell 模式中輸入以下內容：

```
>>> 10 + d
Decimal('10.1')
>>> d * 3
Decimal('0.3')
>>> 1 - d
Decimal('0.9')
>>> d + 0.1
Traceback (most recent call last):
  File "<stdin>", line 1, in <module>
TypeError: unsupported operand type(s) for +: 'decimal.Decimal' and 'float'
```

但是 Decimal 物件並沒有無限的精度，它們只是有可預測的、公認的精度水
準。舉例來說，思考以下的操作：

```
>>> import decimal
>>> d = decimal.Decimal(1) / 3
>>> d
Decimal('0.3333333333333333333333333333')
>>> d * 3
Decimal('0.9999999999999999999999999999')
>>> (d * 3) == 1   # d is not exactly 1/3
False
```

表示式「decimal.Decimal(1) / 3」計算得出的值不完全是真的三分之一。 但在
預設情況下，其精確度到 28 位有效數字。我們可以透過存取 decimal.get
context().prec 屬性來找出 decimal 模組所使用的有效數字精度（從技術上來講，
prec 是 getcontext() 所返回 Context 物件的屬性，但放在同一行的表示方式很方
便）。我們可以更改此屬性來建立新的精度，以後所有 Decimal 物件都會使用這
種新的精度。下面是在互動式 shell 模式中把精度從原本預設的 28 個有效數字
降低到只有 2 個有效數字：

```
>>> import decimal
>>> decimal.getcontext().prec
28
>>> decimal.getcontext().prec = 2
>>> decimal.Decimal(1) / 3
Decimal('0.33')
```

decimal 模組可以讓我們更好地控制數字之間的互動處理。decimal 模組完整的
文件說明可連到 https://docs.python.org/3/library/decimal.html 查閱。

不要鏈接 != 運算子

鏈接比較運算子,例如「18 < age <35」,或是鏈接指定值運算子,例如「six = halfDozen = 6」,這是「(18 < age) and (age < 35)」和「six = 6; halfDozen = 6」的便捷快寫方式。

但不要串鏈連接 != 比較運算子,您可能會認為下列程式碼會檢查三個變數的值是否彼此不同,因為下列表示式的運算求值結果為 True:

```
>>> a = 'cat'
>>> b = 'dog'
>>> c = 'moose'
>>> a != b != c
True
```

但這樣的鏈接實際上等於「(a != b) and (b != c)」。這表示 a 若和 c 相同,「a != b != c」表示式運算求值結果仍為 True:

```
>>> a = 'cat'
>>> b = 'dog'
>>> c = 'cat'
>>> a != b != c
True
```

這種錯誤很細微不易察覺,程式碼也容易讓人誤解,因此最好避免把多個 != 運算子鏈接起來的一起運算求值。

多元組中只有一個項目也不要忘記加逗號

在程式碼中編寫多元組的值時,請記住,就算多元組中僅有一個項目,您仍然需要在項目後加上逗號。「(42,)」是指含有整數 42 的多元組,但「(42)」值卻只是整數值 42。「(42)」中的括號就像表示式「(20 + 1) * 2」中所使用的括號,本身運算求值結果為整數值 42。若忘記加逗號可能會導致以下結果:

```
    >>> spam = ('cat', 'dog', 'moose')
    >>> spam[0]
    'cat'
    >>> spam = ('cat')
❶   >>> spam[0]
    'c'
```

```
❷  >>> spam = ('cat', )
    >>> spam[0]
    'cat'
```

若沒有加逗號，('cat') 被運算求值為字串值，所以 spam[0] 求值為字串中的第 1 個字元 'c' ❶。若想要讓括號的值識別為多元組值，則必須使用逗號當結尾 ❷。在 Python 中，逗號比括號更容易被認定為多元組。

總結

溝通不良的誤解會在所有語言中會發生，那在程式語言中也一樣會發生。Python 有一些誤解和陷阱會造成不易察覺的麻煩。就算很少出現，也最好對這些誤解和陷阱有所了解，好讓您可以快速識別，並對可能引起的問題進行除錯和修正。

雖然可以在串列中進行迭代操作，但在迭代時對該串列新增或刪除項目會埋下潛在的錯誤。遍訪串列的複製出來的副本，然後對原本的串列進行更改會比較安全。當您要複製串列（或任何其他可變物件）時，請記住，指定值陳述句僅複製對物件的參照，而不是複製實際物件本身。若想要複製物件本身，請使用 copy.deepcopy() 函式來複製物件（及其參照的所有物件）。

請不要在 def 陳述句中使用可變物件當作預設引數，因為預設引數物件會在 def 陳述句執行時建立，而不是每次在呼叫函式時建立的。最好是把預設引數設為 None，然後加入檢查是否為 None 的程式，在呼叫該函式時才建立可變物件。

有個微妙不易察覺的陷阱是使用 + 運算子以字串連接把幾個較小的字串連接起來的作法。如果字串連接只是少量迭代處理，這種用法沒什麼大問題，不過在後端的 Python 每次迭代處理中，都會不斷建立和銷毀字串物件。更好的作法是把較小的字串新增到一個串列中，最後對串列呼叫 join() 建立連接的字串。

sort() 方法是以數值位碼（內碼值）為依據來排序的，而不是依據字母順序來排序：大寫的 Z 會排放在小寫 a 之前。若想要修正這個問題，可以呼叫 sort(key=str.lower)。

浮點數會有一些捨入的誤差，這是用浮點數來表示數字的副作用。對於大多數
程式而言，這不太嚴重。但如果您的程式對數字要求精確，則可以使用 Python
的 decimal 模組來處理。

請不要鏈接 != 運算子，因為像「'cat' != 'dog' != 'cat'」這樣的表示式運算求值
結果會是 True。

雖然本章介紹了我們最可能遇到的 Python 誤解和陷阱，但是在大多數實際的程
式碼中，並不會每天都遇得到。Python 在減少程式中可能出現的驚異方面是做
得很好的。在下一章中，我們將介紹一些更罕見、非常特異的陷阱。如果不認
真去搜尋，幾乎不可能遇到這些 Python 特異的情況，但是探討這些情況存在的
原因是很有趣的事情。

第 9 章
少為人知的 Python 奇異之處

定義一種程式語言的規則系統是很複雜的,而且可能出現雖然沒有錯,但會很奇怪且出乎意料的程式碼。本章將深入探討 Python 語言中某些含糊古怪的奇異之處。您不太可能在實際的程式碼中遇到這些情況,但這些 Python 語法的運用還滿有趣的(或許您覺得這些是語法的濫用,但具體取決於您的用什麼樣的觀點來看這樣的運用)。

透過研究本章中的範例,您就能更好地了解 Python 的運作原理。讓我們放開心情,一起探索這些少為人知的誤解和陷阱。

為什麼 256 是 256，而 257 不是 257？

== 運算子用來比對兩個物件的值是否相等，但 is 運算子則是比對兩個物件的識別碼是否相等。雖然整數值 42 和浮點值 42.0 是相同的值，但它們是保存在電腦記憶體中不同位置的兩個不同的物件。我們可以利用 id() 函式檢查它們不同的 ID 來確認這一點：

```
>>> a = 42
>>> b = 42.0
>>> a == b
True
>>> a is b
False
>>> id(a), id(b)
(140718571382896, 2526629638888)
```

當 Python 建立一個新的整數物件並將其儲存在記憶體中時，該物件的建立只需很少的時間。CPython（可從 https://python.org 下載的 Python 直譯器）作了小小的優化，在每個程式的開頭建立從 -5 到 256 的整數物件，這些整數稱為預分配整數，CPython 會自動建立這些整數物件，因為很常用到：程式中用到整數 0 或 2 會比用到 1729 這個質數多。在記憶體中建立新的整數物件時，CPython 會先檢查該整數是否在 -5 到 256 之間，如果有，則 CPython 會透過簡單地返回現有的整數物件而不是建立一個新的整數物件來節省處理時間。這種作法還透過不儲存重複的小整數來節省記憶體空間，如圖 9-1 所示。

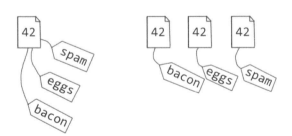

圖 9-1　Python 利用對某個整數物件的多個參照（左圖），而不是每個參照建立重複整數物件（右圖）來節省記憶體空間。

由於這種優化處理，某些人為的情況可能會產生奇異的結果。請在互動式 shell 模式中輸入以下內容來觀察這個實例：

```
    >>> a = 256
    >>> b = 256
❶  >>> a is b
    True
    >>> c = 257
    >>> d = 257
❷  >>> c is d
    False
```

所有 256 物件實際上都是同樣的物件，因此 a 和 b 以 is 運算子來比對返回的是
True。但是 Python 會為 c 和 d 分別建立兩個 257 物件，這就是為什麼 is 運算子
會返回 False 的原因。

表示式「257 is 257」，其求值結果為 True，這是 CPython 在同一條陳述句中重
複使用了相同識別碼的整數物件：

```
>>> 257 is 257
True
```

當然，現實世界中的程式通常是使用整數值，而不使用它的識別碼來進行處
理。他們絕不會使用 is 運算子來比較整數、浮點數、字串、布林值或其他簡單
資料型別的值。當您使用「is None」而不是「== None」時，很可能會發生例
外，如同本書第 6 章「使用 is 來比較是否為 None 而不用 == 來處理」小節中
所述的例外情況，否則，您很少會遇到此問題。

字串駐留

同樣的道理，Python 會重複使用程式碼中表示相同字串字面值的物件，而不會
為相同的字串製作單獨的物件。想要實際看個範例的話，請在互動式 shell 模
式中輸入以下內容：

```
>>> spam = 'cat'
>>> eggs = 'cat'
>>> spam is eggs
True
>>> id(spam), id(eggs)
(1285806577904, 1285806577904)
```

Python 注意到指定給 eggs 的 'cat' 字串字面值與指定給 spam 的 'cat' 字串字面
值是相同的，因此，它沒有建立第二個多餘字串物件，而是指定一個參照給

eggs，這個參照與 spam 指到的字串物件是相同的。這樣就解釋了為什麼它們的字串物件會有相同的 ID 識別碼。

這種優化處理稱為**字串駐留（string interning）**，就像預分配的整數一樣，這種作法是 CPython 實作的細節。設計編寫程式時千萬不依賴這種作法。另外，此優化處理並不會捉到所有可能的相同字串，要確定可使用這種優化的實例通常要花費很多時間，可能比優化所節省下的時間還多。舉例來說，試著在互動式 shell 模式中以 'c' 和 'at' 連接建立 'cat' 字串，您會注意到，CPython 把最後的 'cat' 字串建立為新的字串物件，而不是重複使用前面 spam 所建立的 'cat' 字串物件：

```
>>> bacon = 'c'
>>> bacon += 'at'
>>> spam is bacon
False
>>> id(spam), id(bacon)
(1285806577904, 1285808207384)
```

字串駐留是直譯器和編譯器在許多不同程式語言中所使用的優化技術。請連到 https://en.wikipedia.org/wiki/String_interning 網查閱更多詳細資訊。

Python 假的遞增和遞減運算子

在 Python 中，可以使用增強型指定值運算子對變數的值增加 1 或減少 1。程式碼「spam += 1」和「spam -= 1」分別會讓 spam 中的數值增加和減少 1。

其他如 C++ 和 JavaScript 程式語言也有 ++ 和 -- 運算子，可用於遞增和遞減的處理（就像 C++ 這個名稱本身就反映了這一點，半開玩笑的說就是指 C 語言的增強版啦）。C++ 和 JavaScript 中的程式碼可能具有 ++spam 或 spam++ 之類的用法。Python 明智地不使用這些運算子，因為很容易產生不易察覺的細微錯誤（如 https://softwareengineering.stackexchange.com/q/59880 所述）。

但以下的 Python 程式碼卻是完全合法的：

```
>>> spam = 42
>>> spam = --spam
>>> spam
42
```

您應該注意的第一個細節是 Python 中的 ++ 和 --「運算子」實際上並沒有遞增或遞減 spam 中的值。相反地，前置的 - 號算是 Python 的一元負運算子。它允許我們編寫如下的程式碼：

```
>>> spam = 42
>>> -spam
-42
```

在值前面多加個一元負運算子是合法的。正的整數值用了兩個負運算子就會是負負得正，所以運算求值結果就是它原本的值：

```
>>> spam = 42
>>> -(-spam)
42
```

這是一項很蠢的操作，您可能永遠不會在實際的程式碼中看到一元負運算子會這樣用兩次（但如果出現這樣的用法，可能是因為程式設計師誤用了另一種程式語言的語法，因而寫了錯誤的 Python 程式！）

還有個 + 一元運算子，它會對整數值運算，使其與原本的值有相同的符號，也就是說，它不會執行任何操作：

```
>>> spam = 42
>>> +spam
42
>>> spam = -42
>>> +spam
-42
```

寫出 +42（或 ++42）似乎和寫出 --42 一樣傻，但 Python 為什麼還提供這種一元運算子呢？如果您需要為自己的類別多載這些運算子，那它就是對 - 運算子的補充（這裡可能有您不熟悉的術語，在第 17 章會介紹關於運算子多載的更多資訊）。

在 Python 中，+ 和 - 一元運算子僅放值之前是合法的，而放在值之後則是不合法的。雖然 spam++ 和 spam-- 在 C++ 或 JavaScript 中可能是合法的程式碼，但在 Python 中會產生語法錯誤：

```
>>> spam++
  File "<stdin>", line 1
    spam++
```

```
                        ^
SyntaxError: invalid syntax
```

Python 並沒有遞增和遞減運算子的用法。只有在寫了奇怪的語法才會讓程式看起來像是遞增或遞減運算子。

all() 函式傳入空的資料

內建函式 all() 接受序列值（例如串列），如果該序列中的所有值都是「真值」，則返回 True。如果有一個或多個值是「假值」，則返回 False。「all([False, True, True])」函式呼叫等同於表示式「False and True and True」。

您可以將 all() 與串列推導式結合使用，先以另一個串列為基礎建立布林值串列，然後對其集合值進行運算求值。舉例來說，在互動式 shell 模式中輸入以下內容：

```
>>> spam = [67, 39, 20, 55, 13, 45, 44]
>>> [i > 42 for i in spam]
[True, False, False, True, False, True, True]
>>> all([i > 42 for i in spam])
False
>>> eggs = [43, 44, 45, 46]
>>> all([i > 42 for i in eggs])
True
```

如果 spam 或 eggs 中的所有數字均大於 42，則 all() 會返回 True。

但是，如果把空序列傳入 all()，它始終會返回 True。請在互動式 shell 模式中輸入以下內容：

```
>>> all([])
True
```

最好把 all([]) 看成是「此串列中的所有項目都不為假值」，而不是「此串列中的所有項目均為真值」。不然有可能會得到一些奇怪的結果。例如，在互動式 shell 模式中輸入以下內容：

```
>>> spam = []
>>> all([i > 42 for i in spam])
True
```

```
>>> all([i < 42 for i in spam])
True
>>> all([i == 42 for i in spam])
True
```

這段程式碼似乎表明，spam（空串列）中的所有值不僅都大於 42，小於 42 而且正好等於 42，從邏輯上來說這似乎是不可能的。但請記住，這三個串列推導式都是對空串列進行運算求值，由於空串列中沒有假值，所以 all() 函式返回 True。

布林值是整數值

正如 Python 認為浮點值 42.0 等於整數值 42 一樣，它也認為布林值 True 和 False 分別等於 1 和 0。在 Python 中，布林資料型別是 int 資料型別的子類別（第 16 章會介紹類別和子類別）。我們可以使用 int() 把布林值轉換為整數：

```
>>> int(False)
0
>>> int(True)
1
>>> True == 1
True
>>> False == 0
True
```

您還可以利用 isinstance() 確認布林值是真的被視為整數型別：

```
>>> isinstance(True, bool)
True
>>> isinstance(True, int)
True
```

True 值是 bool 資料型別，但是由於 bool 是 int 的子類別，因此 True 也是 int。這表示我們可以在使用整數的任何位置使用 True 和 False。因此有可能產生一些奇怪的程式碼：

```
>>> True + False + True + True   # Same as 1 + 0 + 1 + 1
3
>>> -True              # Same as -1.
-1
>>> 42 * True          # Same as 42 * 1 mathematical multiplication.
42
```

```
>>> 'hello' * False  # Same as 'hello' * 0 string replication.
' '
>>> 'hello'[False]   # Same as 'hello'[0]
'h'
>>> 'hello'[True]    # Same as 'hello'[1]
'e'
>>> 'hello'[-True]   # Same as 'hello'[-1]
'o'
```

當然，只因為可以把布林值當作數字來用這個理由不代表我們應該要這樣做。前面範例的程式都難懂不易閱讀，請勿在實際程式碼中使用。一開始時 Python 並沒有 bool 資料型別，直到 Python 2.3 版才加入布林值，這時是讓 bool 成為 int 的子類別，這樣可以簡化實作。您可以連到 https://www.python.org/dev/peps/pep-0285/ 網站，在 PEP 285 中閱讀關於 bool 資料型別的歷史記錄。

順便說一下，True 和 False 在 Python 3 版才是關鍵字，這表示在 Python 2 版本時，程式可以用 True 和 False 作為變數名稱，這樣會產生矛盾奇怪的程式碼，如下所示：

```
Python 2.7.14 (v2.7.14:84471935ed, Sep 16 2017, 20:25:58) [MSC v.1500 64 bit
(AMD64)] on win32
Type "help", "copyright", "credits" or "license" for more information.
>>> True is False
False
>>> True = False
>>> True is False
True
```

幸運的是，這種令人困惑的程式碼在 Python 3 版中不可能存在，如果您嘗試使用關鍵字 True 或 False 當作變數名稱，執行時會引發語法錯誤。

鏈接多種運算子

在同一個表示式中鏈接多種不同的運算子可能會引發例外錯誤。舉例來說，下列範例（不切實的例子）在單個表示式中使用了 == 和 in 運算子：

```
>>> False == False in [False]
True
```

執行結果為 True 真的很令人驚訝，因為您希望它的運算求值結果是：

■ (False == False) in [False] 是 False。

■ False == (False in [False]) 也是 False。

但「False == False in [False]」並不等於上述表示式，它應該等於「(False == False) and (False in [False])」，就像「42 < spam < 99」等於「(42 < spam) and (spam < 99)」一樣。這個表示式運算求值的圖解過程如下：

```
(False == False) and (False in [False])
                    ↓
     (True) and (False in [False])
                    ↓
          (True) and (True)
                    ↓
                  True
```

「False == False in [False]」像是個有趣的 Python 謎語，但不太可能出現在現實的程式碼中。

Python 的 Antigravity 彩蛋

若想要使用 Python 的 Antigravity 功能，請在互動式 shell 模式中輸入如下內容：

```
>>> import antigravity
```

執行這行指令是個有趣的彩蛋，會開啟 Web 瀏覽器連到 https://xkcd.com/353/ 網站，顯示關於 Python 的經典 XKCD 漫畫。Python 會打開 Web 瀏覽器這點可能會讓您感到驚訝，但這只是 webbrowser 模組所提供的內建功能。Python 的 webbrowser 模組有 open() 函式，此函式能找到作業系統預設的 Web 瀏覽器，並打開指向特定 URL 的瀏覽器視窗。請在互動式 shell 模式中輸入以下內容：

```
>>> import webbrowser
>>> webbrowser.open('https://xkcd.com/353/')
```

雖然 webbrowser 模組的功能有限，但是能夠把使用者引導到 Internet 來查閱更多資訊，這個功能還是很有用的。

總結

我們很容易忘掉其實電腦和程式語言也是由人來設計的，因此也會有其限制和缺陷。有很多的軟體都是以程式設計師和硬體工程師的創造為基礎，站在巨人的肩膀上來進行更多創造。他們很努力地確保，假如程式中有錯誤，那是因為程式有問題，而不是直譯器軟體或執行該程式的 CPU 硬體有問題。我們大都理所當然地把這些工具看作是正確無誤的。

但這就是為什麼學習電腦和軟體的奇異之處和其價值所在的原因。當您的程式碼引發錯誤或當掉（甚至行為異常讓您覺得「很奇怪」）時，您需要了解常見的誤解和陷阱才能對這些問題進行除錯。

您幾乎是不會遇到本章所提到的這些議題，但是了解這些細節能使您的 Python 程式設計經驗更上層樓。

第 10 章

寫出有效率的函式

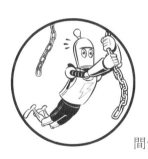

函式（function）就像是程式中的小型程式，能讓我們把程式碼分割成較小的單元。把重複使用的程式寫成函式能讓我們不必重複編寫程式碼，減少可能引入的錯誤。但是編寫有效率的函式需要在取名、規模大小、參數和複雜性之間做出許多決定和取捨。

本章探討了不同的編寫函式方式和折衷取捨的利弊得失。我們會探究怎麼在函式規格大小之間進行權衡、使用多少參數數量會怎麼影響函式的複雜性，以及如何使用 * 和 ** 運算子來設計具有可變數量引數的函式。此外還會探討函式語言程式設計（functional programming）的典範以及根據該典範來編寫函式的好處。

函式名稱

函式名稱在取名時應該要遵循與在使用識別子時相同的慣例約定，如第 4 章所述。但是名稱通常會包含動詞，因為函式通常是用來執行某些操作。您可能還會放入名詞來描述該函式所作用的事物。例如，名稱 refreshConnection()、setPassword() 和 extract_version() 闡明了函式的作用和處理什麼內容。

對於類別或模組中的方法，我們在取名時可能就不需要用到名詞。像 Satellite Connection 類別中的 reset() 方法或 webbrowser 模組中的 open() 函式本身在呼叫時的前後文脈已有了必要的訊息。在使用這些類別和方法時會了解到衛星連接（satellite connection）是在重設（reset），而 Web 瀏覽器是在進行開啟（open）的處理。

最好使用具有較長描述性的名稱，而不要用首字母縮寫或過短的名稱。數學家可能會立即理解名為 gcd() 的函式會返回兩個數字的最大公約數，但是其他大多數的人在看到 getGreatestCommonDenominator() 這個函式名稱時會更了解其用途。

取名字時請記住不要使用到 Python 內建的函式或模組名稱，例如 all、any、date、email、file、format、hash、id、input、list、min、max、object、open、random、set、str、sum、test 和 type。

函式規模大小的取捨

有些程式設計師說，函式應盡可能短小且不要超過單個螢幕的長度規模。與幾百行的函式相比，只有十幾行的函式當然相對容易理解。不過以這種把程式分割成多個較小的函式，再來呼叫使用也是有其缺點。首先讓我們看一下小型函式的一些優點：

- 函式的程式碼較容易理解。

- 函式可能需要較少的參數。

- 函式的副作用很少，會在本章後面的「函式語言程式設計」小節中說明。

- 函式更易於測試和除錯。

- 函式引發的例外類型較少。

但小型函式也有其缺點：

- 編寫小型函式一般也代表程式中需要用到較大量的函式。

- 函式愈多代表程式愈複雜。

- 有更多的函式就必須取更多具有描述性、精準的名稱，這可是一項很艱鉅的任務。

- 使用更多函式需要編寫更多說明文件。

- 函式之間的關係會變得更加複雜。

有些人把「越短越好」這個指導方針放大到了極致，並聲稱函式最多應該只有三到四行程式碼。這太瘋狂了！舉例來說，以下是第 14 章的河內塔遊戲中的 getPlayerMove() 函式，先不了解這裡程式碼運作的細節，只需查看函式的一般結構即可：

```python
def getPlayerMove(towers):
    """Asks the player for a move. Returns (fromTower, toTower)."""
    while True:  # Keep asking player until they enter a valid move.
        print('Enter the letters of "from" and "to" towers, or QUIT.')
        print("(e.g. AB to moves a disk from tower A to tower B.)")
        print()
        response = input("> ").upper().strip()

        if response == "QUIT":
            print("Thanks for playing!")
            sys.exit()

        # Make sure the user entered valid tower letters:
        if response not in ("AB", "AC", "BA", "BC", "CA", "CB"):
            print("Enter one of AB, AC, BA, BC, CA, or CB.")
            continue  # Ask player again for their move.

        # Use more descriptive variable names:
        fromTower, toTower = response[0], response[1]

        if len(towers[fromTower]) == 0:
            # The "from" tower cannot be an empty tower:
            print("You selected a tower with no disks.")
            continue  # Ask player again for their move.
        elif len(towers[toTower]) == 0:
            # Any disk can be moved onto an empty "to" tower:
            return fromTower, toTower
```

```
        elif towers[toTower][-1] < towers[fromTower][-1]:
            print("Can't put larger disks on top of smaller ones.")
            continue  # Ask player again for their move.
        else:
            # This is a valid move, so return the selected towers:
            return fromTower, toTower
```

這個函式長度共有 34 行，雖然它涵蓋了多項工作，包括允許玩家輸入一個動作、檢查該動作是否有效以及要求玩家再次輸入一個動作（如果該動作無效），但是這些工作都屬於取得玩家移動的相關處理。另一方面，如果我們依上述愈短愈好的原則來專門設計短函式，則可以將 getPlayerMove() 中的程式碼分解為更小的函式，如下所示：

```
def getPlayerMove(towers):
    """Asks the player for a move. Returns (fromTower, toTower)."""
    while True:  # Keep asking player until they enter a valid move.
        response = askForPlayerMove()
        terminateIfResponseIsQuit(response)
        if not isValidTowerLetters(response):
            continue  # Ask player again for their move.

        # Use more descriptive variable names:
        fromTower, toTower = response[0], response[1]

        if towerWithNoDisksSelected(towers, fromTower):
            continue  # Ask player again for their move.
        elif len(towers[toTower]) == 0:
            # Any disk can be moved onto an empty "to" tower:
            return fromTower, toTower
        elif largerDiskIsOnSmallerDisk(towers, fromTower, toTower):
            continue  # Ask player again for their move.
        else:
            # This is a valid move, so return the selected towers:
            return fromTower, toTower

def askForPlayerMove():
    """Prompt the player, and return which towers they select."""
    print('Enter the letters of "from" and "to" towers, or QUIT.')
    print("(e.g. AB to moves a disk from tower A to tower B.)")
    print()
    return input("> ").upper().strip()

def terminateIfResponseIsQuit(response):
    """Terminate the program if response is 'QUIT'"""
    if response == "QUIT":
        print("Thanks for playing!")
        sys.exit()

def isValidTowerLetters(towerLetters):
    """Return True if `towerLetters` is valid."""
    if towerLetters not in ("AB", "AC", "BA", "BC", "CA", "CB"):
```

```
        print("Enter one of AB, AC, BA, BC, CA, or CB.")
        return False
    return True

def towerWithNoDisksSelected(towers, selectedTower):
    """Return True if `selectedTower` has no disks."""
    if len(towers[selectedTower]) == 0:
        print("You selected a tower with no disks.")
        return True
    return False

def largerDiskIsOnSmallerDisk(towers, fromTower, toTower):
    """Return True if a larger disk would move on a smaller disk."""
    if towers[toTower][-1] < towers[fromTower][-1]:
        print("Can't put larger disks on top of smaller ones.")
        return True
    return False
```

分解出來的這六個函式的長度為 56 行，幾乎是原本程式行數的兩倍，但它們執行的工作卻相同。分開的每個函式都比原本的 getPlayerMove() 函式更易理解，但它們的組合在一起卻增加了複雜性。閱讀這支程式的讀者可能很難理解它們是怎麼組合起來一起運作的。程式其他部分唯一呼叫是 getPlayerMove() 函式，而其他五個函式僅從 getPlayerMove() 呼叫一次，但這一大堆函式卻無法傳達這一事實。

對於分解出來的每個新函式，我們還得提出新的名稱和文件字串（def 陳述句下用三引號括起來的字串，會在第 11 章作進一步介紹）。新取的名字很容易產生令人困惑的相似名稱，例如 getPlayerMove() 和 askForPlayerMove()。另外，getPlayerMove() 仍然需要長過三或四行的程式碼，因此，如果還要遵循「越短越好」的準則，則需要再拆分為更小的函式！

在這種範例中，若只一味要求函式愈短愈好的策略可能會導致函式變簡單了，但程式的整體卻變得更加複雜。以筆者的經驗來看，在理想情況下函式最好是少於 30 行，若超過的話最好不要超過 200 行。讓函式在合理情況下盡可能短少，但不要只是最為了短少而縮減。

函式的參數和引數

函式的參數是指函式在 def 陳述句的括號之間所用的變數名稱，而引數是函式呼叫時括號內的值。函式用的參數越多，其程式碼可配置性和泛化層度就越高，但用參數愈多也意味著複雜性愈大。

一般來說，用 0 到 3 個參數是最好的，若超過 5 個或 6 個則可能太多了。一旦函式變得太過複雜，最好思考怎麼拆分函式，讓函式帶有較少的參數。

預設引數

降低函式參數複雜度的一種方法是在設計參數時使用預設引數。如果函式呼叫時未指定值，則預設引數就當作引數的值。如果大多數的函式呼叫都使用某個特定的參數值，則可以將該值設為預設引數，這樣就不用在函式呼叫時重複輸入該值。

我們在 def 陳述句中指定一個預設引數、接著是參數名稱和等號。舉例來說，在下列的 introduction() 函式中，如果函式在呼叫時未指定值，則 greeting 參數的值預設是 'Hello'：

```
>>> def introduction(name, greeting='Hello'):
...     print(greeting + ', ' + name)
...
>>> introduction('Alice')
Hello, Alice
>>> introduction('Hiro', 'Ohiyo gozaimasu')
Ohiyo gozaimasu, Hiro
```

如果在沒有指定第二個參數的情況下呼叫 introduction() 函式，則預設情況下會使用字串 'Hello'。請留意，帶有預設引數的參數一定要放在非預設引數的參數後面。

回想第 8 章的內容有提到，我們應該避免使用可變物件當作預設引數，例如空串列 [] 或空字典 {} 等當作預設值。在第 8 章的「不要使用可變物件作為預設引數」小節介紹了這種用法所引起的問題及其解決方案。

使用 * 和 ** 把引數傳入函式

我們可以用 * 和 ** 語法（一般發音為 star 和 star star）把一組參數分別傳給函式。* 語法允許把可迭代物件（如串列或多元組）中的項目傳入函式。** 語法允許把對映物件（如字典）中的鍵－值對當作單獨的參數傳入函式。

舉例來說，print() 函式可以傳入多個引數，在預設的情況下，print() 函式在印出時會在它們之間置入一個空格，如下列程式碼所示：

```
>>> print('cat', 'dog', 'moose')
cat dog moose
```

這些引數稱為**位置引數（positional argument）**，因為它們在函式呼叫時的位置
決定了要指定給哪個參數。但如果把這些字串存放在串列中，並試著以串列傳
入，則 print() 函式會認為我們是要把串列當作單個值印出來：

```
>>> args = ['cat', 'dog', 'moose']
>>> print(args)
['cat', 'dog', 'moose']
```

把串列傳給 print() 會印出整個串列，包括中括號、引號和逗號等字元。

有個方法可以印出串列中某個項目，那就是配合項目的索引編號分別傳入函
式，把串列拆分為多個引數來處理，但這種方式會讓程式碼較難閱讀：

```
>>> # An example of less readable code:
>>> args = ['cat', 'dog', 'moose']
>>> print(args[0], args[1], args[2])
cat dog moose
```

有種更簡單的方法可以把這些項目傳給 print() 來處理。那就是用 * 語法把串
列（或任何其他可迭代資料型別）中的項目直譯為單獨的位置引數。把以下範
例輸入到互動式 shell 中體會一下語法的運用。

```
>>> args = ['cat', 'dog', 'moose']
>>> print(*args)
cat dog moose
```

 * 語法會把串列中的項目個別分開傳入函式，不管串列中有多少項目都如此
處理。

我們可以使用 ** 語法把對映資料型別（如字典）中的鍵值當作為單獨的**關鍵
字引數（keyword argument）**來傳入函式中。關鍵字引數是指前面有參數名稱
和等號的引數。舉例來說，print() 函式有個 sep 關鍵字引數，這個引數可以指
定顯示的引數之間要置入什麼字串。預設情況下是設成單個空格的字串 ''。我
們可以使用指定值陳述句或 ** 語法來對關鍵字引數指定不同的值。想要觀察
其運作方式，請在互動式 shell 模式中輸入以下內容：

```
>>> print('cat', 'dog', 'moose', sep='-')
cat-dog-moose
>>> kwargsForPrint = {'sep': '-'}
>>> print('cat', 'dog', 'moose', **kwargsForPrint)
cat-dog-moose
```

請注意，這些指令會產生相同的輸出結果。在此範例中，我們僅使用一行程式碼來設定 kwargsForPrint 字典。但對於更複雜的情況，則可能需要用更多程式來設定關鍵字引數的字典。** 語法允許我們建立配置設定的自訂字典，並把此字典傳入函式呼叫中。這種作法對於需要接受大量關鍵字引數的函式和方法尤為有用。

藉由在執行時期修改串列或字典，再配合使用 * 和 ** 語法就能讓函式呼叫時可以傳入數量會變動的引數。

使用 * 建立可變參數函式

我們還可以在 def 陳述句中使用 * 語法來建立**可變參數函式**（**variadic** 或 **varargs function**），以接收不同數量的位置引數。舉例來說，print() 就是個可變參數函式，因為我們可以對它傳入任意數量的字串：例如 print('Hello!') 或 print('My name is', name)。請留意，在上一節介紹的是在函式呼叫中使用 * 語法，而本小節則說明在函式定義中使用 * 語法。

讓我們看一個實例，建立一個 product() 函式，此函式可以接受任意數量的引數並將這些引數進行乘法運算：

```
>>> def product(*args):
...     result = 1
...     for num in args:
...         result *= num
...     return result
...
>>> product(3, 3)
9
>>> product(2, 1, 2, 3)
12
```

在函式內部，args 只是個內含所有位置引數的一般 Python 多元組。從技術上來看，該參數可自由命名，只要該名稱是以星號（*）開頭即可，但一般習慣上將都會命名為 args。

想知道何時使用 * 需要花點時間思考。畢竟，可變參數函式還有個替代方案是使用單個參數接受單個串列（或其他可迭代的資料可別），而該串列含有數量可變化的項目。以下是內建 sum() 函式的用法：

```
>>> sum([2, 1, 2, 3])
8
```

sum() 函式只能傳入單個可迭代的引數，如果傳入多個引數則會導致例外：

```
>>> sum(2, 1, 2, 3)
Traceback (most recent call last):
  File "<stdin>", line 1, in <module>
TypeError: sum() takes at most 2 arguments (4 given)
```

而此同時，內建的 min() 和 max() 函式其作用是找出多個值中的最小值或最大值，但這兩個函式可接受單個可迭代引數或多個單獨的引數：

```
>>> min([2, 1, 3, 5, 8])
1
>>> min(2, 1, 3, 5, 8)
1
>>> max([2, 1, 3, 5, 8])
8
>>> max(2, 1, 3, 5, 8)
8
```

上述這些函式採用了不同數量的引數接收方式，那麼為什麼它們的參數設計會有所不同呢？以及在設計函式時什麼時候應該使用單個可迭代引數，而什麼時機才使用 * 語法接受多個單獨的引數呢？

如何設計參數取決於預測程式設計師會怎麼使用我們的程式碼。print() 函式採用多個引數是因為程式設計師更常會傳入一系列字串或含有字串的變數，如 print('My name is', name) 這樣的用法。把這些字串分幾步收集到串列中然後再把串列傳給 print() 的方式並不常見。此外，如果我們直接把串列傳給 print()，則該函式會印出整個串列的全部，而不是印出串列的各個值。

沒有理由會使用多個單獨的引數來呼叫 sum()，因為 Python 已經有了 + 運算子可使用，可直接編寫 2 + 4 + 8 之類的程式碼，所以不必寫出諸如 sum(2, 4, 8) 之類的程式。所有使用像串列這種可變化數量的引數傳入 sum() 才是有意義的用法。

min() 和 max() 函式兩種方式都可以。如果程式設計師只傳入一個引數，則該函式會假定它是串列或多元組，並檢測其中的值。如果程式設計師傳入多個引數，則假定這些值就是要檢測處理的對象。這兩個函式通常在程式執行時期處理串列的值，例如 min(allExpenses) 這種函式呼叫。它們也會處理程式設計師在編寫程式碼時所用的單獨引數，例如 max(0, someNumber) 這種用法。因此，這些函式被設計成可接受兩種引數的傳入方式。以下的 myMinFunction() 是筆者對 min() 函式的實作，示範了這種設計方式：

```
def myMinFunction(*args):
    if len(args) == 1:
❶      values = args[0]
    else:
❷      values = args

    if len(values) == 0:
❸      raise ValueError('myMinFunction() args is an empty sequence')

❹  for i, value in enumerate(values):
        if i == 0 or value < smallestValue:
            smallestValue = value
    return smallestValue
```

myMinFunction() 使用 * 語法來接受不同數量的引數作為多元組。如果該多元組僅含有一個值，則假定要檢測的是一系列個別的值❶。如果不是只有一個值，則假設 args 是要檢測的是多元組中所有的值❷。無論哪種方式，values 變數都會含有一系列的值，供其餘程式碼進行檢測處理。與實際的 min() 函式類似，如果呼叫者未傳入任何引數或傳了空序列，則會引發 ValueError 錯誤❸。其餘程式碼會以迴圈遍訪所有的值，並返回找到的最小值❹。為了讓範例簡單好說明，myMinFunction() 僅接受串列或多元組之類的序列，而不會接受其他可迭代的值。

您可能想知道為什麼我們不都把函式都設計成可以接受兩種不同數量引數的方式呢。答案是讓函式盡可能的簡單才是正解。除非兩種呼叫函式的方式都很常用，否則請選一種。如果函式大都在程式執行時期處理資料結構的建立，則最好讓它接受單個參數。如果函式大都在程式設計師編寫程式碼時處理指定的引數，則最好使用 * 語法來接受不同數量的引數。

使用 ** 建立可變參數函式

可變參數函式也可以使用 ** 語法來建立。在 def 語句中的 * 語法是代表可變數量的位置引數，而 ** 語法則代表可變數量的可選擇性關鍵字引數。

如果您定義的函式在不使用 ** 語法的情況下要接受大量可選擇性關鍵字引數，則 def 陳述句可能會變得很長且笨拙。請思考一下，假設有個 formMolecule() 函式，該函式會有 118 個已知元素的參數：

```
>>> def formMolecule(hydrogen, helium, lithium, beryllium, boron, --省略--
```

傳 2 當作 hydrogen 參數，傳 1 當作 oxygen 參數然後返回 'water'，但這樣的寫法會變得很冗長且難理解的，因為要把所有其他不相關的元素都設為 0：

```
>>> formMolecule(2, 0, 0, 0, 0, 0, 0, 1, 0, 0, 0, 0, 0, 0, 0, 0, 0 --省略--
'water'
```

使用帶有預設引數的命名關鍵字參數，可以讓函式變得更易管理，讓我們不必在函式呼叫時一一為參數傳入引數。

> **NOTE**
>
> 雖然引數（argument）和參數（parameter）這兩個術語定義的很清楚，但是程式設計師覺得關鍵字引數（keyword argument）和關鍵字參數（keyword parameter）兩者是可以互換的。

舉例來說，這條 def 陳述句的每個關鍵字參數的預設引數均為 0：

```
>>> def formMolecule(hydrogen=0, helium=0, lithium=0, beryllium=0, --省略--
```

這樣在呼叫 formMolecule() 時更容易，因為我們只需為參數值不同於預設引數的參數指定引數，而且還可以不用照順序來指定關鍵字引數：

```
>>> formMolecule(hydrogen=2, oxygen=1)
'water'
>>> formMolecule(oxygen=1, hydrogen=2)
'water'
>>> formMolecule(carbon=8, hydrogen=10, nitrogen=4, oxygen=2)
'caffeine'
```

雖然還是可以使用 118 個參數名稱來定義 def 陳述句，但如果又發現了新的元素時又該怎麼辦呢？這時必須修改函式的 def 陳述句以及函式參數的所有說明文件。

相反地，我們可以使用關鍵字引數的 ** 語法把所有參數及其對映引數作成鍵－值對收集放入字典中。從技術上來說，** 參數可以取任意的名稱，但一般慣例會命名為 kwargs：

```
>>> def formMolecules(**kwargs):
...     if len(kwargs) == 2 and kwargs['hydrogen'] == 2 and
                              kwargs['oxygen'] == 1:
...         return 'water'
...     # (rest of code for the function goes here)
...
>>> formMolecules(hydrogen=2, oxygen=1)
'water'
```

** 語法表示 kwargs 參數可以處理在函式呼叫中傳入的所有關鍵字引數，它們會當作鍵－值對儲存在指定給 kwargs 參數的字典中。若發現了新的化學元素，只需要更新函式內的程式碼，而不是用修改 def 陳述句，因為所有關鍵字引數都放入了 kwargs 中：

```
❶ >>> def formMolecules(**kwargs):
❷ ...     if len(kwargs) == 1 and kwargs.get('unobtanium') == 12:
...         return 'aether'
...     # (rest of code for the function goes here)
...
>>> formMolecules(unobtanium=12)
'aether'
```

如您所見，def 陳述句❶與之前的相同，只有函式中的程式碼❷有更新。當您使用 ** 語法時，def 陳述句和函式呼叫變得更容易編寫，而且生成的程式碼可讀性更高。

使用 * 和 ** 建立包裝函式

def 陳述句中 * 和 ** 語法很常用來建立**包裝函式（wrapper function）**，該函式把引數傳給另一個函式並返回該函式的返回值。我們可以用 * 和 ** 語法把所有引數轉傳給包裝函式。舉例來說，我們可以建立一個 printLowercase() 函式，該函式包裝了內建的 print() 函式，此函式依靠 print() 來完成實際的工作，但會先把轉入的字串引數轉換成小寫英文字母：

```
❶  >>> def printLower(*args, **kwargs):
❷  ...     args = list(args)
   ...     for i, value in enumerate(args):
   ...         args[i] = str(value).lower()
❸  ...     return print(*args, **kwargs)
   ...
   >>> name = 'Albert'
   >>> printLower('Hello,', name)
   hello, albert
   >>> printLower('DOG', 'CAT', 'MOOSE', sep=', ')
   dog, cat, moose
```

printLower() 函式❶使用 * 語法在指定給 args 參數的多元組中接受不同數量的位置引數,而 ** 語法把所有關鍵字引數指定給 kwargs 參數中的字典。如果函式同時使用 *args 和 **kwargs,則 *args 參數的位置必須放在 **kwargs 參數之前。我們把它們傳給包覆的 print() 函式,但函式會先修改了一些引數內容,因此我們建立了 args 多元組的串列形式❷。

在把 args 中的字串更改為小寫之後,我們使用 * 和 ** 語法❸把 args 中的項目和 kwargs 中的鍵－值對當作個別分開的引數傳給 print()。print() 的返回值也當作 printLower() 的返回值。這些處理步驟有效率地包覆了 print() 函式。

函式語言程式設計

函式語言程式設計是一種程式設計典範(programming paradigm),強調編寫無須修改全域變數或任何外部狀態(例如硬碟裝置上的檔案、Internet 連接或資料庫)即可執行運算的函式。某些程式語言(如 Erlang、Lisp 和 Haskell)大量運用函式語言程式設計的概念。雖然沒有典範的束縛限制,但 Python 具有一些函式語言程式設計的功能。Python 程式可以使用的主要功能是無副作用的函式、高階函式和 lambda 函式。

副作用

副作用(Side effects)是指函式對程式部分的所有修改,這些修改是在函式本身程式碼和區域變數之外。為了示範和說明這一點,讓我們建立一個實作 Python 減法運算子的 subtract() 函式:

```
>>> def subtract(number1, number2):
...     return number1 - number2
...
>>> subtract(123, 987)
-864
```

這個 subtract() 函式沒有副作用。也就是說，它不會影響程式中不屬於其本身程式碼之外的所有內容。無法從程式或電腦的狀態中得知之前是否曾經呼叫過一次、兩次或一百萬次 subtract() 函式。函式可以修改其內部的區域變數，但是這些修改與程式的其餘部分保持隔離。

現在換一個 addToTotal() 函式來當例子，該函式會把傳入的數字引數加總到名為 TOTAL 的全域變數內：

```
>>> TOTAL = 0
>>> def addToTotal(amount):
...     global TOTAL
...     TOTAL += amount
...     return TOTAL
...
>>> addToTotal(10)
10
>>> addToTotal(10)
20
>>> addToTotal(9999)
10019
>>> TOTAL
10019
```

addToTotal() 函式有副作用，因為它修改了函式外部存在的元素：TOTAL 全域變數。副作用不僅限於修改全域變數，還包括更新或刪除檔案、在畫面上印出文字、開啟資料庫連接、對伺服器進行身份驗證或在函式之外進行任何其他的修改。函式呼叫返回後留下的任何痕跡都算是副作用。

副作用還包括對在函式外部參照的可變物件進行就地修改。例如，下列的 removeLastCatFromList() 函式就地修改了串列引數：

```
>>> def removeLastCatFromList(petSpecies):
...     if len(petSpecies) > 0 and petSpecies[-1] == 'cat':
...         petSpecies.pop()
...
>>> myPets = ['dog', 'cat', 'bird', 'cat']
>>> removeLastCatFromList(myPets)
>>> myPets
['dog', 'cat', 'bird']
```

在這個範例中，myPets 變數和 petSpecies 參數存放了對同一串列的參照。在函式內部對串列物件進行的任何就地修改也會影響到函式外部，所以這個修改也成為副作用。

有個相關的概念，**確定性函式**（**deterministic function**）是指在給定相同引數的情況下始終會返回相同的返回值。subtract(123, 987) 這個函式呼叫始終會返回 -864。Python 的內建 round() 函式在把 3.14 當作為引數傳入後始終會返回 3。當傳入相同的引數，**不確定函式**（**nondeterministic function**）並不一定會返回相同的值。例如，呼叫 random.randint(1, 10) 會返回 1 到 10 之間隨機的整數。time.time() 函式沒有參數，但是它會返回不同的值，具體取決於呼叫該函式時電腦時鐘的設定。在 time.time() 這個範例中，時鐘是一種外部資源，與參數一樣，它實際上是函式的輸入來源。有用到外部資源（包括全域變數、硬碟裝置上的檔案、資料庫和 Internet 連接）的函式都不是確定性的函式。

確定性函式的好處之一是可以快取存放它們的值。如果能記住第一次使用這些引數呼叫返回的值，則無須多次使用 subtract() 來計算 123 和 987 相減的結果。因此，確定性函式讓我們能夠對空間與時間進行取捨，藉由使用記憶體空間來快取先前的結果以加快函式的執行時期。

確定性且無副作用的函式稱為**純函式**（**pure function**）。函式語言程式設計師力圖在程式中只建出純函式。除了已經列出的那些好處外，純函式還具有以下優點：

■ 非常適合單元測試，因為純函式不需要設定任何外部資源。

■ 在純函式中使用相同的引數來呼叫可以很容易重現錯誤。

■ 純函式可以呼叫其他純函式並維持純函式的特質。

■ 在多執行緒程式中，純函式是執行緒安全且能安全地並行執行（多執行縮已超出了本書的範圍，這裡不多說明）。

■ 對純函式的多次呼叫可以在並行 CPU 核心中或在多執行緒程式中執行，因為不必依賴任何要求特定順序執行的外部資源。

在 Python 中應盡可能設計寫出純函式。Python 函式僅按慣例變「純」，並沒有什麼設定要求 Python 直譯器強制執行純函式。讓函式變純的最常見方法是避免在函式中使用全域變數，確定不會與檔案、網際網路、系統時鐘、隨機數或其他外部資源相互作用。

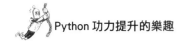

高階函式

高階函式（**Higher-order function**）可以接受其他函式當作引數，也可以把函式當作為返回值。舉例來說，我們定義了一個名為 callItTwice() 的函式，這個函式會呼叫傳入的函式兩次：

```
>>> def callItTwice(func, *args, **kwargs):
...     func(*args, **kwargs)
...     func(*args, **kwargs)
...
>>> callItTwice(print, 'Hello, world!')
Hello, world!
Hello, world!
```

callItTwice() 函式可以處理任何傳入的函式。在 Python 中，函式屬於第一類物件，這代表函式就像其他任何物件一樣：可以儲存在變數中、可當作為引數傳遞或當作返回值返回。

Lambda 函式

Lambda 函式也稱為**匿名函式**（**anonymous function**）或**無名函式**（**nameless function**），是沒有名稱的簡化函式，其程式碼僅含有一個 return 陳述句。把函式當作引數傳給其他函式時，我們經常使用 lambda 函式來處理。

舉例來說，我們可以建立一個普通函式來接受含有類似 4 x 10 矩形寬度和高度的串列，如下所示：

```
>>> def rectanglePerimeter(rect):
...     return (rect[0] * 2) + (rect[1] * 2)
...
>>> myRectangle = [4, 10]
>>> rectanglePerimeter(myRectangle)
28
```

如果用 Lambda 函式來處理，其程式碼如下：

```
lambda rect: (rect[0] * 2) + (rect[1] * 2)
```

要定義 Python 的 lambda 函式，請一定要用 lambda 這個關鍵字，然後使用逗號分隔的參數清單（如果有的話），冒號和用作返回值的表示式。由於函式是第一類物件，因此可以把 lambda 函式指定給變數，不再需要用 def 陳述句，讓程式碼更有效率：

```
>>> rectanglePerimeter = lambda rect: (rect[0] * 2) + (rect[1] * 2)
>>> rectanglePerimeter([4, 10])
28
```

我們把這個 lambda 函式指定給名為 rectanglePerimeter 的變數，實際上是製作出了一個 rectanglePerimeter() 函式。如您所見，以 lambda 陳述句建立的函式與 def 陳述句建立的函式相同。

> **NOTE**
>
> 在現實的程式碼中，請使用 def 陳述句，不要用 lambda 陳述句再指定到常數，lambda 函式是專門用於函式不需要名稱的情況。

lambda 函式語法有助於把某些小型函式當作引數讓其他函式呼叫。舉例來說，sorted() 函式有個名為 key 的關鍵字引數，可用來指定函式。指定該關鍵字引數後，sorted() 函式不是根據項目的值對串列中的項目進行排序，而是根據函式的返回值對項目進行排序。在以下範例中，我們傳給 sorted() 一個 lambda 函式，返回給定矩形的周長。這會讓 sorted() 函式會根據 [width, height] 串列計算出來的周長進行排序，而不是直接以 [width, height] 串列進行排序：

```
>>> rects = [[10, 2], [3, 6], [2, 4], [3, 9], [10, 7], [9, 9]]
>>> sorted(rects, key=lambda rect: (rect[0] * 2) + (rect[1] * 2))
[[2, 4], [3, 6], [10, 2], [3, 9], [10, 7], [9, 9]]
```

舉例來說，函式不是直接對 [10, 2] 或 [3, 6] 這樣的串列來進行排序，而是根據 lambda 函式返回的周長整數值 24 和 18 來進行排序。lambda 函式的運用是一種方便的快捷處理方式：我們可以直接指定小型單行的 lambda 函式，而不用再以 def 陳述句定義新的命名函式。

使用串列推導式進行對映和過濾

在早期的 Python 版本中，map() 和 filter() 函式是常見的高階函式，它們一般可以在 lambda 函式的協助下轉換和過濾串列。對映（mapping）可以另一個串

列的值為基礎來建立值的串列。過濾（filtering）是以另一個串列中符合某些條件的值為基礎來建立一個新的串列。

舉例來說，如果想要以 [8, 16, 18, 19, 12, 1, 6, 7] 來建立轉換為字串而不是整數值的新串列，則可以把該串列和「lambda n: str(n)」傳給 map() 函式來處理：

```
>>> mapObj = map(lambda n: str(n), [8, 16, 18, 19, 12, 1, 6, 7])
>>> list(mapObj)
['8', '16', '18', '19', '12', '1', '6', '7']
```

map() 函式返回一個 map 物件，我們可以把這個物件傳給 list() 函式來得到串列形式的呈現，這個對映串列就是以原本串列的整數值轉成字串值。filter() 函式的處理也很類似，但是在這裡，lambda 函式引數會決定串列中的哪些項目要保留（如果 lambda 函式返回 True）或被刪除（如果返回 False）。舉例來說，傳入「lambda n: n % 2 == 0」當條件來過濾掉串列中所有奇數的整數：

```
>>> filterObj = filter(lambda n: n % 2 == 0, [8, 16, 18, 19, 12, 1, 6, 7])
>>> list(filterObj)
[8, 16, 18, 12, 6]
```

但以 map() 和 filter() 函式在 Python 建立對映或過濾串列是過時的作法。現在應該用串列推導式來建立。串列推導式不必編寫 lambda 函式，也比 map() 和 filter() 更快。

在這裡用的範例是以串列推導式來取代 map() 函式：

```
>>> [str(n) for n in [8, 16, 18, 19, 12, 1, 6, 7]]
['8', '16', '18', '19', '12', '1', '6', '7']
```

您應該有留意到，串列推導式中的 str(n) 部分與「lambda n: str(n)」很相似。

接著的範例是使用串列推導式來取代 filter() 函式：

```
>>> [n for n in [8, 16, 18, 19, 12, 1, 6, 7] if n % 2 == 0]
[8, 16, 18, 12, 6]
```

您應該有留意到，串列推導式中的「if n % 2 == 0」部分與「lambda n: n % 2 == 0」很相似。

許多程式語言都有把函式當作第一類物件的用法，因此允許高階函式的存在，
包括對映和過濾函式。

返回值應該都要有相同的資料型別

Python 是一種動態型別的程式語言，這表示 Python 的函式和方法可以自由返回
任何資料型別的值。不過，為了讓函式更具可預測性，我們應該努力讓函式僅
返回單一資料型別的值。

舉例來說，下列這個函式會根據隨機數返回整數值或字串值：

```
>>> import random
>>> def returnsTwoTypes():
...     if random.randint(1, 2) == 1:
...         return 42
...     else:
...         return 'forty two'
```

在編寫呼叫此函式的程式碼時，很容易忘記必須處理兩種可能的資料型別。繼
續這個範例，假設我們呼叫 returnTwoTypes()，希望把它返回的數字轉換為十
六進位：

```
>>> hexNum = hex(returnsTwoTypes())
>>> hexNum
'0x2a'
```

Python 內建的 hex() 函式會返回一個字串，該字串是傳入整數值的十六進位
數。在 returnTwoTypes() 返回的是整數值時，這段程式碼就可以正常運作，讓
我們留下了這段程式碼沒有錯誤的印象。但當 returnTwoTypes() 返回的是字串
值時，它就會引發例外異常：

```
>>> hexNum = hex(returnsTwoTypes())
Traceback (most recent call last):
  File "<stdin>", line 1, in <module>
TypeError: 'str' object cannot be interpreted as an integer
```

當然，我們應該要記得處理返回值可能會各種不同的資料型別。但是在現實世
界中很容易忘記這一點。為了防止這種錯誤，應該要讓函式始終返回單一種資
料型別的值。這不是嚴格一定要遵守的規則，有時可能無法讓函式返回同一種
資料型別的值，但是，愈接近只返回一種型別，函式出錯的可能性就愈低。

有一種特別的情況要注意：除非函式始終都是返回 None，否則不要從函式返回 None。None 值是 NoneType 資料型別中的唯一值。一般來說，讓函式返回 None 應該是表示有錯誤發生了（在下一小節「引發例外與返回錯誤碼」中會討論這種作法），但是以函式要返回不具意義的返回值來看，還是保留返回 None 比較好。

返回 None 表示是錯誤的原因大都是因為出現「'NoneType' object has no attribute」這個例外：

```
>>> import random
>>> def sometimesReturnsNone():
...     if random.randint(1, 2) == 1:
...         return 'Hello!'
...     else:
...         return None
...
>>> returnVal = sometimesReturnsNone()
>>> returnVal.upper()
'HELLO!'
>>> returnVal = sometimesReturnsNone()
>>> returnVal.upper()
Traceback (most recent call last):
  File "<stdin>", line 1, in <module>
AttributeError: 'NoneType' object has no attribute 'upper'
```

這項錯誤訊息非常模糊，可能需要花些精力才能追溯找出原因是函式返回了預期的結果，但是在發生錯誤時也會返回 None。發生問題是因為 sometimesReturnsNone() 返回 None，然後我們把它指定給 returnVal 變數。但顯示的錯誤訊息會讓您認為問題是在呼叫 upper() 方法時發生的。

在 2009 年的一次研討會演講中，電腦科學家 Tony Hoare 為了在 1965 年發明了 null（與 Python 的 None 相似）參照而道歉，他說：「我稱之為數十億美元的錯誤。[…] 我忍不住放入 null 參照的誘惑，僅僅只是因為它很容易實作。這導致了無數的錯誤、漏洞和系統崩潰的發生，在過去 40 年中可能造成數十億美元的痛苦和破壞」。請連到 https://autbor.com/billiondollarmistake 瀏覽他的完整演講內容。

引發例外與返回錯誤碼

在 Python 中，術語「例外（exception）」和「錯誤（error）」的含義大致相同：程式中的例外情況通常表示有問題存在。例外在 1980 和 1990 年代成為 C++ 和 Java 的一種程式語言功能，此功能取代了錯誤碼（error codes）的使用，當函式返回的值是錯誤碼，則表明有問題。使用例外功能的好處是，返回值僅與函式的用途有關，並不代表有錯誤存在。

錯誤碼也可能在程式引發問題。舉例來說，Python 的 find() 字串方法通常返回找到子字串的索引值，如果找不到子字串，則返回 -1 當作錯誤碼。但因為我們也可以用 -1 當索引從字串尾端取值，若不小心把錯誤碼 -1 當作索引時可能會引入錯誤。請在互動式 shell 模式中輸入以下內容來查看其運作方式。

```
>>> print('Letters after b in "Albert":', 'Albert'['Albert'.find('b') + 1:])
Letters after b in "Albert": ert
>>> print('Letters after x in "Albert":', 'Albert'['Albert'.find('x') + 1:])
Letters after x in "Albert": Albert
```

這段程式碼的「'Albert'.find('x')」部分運算求值結果為錯誤碼 -1。這樣一來，表示式「'Albert'['Albert'.find('x') + 1:]」的求值結果為「'Albert'[-1 + 1:]」，進一步再求值為「'Albert'[0:]」，最後求值結果為「'Albert'」。顯然，這不是上述程式碼想要的處理方式。應該像在「'Albert'['Albert'.index('x') + 1:]」中那樣，是呼叫 index() 而不是 find()，這樣會引發例外，讓問題顯現出來而不會忽略掉。

index() 字串方法在找不到子字串時，會引發 ValueError 例外。如果不處理此例外，則會讓程式崩潰停止，這種處理方式比忽略掉錯誤更能解決問題。

當例外指出實際錯誤時，例外類型的名稱通常以「Error」結尾，例如 ValueError、NameError 或 SyntaxError 等。表示例外情況（不一定是錯誤）的類型則有 StopIteration、KeyboardInterrupt 或 SystemExit。

總結

函式是把程式碼分組聚集的常見方式,函式需要我們做出某些決定:命名、規模大小、要有多少數量的參數,以及要傳入這些參數的引數有多少個。def 陳述句中的 * 和 ** 語法允許函式接收不同數量的參數,讓函式變成為「可變函式」。

雖然 Python 並不算是函式程式設計語言,但是 Python 具有函式語言程式設計所使用的許多功能。函式是第一類物件,可以把函式存放在變數中,也可當作為引數傳給其他函式(這裡稱為高階函式)。Lambda 函式提供了簡短的語法,可以把無名或匿名函式當成引數給高階函式使用。Python 中最常見的高階函式是 map() 和 filter(),但可以利用串列推導式能更快地執行它們提供的功能。

函式的返回值最好都是相同的資料型別。返回值也不要當錯誤碼來使用,使用例外來指示出錯誤是比較好的作法。None 值也常被誤用為錯誤碼。

第 11 章
注釋、文件字串和型別提示

原始程式碼中的注釋和說明文件其重要性與程式碼相同。原因是軟體一直需要不斷維護更新。無論是要加入新功能還是要修復錯誤，始終都需要進行修改。除非您真的很了解程式碼的內容，不然就很難修改程式，因此，保持程式碼的可讀性十分重要。正如電腦科學家 Harold Abelson、Gerald Jay Sussman 和 Julie Sussman 曾經寫道：「程式碼是寫給人看的，只是剛好能讓機器去執行」。

注釋（comments）、文件字串（docstrings）和型別提示（type hints）可以協助我們維持程式碼的可讀性。注釋是以簡短的白話文來解說其用意，我們可以直接在原始程式碼中編寫注釋，電腦會忽略掉這些文字。注釋對於沒有參與設計編寫程式碼的其他人，或是未來要參與的程式設計師提供有用的注釋、警告和提醒說明。幾乎每位程式設計師都問過自己：「這個難以理解的爛程式到底是誰寫的？」找到的唯一答案大都是「自己寫的」。

文件字串是專門給 Python 的函式、方法和模組使用的說明文件形式。當您以文件字串格式來指定編寫注釋時，自動化工具（例如文件產生器或 Python 內建的 help() 模組）可以讓開發人員輕鬆尋找關於程式碼的資訊。

型別提示是新增到 Python 程式碼中的指引，可以用來指示變數、參數和返回值的資料型別。這使得靜態程式碼分析工具可以驗證程式碼不會因為輸入錯誤的值而產生例外異常。型別提示最早出現在 Python 3.5 版，但因為型別提示是以注釋為基礎來建立的，所以能在任何 Python 版本中使用。

本章焦點集中在介紹上述三種技術，讓我們可以在程式中嵌入說明文件以增加可讀性。外部說明文件，例如使用手冊、線上教學和參考資料等也很重要，但本書並未談及這些內容。如果讀者想了解關於外部說明文件的更多資訊，請連到 https://www.sphinx-doc.org/ 網站查閱 Sphinx 文件產生器的相關說明。

注釋

就如同大多數的程式語言，Python 支援單行注釋與多行注釋。在 # 號到行尾之間出現的所有文字都是單行注釋的內容。雖然 Python 沒有多行注釋的專用語法，但三個引號的多行字串是最常用的一種。畢竟，字串值本身是不會讓 Python 直譯器執行任何動作的。請看下列這個例子：

```
# This is a single-line comment.

"""This is a
multiline string that
also works as a multiline comment. """
```

如果注釋跨越多行，則最好使用一個多行注釋來處理，而不要用多個連續的單行注釋，因為多個單行注釋較難閱讀，如下所示：

```
"""This is a good way
to write a comment
that spans multiple lines. """

# This is not a good way
# to write a comment
# that spans multiple lines.
```

注釋和說明文件通常是程式設計過程中的後期才會處理的工作，有些人還認為這些東西弊大於利。但正如第 5 章中的「迷思：注釋是不需要的」小節所述，如果想要寫出專業且具有可讀性的程式碼，注釋不可少的。在這小節後續內容中，我們會寫出一些有用的注釋實例來提醒讀者而不影響程式的可讀性。

注釋風格

讓我們從實例來看一些良好的注釋風格：

```
❶ # Here is a comment about this code:
   someCode()

❷ # Here is a lengthier block comment that spans multiple lines using
   # several single-line comments in a row.
❸ #
   # These are known as block comments.

   if someCondition:
❹     # Here is a comment about some other code:
❺     someOtherCode()  # Here is an inline comment.
```

注釋最好單獨放置，而不要放在程式碼尾端。在大多數的情況下，以英文注釋來說，最好是帶有適當大寫字母和標點符號的完整句子，而不要只用短句或單個單字❶。注釋不必遵循與程式碼相同的行長限制，若注釋長度需跨多行❷，則可以連續使用多個單行注釋，這種作法稱為**區塊注釋**（**block comment**）。我們會使用空行❸注釋把區塊注釋中的段落分隔開。注釋的內縮層級應與它們要注釋的程式同級❹。程式行後面的注釋稱為**行內注釋**（**inline comment**）❺，程式行尾端和注釋之間至少用兩個空格分開。

單行注釋的寫法最好是在 # 號後留一個空格，下面是錯誤的作法：

```
#Don't write comments immediately after the # sign.
```

注釋可以放入指向具有相關資訊的 URL 連結，但是連結絕不能替代注釋，因為連結的內容隨時都可能從網路上消失：

```
# Here is a detailed explanation about some aspect of the code
# that is supplemented by a URL. More info at https://example.com
```

上述的慣例都是講述風格，而不談內容問題，遵循這些慣例有助於注釋的可讀性。注釋可讀性愈高，程式設計師就愈會關注，注釋只有在程式設計師閱讀它們時才能發揮其作用。

行內注釋

行內注釋（inline comment）放在程式碼行的尾端，如下面範例所示：

```
while True:  # Keep asking player until they enter a valid move.
```

行內注釋大都很簡短，因此符合程式風格樣式指南所設定的行長限制。這表示行內注釋很容易因為太短而無法提供足夠的資訊。如果您決定使用行內注釋，請確保該注釋僅描述所在該行程式碼的資訊。如果您的行內注釋需要更長的空間或需要描述到其他程式行，請改用單獨的注釋行來描述。

行內注釋最常用於解釋變數的用途或為其提供某種相關資訊。這種行內注釋大都寫在建立變數的指定值陳述句的後面：

```
TOTAL_DISKS = 5  # More disks means a more difficult puzzle.
```

行內注釋的另一種常見用法是在建立變數時加入其變數前後相關值的描述：

```
month = 2  # Months range from 0 (Jan) to 11 (Dec).
catWeight = 4.9 # Weight is in kilograms.
website = 'inventwithpython.com'  # Don't include "https://" at front.
```

行內注釋不用再指出變數的資料型別，因為這在指定值陳述句中很明顯了，除非是用來作型別提示的注釋，本章後面的「利用注釋向後移植型別提示」小節會介紹說明。

解說型的注釋

一般來說，注釋是用來解說為什麼要這樣編寫設計程式，而不是說明程式碼的功用或程式碼的執行方式。就算第 3 章和第 4 章介紹了正確的程式碼風格樣式和有用的命名慣例，但實際寫出來的程式碼也無法解說程式設計師原本的意圖。通常寫完程式碼的幾週後就可能忘掉程式的細節內容。所以請寫出內容充足的程式碼注釋，以防止未來的您咒罵過去的自己。

舉例來說，下列是一條無用的注釋，只解說了程式碼的作用，它沒有解說此程式真正的動機，而只是說出程式碼很明顯的作用：

```
>>> currentWeekWages *= 1.5  # Multiply the current week's wages by 1.5
```

上述這條注釋說了等於沒說。從程式碼本身就可以明顯看出其作用是 currentWeekWages 變數乘以 1.5，省略這條注釋反而能簡化程式碼長度。真正好的注釋應該是：

```
>>> currentWeekWages *= 1.5  # Account for time-and-a-half wage rate.
```

這行注釋解說了程式行的意圖（計算 1.5 倍薪水），而不是重述程式的處理方式（變數乘以 1.5）。這個注釋提供了就算設計良好的程式碼也無法提供的上下文脈相關訊息。

總結型注釋

解釋程式設計師的意圖並不是注釋唯一的用途。簡短的注釋總結了幾行程式碼的作用，讓讀者在瀏覽程式碼時能大致了解其功用。程式設計師經常使用空白來讓程式碼的「段落」彼此分開，總結型注釋通常在這些段落的開頭佔據一行。與解說單一行程式碼的單行注釋不同，總結型注釋描述了程式碼更高層次的整體概念。

舉例來說，閱讀下列這四行程式碼，您會知道它們把 playerTurn 變數設為代表對方玩家的值。若加上一條簡短的單行注釋可以讓讀者不必閱讀和推斷程式碼內容，就能從注釋中理解程式碼的作用和目的：

```
# Switch turns to other player:
if playerTurn == PLAYER_X:
    playerTurn = PLAYER_O
elif playerTurn == PLAYER_O:
    playerTurn = PLAYER_X
```

這些總結型注釋在程式中分散在各處更容易瀏覽閱讀，而程式設計師可以在任何一個感興趣的位置仔細查閱。總結型注釋還能防止程式設計師對程式功用產生誤解。簡短的總結型注釋可以讓程式開發人員正確理解程式碼的運作方式。

經驗教訓型注釋

當我還在某家軟體公司工作時，曾經有人要求我修改一個圖形程式庫，讓程式可以處理圖表中數百萬個資料點的即時更新。當時正在使用的程式庫可以即時更新圖形，也能支援具有數百萬個資料點的圖形，但兩者不能同時進行。我以為自己可以在幾天內完成任務。直到第三周，我仍然堅信自己可以在幾天內完成。每天都覺得解決方案似乎馬上出現，直到在第五周，我總算有了一個可以正常工作的原型。

在整個開發過程中，我學到了許多有關圖形程式庫如何運作以及其功能和局限性的詳細資訊。而我花了幾個小時把這些詳細資訊寫成長達一整頁的注釋，並把注釋放在原始程式碼中。我知道以後需要修改程式碼的其他人都會遇到我之前所遇到的相同問題，這些問題看似簡單卻花了很多時間。最後，我所編寫的說明文件實際上可以節省別人數周的摸索工作。

如我所說的，這些經驗教訓型的注釋可能有很多段，讓它們在原始程式碼檔中顯得不太合適。但是對於需要維護此程式碼的人來說，注釋包含的資訊都是寶貴的黃金。不要害怕在原始程式碼檔案中寫出冗長而詳細的注釋說明。對於其他程式設計師來說，這些可能是程式中有許多未知、被誤解或容易被忽略掉的細節資訊。

不需要用到注釋的軟體開發人員可以輕鬆略過，但是需要的開發人員會十分感激。請記住，與其他注釋一樣，經驗教訓型注釋與模組或函式說明文件（由文件字串處理）不同。經驗教訓型注釋也不是針對軟體使用者的教學或操作指南，反而是提供給開發人員閱讀理解程式碼的助力。

我所編寫的經驗教訓型注釋屬於開放原始碼的圖形程式庫，也許對其他人有幫助，因此我花了一些時間把內容發佈在 https://stackoverflow.org 的 Q&A 網站中，有類似情況人都能從網路上搜尋找到。

法律型注釋

出於法律原因，某些軟體公司或開放原始碼專案的政策是在每個原始程式碼檔案的頂端注釋中要放入版權、軟體授權和作者資訊。這種注釋最好要包含像下列範例中的內容：

```
"""Cat Herder 3.0 Copyright (C) 2021 Al Sweigart. All rights reserved. See
license.txt for the full text."""
```

如果可能的話，請放上連到含有授權全文的外部說明文件或網站，而不要在每
個原始程式碼檔案的頂端都放上整個冗長的授權說明。每次打開原始程式碼檔
案時，都必須捲動瀏覽多個螢幕畫面的文字，這樣的操作還真讓人討厭，而且
放上完整的授權文字也並不會提供什麼額外的法律保障。

專業型注釋

在我的第一份軟體工作中，我很尊敬的一位資深同事把我掠在一邊，並解釋
說，由於我們有時會向客戶發布產品的原始程式碼，因此，維持注釋的專業性
很重要。顯然是因為我在其中一個注釋中寫了「WTF」的用詞來表示程式碼中
讓人無言的部分。我感到尷尬，並立即道歉，也編輯修改了注釋的內容。從那
一刻起，我的程式碼（即使是個人的專案）都會維持在一定的專業水準。

您可能會在程式的注釋中加入輕浮或發洩性的用語，但請您避免這樣習慣。您
不知道將來是誰會閱讀這段程式碼，而且這種發洩很容易讓人產生誤解。如第
4 章的「避免用玩笑、雙關語和文化隱喻來命名」小節所述，最好的策略是以
禮貌、直接和正經的口吻寫下注釋。

Codetags 和 TODO 注釋

程式設計師有時會留下簡短型的注釋，用來提醒一些尚待完成的工作。一般會
採用 **Codetag（程式碼標籤）**的形式：帶有全大寫標籤的注釋，例如 TODO，
然後寫上簡短的描述。在理想的情況下，我們會用專案管理工具來追蹤管理工
作的進度，而不會讓這些尚待處理的工作深埋在程式碼中。但是對於不使用此
類工具的小型個人專案來說，TODO 注釋是很有用的提示。以下是實例示範：

```
_chargeIonFluxStream()  # TODO: Investigate why this fails every Tuesday.
```

下列這些提醒標籤有不同的作用：

    TODO   提醒這裡還有需要完成的工作，屬性一般提示

    FIXME   提醒這部分的程式碼還不能完全有效運作

| HACK | 提醒這部分的程式碼只勉強能用，應該要進行改進 |
| XXX | 提醒警示，通常屬於較嚴重的警示 |

我們要在這些大寫的標籤後面加上對任務或問題的更具體描述說明。日後我們可以在原始程式碼中尋找標籤，找出需要修調的程式碼部分。使用這種方式也有不利的一面，除非我們正好理解了這部分的程式碼，否則很容易忘記這些提醒。Codetag 不應該代替正式的問題追蹤器或錯誤回報工具。如果真的想要在程式碼中使用 Codetag，建議維持簡單清楚：只使用 TODO 並放棄其他標籤。

魔法型注釋和原始檔案編碼

您可能已經看過有些 .py 程式檔，其頂端有類似以下幾行：

```
❶  #!/usr/bin/env python3
❷  # -*- coding: utf-8 -*-
```

這些**魔法型注釋**始終都會放在檔案的最頂端，提供直譯器或編碼的資訊。#!（稱為 shebang）這行（在第 2 章中介紹過）會告知使用什麼作業系統、用哪個直譯器來執行檔案中的指令。

第二個魔法型注釋是編碼定義行。在這個例子中，這行指示程式檔是以定義為 UTF-8 的 Unicode 編碼方案。我們幾乎不用放這一行，因為大多數編輯器和 IDE 已經都用 UTF-8 編碼來儲存程式檔案，而且從 Python 3.0 開始的 Python 版本預設是以 UTF-8 為定義的編碼方式。以 UTF-8 編碼的檔案可以放入多國字元，因此無論 .py 檔案中含有英文、中文還是阿拉伯字母，都沒問題。

關於 Unicode 和字串編碼的介紹，我強烈推薦參考 Ned Batchelder 的部落格文章「Pragmatic Unicode」，網址為 https://nedbatchelder.com/text/unipain.html。

文件字串

文件字串（Docstring）是多行注釋，顯示在模組的 .py 原始程式碼檔案的最頂端，或者直接在 class 或 def 陳述句之後。文件字串提供有關所定義之模組、類別、函式或方法的說明文件。自動化的文件產生器工具使用這些 docstring 來生成外部文件檔案，例如輔助說明文件或網頁。

文件字串必須使用三個引號的多行注釋，而不是以 # 號開頭的單行注釋。文件字串應該都是用三個雙引號字串，而不是三個單引號。舉例來說，以下是熱門 requests 模組中的 sessions.py 檔案的摘錄：

```
❶  # -*- coding: utf-8 -*-

❷  """
   requests.session
   ~~~~~~~~~~~~~~~~

   This module provides a Session object to manage and persist
   settings across requests (cookies, auth, proxies).
   """
   import os
   import sys
   --省略—
   class Session(SessionRedirectMixin):
❸      """A Requests session.
        Provides cookie persistence, connection-pooling, and
        configuration.

        Basic Usage::

          >>> import requests
          >>> s = requests.Session()
          >>> s.get('https://httpbin.org/get')
          <Response [200]>
   --省略--

   def get(self, url, **kwargs):
❹      r"""Sends a GET request. Returns :class:`Response` object.

        :param url: URL for the new :class:`Request` object.
        :param \*\*kwargs: Optional arguments that ``request`` takes.
        :rtype: requests.Response
        """

   --省略--
```

sessions.py 檔案的 request 包含模組的文件字串、Session 類別和 Session 類別的 get() 方法之文件字串。請注意，雖然模組的文件字串必須是出現在模組中的第一個字串，但它應該放在魔法型注釋之後，也就是放在 shebang 行或編碼定義行的後面。

隨後可以透過檢查個別物件的 __doc__ 屬性來擷取模組、類別、函式或方法的文件字串。舉例來說，下列是我們檢查文件字串以尋找關於 sessions 模組、Session 類別和 get() 方法的更多資訊：

```
>>> from requests import sessions
>>> sessions.__doc__
'\nrequests.session\n~~~~~~~~~~~~~~~~~~\n\nThis module provides a Session object
to manage and persist settings across\nrequests (cookies, auth, proxies).\n'
>>> sessions.Session.__doc__
"A Requests session.\n\n Provides cookie persistence, connection-pooling,
and configuration.\n\n Basic Usage::\n\n        >>> import requests\n
--省略--
>>> sessions.Session.get.__doc__
'Sends a GET request. Returns :class:`Response` object.\n\n :param url:
URL for the new :class:`Request` object.\n        :param \\*\\*kwargs:
--省略--
```

自動化的文件工具可以利用文件字串來提供適合上下文脈的資訊。這些工具之
中有一個是 Python 內建的 help() 函式，該函式使用比原始 __doc__ 字串更具
可讀的格式來顯示傳入物件的文件字串。當您在互動式 shell 模式中進行實作
時，這個函式非常有用，因為可以馬上取得要使用的模組、類別或函式的相關
資訊：

```
>>> from requests import sessions
>>> help(sessions)
Help on module requests.sessions in requests:

NAME
    requests.sessions

DESCRIPTION
    requests.session
    ~~~~~~~~~~~~~~~~~

    This module provides a Session object to manage and persist settings
-- More --
```

如果文件字串太大而無法在一個畫面中顯示，則 Python 會在視窗底部顯示「--
More--」，可按下 ENTER 鍵捲動下一行，按空白鍵捲動下一頁，或按 Q 鍵退出
查看文件字串的狀態。

一般來說，文件字串應包含一行以總結模組、類別或函式的文字，然後是空白
行和更多詳細資訊。對於函式和方法，其中還可包括相關參數、返回值和副作
用的資訊。我們是為其他程式設計師（而不是軟體使用者）編寫文件字串，因
此寫入的是技術資訊，而不是教學指南。

文件字串提供的第二個重要的好處是，說明文件都整合到了原始程式碼中。通
常說明文件與程式碼分開編寫時，說明文件常被忘記或忽略掉。把文件字串放
在模組、類別和函式的最頂端，資訊比較容易查閱和更新。

有些文件字串可能還沒有辦法馬上編寫，因為要描述的程式碼還在持續完善中。在這種情況下，請在文件字串中加上 TODO 注釋，提醒我們要填寫其餘詳細的資訊。舉例來說，以下是虛構的 reverseCatPolarity() 函式之文件字串，其中所寫的文件字串是很不好的示範，明顯就是敷衍了事：

```
def reverseCatPolarity(catId, catQuantumPhase, catVoltage):
    """Reverses the polarity of a cat.
    TODO Finish this docstring."""

--省略--
```

因為每個類別、函式和方法都應有個文件字串，所以有時候可能會偷懶只編寫少量文件就繼續前進。沒有 TODO 注釋，很容易忘記這個文件字串的內容需要重新編寫。

PEP 257 中含有關於文件字串的更多說明文件，其網址為 https://www.python.org/dev/peps/pep-0257/。

型別提示

許多程式語言具有靜態型別，代表程式設計師必須在原始程式碼中對所有變數、參數和返回值宣告其資料型別。這樣可以讓直譯器或編譯器在程式執行之前檢查程式是否正確使用了所有物件。Python 具有動態型別：變數、參數和返回值可以是任意資料型別，甚至可以在程式執行時期更改資料型別。

動態語言通常更容易設計編寫程式，因為需要的正式規範比較少，但卻缺乏靜態語言所具有的防錯優勢。如果寫了一行像 round('forty two') 這樣的 Python 程式碼，在執行程式碼之前您可能沒想要這個函式只接受 int 或 float 引數，但卻傳入了字串進去，這樣就引發了錯誤。當我們在指定值或傳入錯誤型別的引數時，靜態型的程式語言會提供預警。

Python 型別提示提供了可選擇性的靜態型別。在以下的範例中，型別提示是以粗體顯示：

```
def describeNumber(number: int) -> str:
    if number % 2 == 1:
        return 'An odd number. '
    elif number == 42:
```

```
        return 'The answer. '
    else:
        return 'Yes, that is a number. '

myLuckyNumber: int = 42
print(describeNumber(myLuckyNumber))
```

如您所見,對於參數或變數,型別提示使用冒號把名稱與型別分隔開,而對於返回值,型別提示則使用箭頭(->)把 def 陳述句的右括號與型別分隔開。上述 describeNumber() 函式的型別提示表明,其 number 參數採用整數值而返回的是字串值。

如果使用型別提示,則不必將其套用到程式中的所有資料,取而代之的是使用**漸進型別(gradual typing)**方法,這是在引入某些變數、參數和返回值的型別提示時,在動態型別的彈性與靜態型別的安全性之間所採用的折衷的方法。如果程式中提示型別愈多,靜態程式碼分析工具能發現程式中潛在錯誤的資訊就愈多。

請注意,在前面的範例中,指定型別的名稱與 int() 和 str() 建構函式的名稱相符。在 Python 中,類別(class)、型別(type)和資料型別(data type)有相同的含義。對於任何由類別所構成的實例,應使用類別名稱作為型別:

```
    import datetime
❶  noon: datetime.time = datetime.time(12, 0, 0)

    class CatTail:
        def __init__(self, length: int, color: str) -> None:
            self.length = length
            self.color = color
❷  zophieTail: CatTail = CatTail(29, 'grey')
```

noon 變數的型別提示為 datetime.time ❶,因為這是個 time 物件(在 datetime 模組中定義)。同樣的,zophieTail 物件具有 CatTail 型別提示 ❷,因為它是我們使用 class 陳述句所建立 CatTail 類別的物件。型別提示會自動套用於指定型別的所有子類別。舉例來說,可以把型別提示 dict 的變數設定為任何字典值,也可以設定為任何 collections.OrderedDict 和 collections.defaultdict 值,因為這些類別是 dict 的子類別。第 16 章會更詳細介紹子類別的運用。

靜態型別檢查工具並不一定需要變數的型別提示,原因是靜態型別檢查工具會進行**型別推論(type inference)**,也就是從變數的第一個指定值陳述句中推論型別。例如，從「spam = 42」這行中，型別檢查器就可推論出 spam 應該具有 int 型別提示。但筆者還是建議正確設定型別提示，將來若改成 float 型別，例如「spam = 42.0」時，也會更改推論的型別，但這可能不是我們原本的意圖。最好強迫程式設計師在更改值時也更改型別提示，這樣可以確認是真的要更改，而不是不小心作了更改。

使用靜態分析器

雖然 Python 支援型別提示的語法，但 Python 直譯器會完全忽略。如果您執行的 Python 程式把不合法型別的變數傳入函式，則 Python 的處理行為會把型別提示當作不存在。換句話說，型別提示不會導致 Python 直譯器進行任何執行時期的型別檢查。它們僅在靜態型別檢查工具中有用，這種工具會在程式執行之前而不是在程式執行時期分析程式碼。

我們稱這些工具為**靜態分析**（**static analysis**）工具，是因為它們在程式執行之前就對原始程式碼進行了分析，而執行時期分析或動態分析工具則是對執行中的程式進行分析（這裡很容易搞混，在這個例子中，靜態和動態是指程式是否正在執行，但是靜態型別和動態型別是指如何宣告變數和函式的資料型別。Python 是一種動態型別的語言，具有靜態分析工具 Mypy）。

安裝和執行 Mypy

雖然 Python 沒有提供官方的型別檢查器工具，但 Mypy 是目前最受歡迎的第三方型別檢查器。我們可以執行以下 pip 命令來安裝 Mypy：

```
python -m pip install -user mypy
```

在 macOS 和 Linux 中請執行 python3 而不是 python 命令。其他知名的型別檢查器包括 Microsoft 的 Pyright、Facebook 的 Pyre 和 Google 的 Pytype。

若想要執行型別檢查器，請開啟「命令提示字元」或「終端機」視窗，然後執行「python -m mypy」命令（把模組當作應用程式執行），並傳入 Python 程式碼的檔案名稱來進行檢查。在此範例中，要檢查的是我所建立的範例程式，其檔名為 example.py：

```
C:\Users\Al\Desktop>python -m mypy example.py
Incompatible types in assignment (expression has type "float", variable has
type "int")
Found 1 error in 1 file (checked 1 source file)
```

如果沒有問題，型別檢查器不會輸出任何內容，如果有問題，則輸出錯誤訊息。在上述的 example.py 檔中，第 171 行有問題，因為名為 spam 的變數之型別提示為 int，但被指定了浮點值。這樣有可能會引發錯誤，需要進一步調查。剛開始閱讀某些錯誤訊息時可能很難理解其真意。Mypy 會回報大量可能的錯誤，但在這裡就不列出來了。想找出錯誤的解決方案，其最簡單方法是在網路上搜尋。以上述例子來說，可以「Mypy incompatible types in assignment.」之類的關鍵字進行搜尋。

每次更改程式碼後都要再從命令行執行 Mypy，這樣的作法效率很低。為了能更好地利用型別檢查器，可將其配置到 IDE 或文字編輯器中，讓它可以在後端執行。這樣設定之後，編輯器會在我們鍵入程式碼時就執行 Mypy，並在編輯器中顯示中錯誤訊息。圖 11-1 顯示了 Sublime Text 文字編輯器中處理前一個範例時所找到的錯誤。

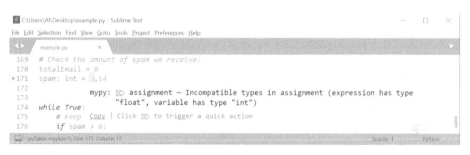

圖 11-1　Sublime Text 文字編輯器顯示出 Mypy 找到的錯誤

想要把 Mypy 配置到 IDE 或文字編輯器中來搭配使用，其操作步驟可能會與所使用的 IDE 或文字編輯器而有所不同。可以上網搜尋「<您的 IDE> Mypy 配置」、「<您的 IDE> 型別提示設定」或類似內容。如果所有方法都試過之後仍不能用，還是回到「命令提示字元」或「終端機」視窗中執行 Mypy。

告知 Mypy 不檢查的程式碼內容

您可能出於某些理由編寫了不想讓型別提示檢查的程式碼內容，這些程式對於靜態分析工具是使用了錯誤的型別，但實際上在程式執行是沒問題的。有這樣的需求，可在程式行尾端加上「# type: ignore」注釋禁止顯示型別提示警告。以下是實例示範：

```
def removeThreesAndFives(number: int) -> int:
    number = str(number)  # type: ignore
    number = number.replace('3', '').replace('5', '')  # type: ignore
    return int(number)
```

removeThreesAndFives() 函式會把傳入的整數刪除所有第 3 位和第 5 位數字，我們把整數變數臨時設定為字串型別，這樣會讓型別檢查器在該函式的前兩行中提出型別錯誤的警告，因此我們在這些行中加上「# type: ignore」注釋來忽略型別提示，如此型別檢查器就不檢查這兩行，警告訊息也不會顯示。

盡量少用「# type: ignore」注釋，忽略來自型別檢查器的警告會讓錯誤潛藏在程式碼中。在確定有問題的部分直接重新編寫程式碼，這樣就不會出現警告。舉例來說，如果我們用「numberAsStr = str(number)」來建立新變數，或是把這三行都改成「return int(str(number.replace('3', '').replace('5', '')))」，這樣就可以避免讓 number 變數以多種型別來重複使用。我們不希望透過把參數的型別提示更改為「Union[int, str]」來抑制警告訊息的顯示，因為參數應該只允許整數值才是正確的。

設定多種型別的型別提示

Python 的變數、參數和返回值可以擁有多種資料型別。為了適應這種情況，我們可以從內建的 typing 模組匯入 Union 來指定具有多種型別的型別提示。在 Union 類別名稱後的中括號內指定一系列型別：

```
from typing import Union
spam: Union[int, str, float] = 42
spam = 'hello'
spam = 3.14
```

在這個範例之中，「Union[int, str, float]」型別提示指定 spam 的型別可以是整數、字串或浮點數。請留意，最好是使用「from typing import X」而不要只用

「import typing」形式來匯入，不然整支程式都要寫出冗長的 type.X 作為型別提示的指定。

變數或返回值指定多種資料型別時，除了上述型別之外還可以指定 None 值的情況。要在型別提示中放入 None 值的 NoneType 型別，請在中括號內放入 None 而不是 NoneType（從技術上來看，NoneType 並不是 int 或 str 之類內建識別子的使用方式）。

更好的作法是從 typing 模組匯入 Optional，使用「Optional[str]」，而不是使用「Union[str, None]」。此型別提示表示函式或方法可以返回 None 而不是期望型別的值。以下是實例示範：

```
from typing import Optional
lastName: Optional[str] = None
lastName = 'Sweigart'
```

在此範例中，lastName 變數可以設定為 None 或 str 值。但是最好還是盡量少用 Union 和 Optional。變數和函式允許的型別愈少程式就愈簡單，與複雜的程式碼相比，簡單的程式更不容易出錯。請記住，Python 之禪有提醒：「簡單優於複雜」。假如函式返回 None 表示出錯，請考慮以引發例外的方式來處理錯誤，請參閱第 10 章的「引發例外與返回錯誤碼」小節的說明。

我們可以使用 Any 型別提示（也來自 typing 模組），可以把變數、參數或返回值指定為任何資料型別：

```
from typing import Any
import datetime
spam: Any = 42
spam = datetime.date.today()
spam = True
```

在此範例中，Any 型別提示讓我們可以把 spam 變數設定為任何資料型別的值，例如 int、datetime.date 或 bool 等都可以用。除此之外，也可以使用 object 作為型別提示，因為這是 Python 中所有資料型別的基礎類別，但是 Any 型別提示是比 object 更容易理解。

與使用 Union 和 Optional 一樣，請一定謹慎使用 Any。如果把所有變數、參數和返回值都設為 Any 型別提示，那就失去 static typing 的型別檢查優勢。指定

Any 型別提示和不指定型別提示之間的區別在於，Any 明確宣告變數或函式接受任何型別的值，而沒有指定型別提示則表示變數或函式尚未進行型別提示的處理。

設定串列、字典等的型別提示

串列、字典、多元組、集合和其他容器資料型別可以包含其他值。如果把 list 指定為變數的型別提示，則該變數必須含有一個串列，但串列中則可以包含任何型別的值。以下的程式碼在型別檢查器檢查時不會顯示的任何警告訊息：

```
spam: list = [42, 'hello', 3.14, True]
```

如果要專門針對串列的值宣告其資料型別，必須使用 typing 模組的 List 型別提示。請注意，List 是以大寫字母 L 開頭，將其與 list 資料型別不同：

```
  from typing import List, Union
❶ catNames: List[str] = ['Zophie', 'Simon', 'Pooka', 'Theodore']
❷ numbers: List[Union[int, float]] = [42, 3.14, 99.9, 86]
```

在此範例中，catNames 變數是要含有一個字串串列，因此從 typing 模組匯入 List 後，把變數的型別提示設為 List[str] ❶。型別檢查器會捕捉 append() 或 insert() 方法的任何呼叫，也會捕捉非字串值放入串列的所有程式碼。如果串列中需要含有多種型別，則可以用 Union 設定型別提示。舉例來說，numbers 串列中可以是整數和浮點值，因此把型別提示設為 List[Union[int, float]] ❷。

typing 模組對每種容器型別都有個各自的別名。以下是 Python 中常見容器型別的別名清單：

List　用於 list 資料型別。

Tuple　用於 tuple 資料型別。

Dict　用於字典（dict）資料型別。

Set　用於 set 資料型別。

FrozenSet　用於 frozenset 資料型別。

Sequence　用於 list、tuple 和所有序列資料型別。

Mapping　用於 dict、set、frozenset 和所有對映資料型別。

      ByteString　用於 bytes、bytearray 和 memoryview 資料型別。

連到 https://docs.python.org/3/library/typing.html#classes-functions-and-decorators
網站上可找到這些型別的完整清單。

使用註釋處理向後移植型別提示

向後移植（**backporting**）是把軟體新版本中的功能移植（即融入和新增）到
較早版本的過程。Python 的型別提示功能是 3.5 版的新增功能，但可以在 3.5
版之前的直譯器版本執行，我們仍然可以透過把型別資訊放入註釋中來使用型
別提示功能。以變數來說，請在指定值陳述句後面使用行內註釋來加入型別提
示。對於函式和方法，則請在 def 陳述句之後的那行中寫入型別提示。註釋以
「type:」開頭，然後接著是資料型別。以下是註釋中帶有型別提示的範例：

```
❶   from typing import List

❷   spam = 42  # type: int
    def sayHello():
❸       # type: () -> None
        """The docstring comes after the type hint comment."""
        print('Hello!')

    def addTwoNumbers(listOfNumbers, doubleTheSum):
❹       # type: (List[float], bool) -> float
        total = listOfNumbers[0] + listOfNumbers[1]
        if doubleTheSum:
            total *= 2
        return total
```

請注意，就算您使用的是註釋的型別提示，仍然需要匯入 typing 模組❶以及在
註釋中使用的任何型別的別名。3.5 之前版本的標準程式庫中沒有 typing 模
組，因此必須執行以下命令單獨安裝：

```
python -m pip install --user typing
```

在 macOS 和 Linux 上請執行 python3 而不是 python。

若想要把 spam 變數設定為整數，我們在行尾加入「# type: int」註釋❷。對於
函式，註釋則要包含括號，並以逗號分隔的型別提示的清單，其順序與參數的
順序對應。沒有參數的函式則帶有一組空括號❸，如果有多個參數，請在括號
內用逗號分隔❹。

注釋型別提示風格的可讀性比較低一點，因此只用於可能由 Python 3.5 之前的版本執行的程式碼。

總結

程式設計師常常忘記為他們的程式碼編寫說明文件。在寫程式時花一些時間加入注釋、文件字串和型別提示，可以避免在未來浪費更多時間重新處理。有良好說明文件的程式碼也比較容易維護。

大家可能會認為注釋和說明文件在開發軟體時並不重要，甚至認為這些東西並沒有好處（這樣的觀點讓程式設計逃避編寫說明文件的工作）。不要傻了！說明文件在需要用時方恨少，好的說明文件能節省您很多時間和精力。對於程式設計師來說，盯著螢幕上不好理解且沒有注釋的程式碼的情況比較多，因為程式碼中有過多資訊的注釋則比較少見。

好的注釋對程式設計師在未來閱讀並理解程式碼作用時提供了簡潔、有用和準確的資訊。這些注釋應該用來解說程式設計師原本的意圖，並總結某段程式碼的作用，而不是只對某行程式碼進行解說。注釋有時會詳細描述程式設計師在編寫程式碼時所得到的經驗教訓，這些寶貴的資訊可以讓將來的維護者不必再次經歷這些困難。

文件字串（docstring）是 Python 特有的一種注釋，屬於多行的字串，通常放在 class 或 def 陳述句之後或模組的頂端。說明文件工具（例如 Python 內建的 help() 函式）可以擷取文件字串來提供類別、函式或模組相關功用說明的特定資訊。

在 Python 3.5 版提供了型別提示功能，為 Python 程式碼帶來了漸進型別功能。漸進型別（gradual typing）讓程式設計師維持動態型別彈性的同時，也保有靜態型別的錯誤檢查優勢。Python 直譯器會忽略掉型別提示，因為 Python 不會在執行時期進行型別檢查。即便如此，靜態型別檢查工具仍可以在原始程式碼未執行時使用型別提示來分析原始程式碼。型別檢查器（例如 Mypy）可以確保我們不會把不合法的變數值傳入函式。藉由避開各種錯誤，可以節省我們很多時間和精力。

第 12 章

使用 Git 來組織程式碼專案

版本控制系統（**version control systems**）是記錄所有原始程式碼修改並使其易於擷取舊版本程式碼的工具。可以把這些工具看成是高階版的復原功能。舉例來說，如果替換了某個函式之後，又覺得舊的函式比較好，則可以把程式碼還原回原本的舊版本。或者，如果我們發現了新的錯誤，則可回復到較早的版本來進行識別，找出這個錯誤是何時首次出現，以及在哪裡修改程式碼所引起的。

版本控制系統會管理作了修改的檔案。假設我們的專案是存放在 myProject 資料夾，有備份觀念的話，在修改之前最好是複製 myProject 資料夾並將其命名為 myProject-copy，如果繼續進行修改，則又複製出一個名為 myProject-copy2 的副本，以此類推建立 myProject-copy3，或是 myProjectcopy3b、myProject-copyAsOfWednesday 之類的資料夾副本。以複製資料夾來備份的方式可能很簡單，但是這種方法無法大規模處理。從長遠來看，學習使用版本控制系統可以節省時間，也減少頭痛的管理問題。

Git、Mercurial 和 Subversion 都是主流的版本控制應用軟體，而 Git 是目前最受歡迎的版本控制應用程式。在本章中，我們將學習如何為程式專案設定檔案以及如何使用 Git 追蹤修改。

Git 的 Commit 和 Repo

在有修改發生時，Git 允許我們儲存專案檔案的狀態，這裡儲存的東西稱為**快照（snapshot）**或**提交（commit）**。如此一來，我們就可以根據需要回溯到以前的任何快照。Commit 這個單字是名詞也是動詞，中文譯為提交，我們常說「程式設計師提交（或儲存）了他們的提交（或快照）」。Commit（提交）另一個較少用到的同義詞是 **Check-in（登錄）**。

版本控制系統還可以讓軟體開發團隊在修改專案原始程式時輕鬆維持彼此的同步作業。當程式設計師提交修改時，其他程式設計師可以把這些修改更新到他們的電腦內。版本控制系統會追蹤所有的提交內容、進行的提交人和提交時間，以及開發人員描述修改的註釋。

版本控制把管理專案程式碼的資料夾稱為**倉庫、倉儲或儲存庫（repository 或 repo）**。一般來說，我們會把正在處理的每個專案使用一個單獨的 Git 倉庫來存放。本章假設讀者是個人工作為主，不會用到高階的 Git 功能（例如分支和合併）來與多位程式設計師進行同步協作。但話又說回來，就算是個人工作，也不會因為程式專案太小而無法從版本控制中受益。

使用 Cookiecutter 建立新的 Python 專案

我們把包含所有與專案相關的原始程式碼、說明文件、測試以及其他相關檔案的資料夾稱為 Git 術語中的**工作目錄（working directory）**或**工作樹（working tree）**，更常用的說法是**專案資料夾（project folder）**。工作目錄中的檔案統稱為**工作副本（working copy）**。在建立 Git 倉庫之前，讓我們為 Python 專案建立檔案。

程式設計師大都有自己喜歡的作法，但 Python 專案要遵循資料夾名稱和層次結構的慣例。較簡單的程式可能只有一個 .py 檔，但在處理更複雜的專案時，則

可能會引入其他 .py 檔、資料檔、說明文件、單元測試等檔案。一般來說，專案資料夾的根目錄包含一個 src 資料夾，是用來存放 .py 原始程式碼檔案的，另外還有一個 tests 資料夾存放單元測試的檔案，以及一個 docs 資料夾存放所有說明文件（例如由 Sphinx 文件工具所生成的檔案）。

其他檔案則包括專案資訊和工具配置等相關檔案：其中 README.md 用於存放一般資訊、.coveragerc 則用於程式碼覆蓋率的配置、LICENSE.txt 則是存放專案的軟體授權資訊。這些工具和檔案超出了本書的範圍，但值得讀者進一步探究。隨著您獲得更多的開發程式經驗，以相同的基本檔案來建立新的程式專案會變得有點乏味，為了加快程式開發工作的速度，您可以用 cookiecutter 這個 Python 模組來自動建立這些檔案和資料夾。請連到 https://cookiecutter.readthe docs.io/ 網站上找到該模組和 Cookiecutter 命令行程式的完整說明文件。

若想要安裝 Cookiecutter，請執行「pip install --user cookiecutter」（Windows 系統）或「pip3 install --user cookiecutter」（macOS 和 Linux 系統）。此安裝包括 Cookiecutter 命令行程式和 cookiecutter 的 Python 模組。輸出訊息可能會提示命令行程式已安裝到 PATH 環境變數中未列出的資料夾內：

```
Installing collected packages: cookiecutter
  WARNING: The script cookiecutter.exe is installed in 'C:\Users\Al\AppData\
Roaming\Python\Python38\Scripts' which is not on PATH.
  Consider adding this directory to PATH or, if you prefer to suppress this
warning, use --no-warn-script-location.
```

可參考第 2 章「環境變數和 PATH」小節中的說明，把資料夾（在這個例子中是 C:\Users\Al\AppData\Roaming\Python\Python38\Scripts）加到 PATH 環境變數內。若沒有加到 PATH 中，想要讓 Cookiecutter 當作 Python 模組來執行，就必須輸入「python -m cookiecutter」（Windows 系統）或「python3 -m cookiecut ter」（macOS 和 Linux 系統），而不是簡單直接輸入 cookiecutter 就能執行。

在本章，我們會為 wizcoin 模組建立一個倉庫（repo），該模組可處理虛構魔法貨幣中的 galleon、sickle 和 knut 硬幣。cookiecutter 模組使用模板範本（template）為幾種不同類型的專案建立啟始檔案。一般來說，模板只是一個 GitHub.com 的連結。舉例來說，從 C:\Users\Al 資料夾中，您可以在終端視窗內輸入以下內容，使用基本 Python 專案的模板檔案來建 立 C:\Users\Al\wizcoin 資料夾。cookiecutter 模組會從 GitHub 下載模板，並詢問關於要建立專案的一系列問題：

```
C:\Users\Al>cookiecutter gh:asweigart/cookiecutter-basicpythonproject
project_name [Basic Python Project]: WizCoin
module_name [basicpythonproject]: wizcoin
author_name [Susie Softwaredeveloper]: Al Sweigart
author_email [susie@example.com]: al@inventwithpython.com
github_username [susieexample]: asweigart
project_version [0.1.0]:
project_short_description [A basic Python project.]: A Python module to
represent the galleon, sickle, and knut coins of wizard currency.
```

如果出現錯誤，也可試著執行「python -m cookiecutter」而不是 cookiecutter 命令。此命令會下載筆者在 https://github.com/asweigart/cookie cutter-basicpython project 網站建立的模板。此外，還可以在 https://github.com/cookiecutter/cookie cutter 中找到許多程式語言的模板。由於 Cookiecutter 模板一般是放在 GitHub 上託管，因此還可以在命令行引數中輸入「gh:」，此引數代表 https://github. com/ 的捷徑縮寫。

當 Cookiecutter 提問時，可以輸入回應答案，也可以直接按 Enter 鍵以中括號內的預設回應來回答。例如，「project_name [Basic Python Project]:」這個提問要求為專案命名。如果不輸入任何內容，則 Cookiecutter 會使用「Basic Python Project」作為專案名稱。這些預設值也暗示了預期的回應類型。「project_name [Basic Python Project]:」提示問題顯示首字大寫的專案名稱，其中還包含空格，而「module_name [basicpythonproject]:」提示問題顯示了全都小寫且沒有空格的模組名稱命名方式。這個例子中沒有為「project_version [0.1.0]:」提示問題輸入回應，因此預設是用「0.1.0」。

回答問題之後，Cookiecutter 會在目前工作目錄中建立一個 wizcoin 資料夾，其中含有 Python 專案所需的基本檔案，如圖 12-1 所示。

如果您不了解這些檔案的用途也沒關係。這些檔案的完整說明超出了本書的範圍，但讀者可連到 https://github.com/asweigart/cookiecutter-basicpythonproject，其中有連結和說明可以讓您進一步參考閱讀。操作到目前為止，我們已有了專案的起始檔案，接著就讓我們使用 Git 來追蹤管理吧！

Name	Date modified	Type	Size
docs	8/31/2021 12:37 PM	File folder	
src	8/31/2021 12:37 PM	File folder	
tests	8/31/2021 12:37 PM	File folder	
.coveragerc	8/31/2021 12:37 PM	COVERAGERC File	1 KB
.gitignore	8/31/2021 12:37 PM	Text Document	2 KB
code_of_conduct....	8/31/2021 12:37 PM	MD File	4 KB
LICENSE.txt	8/31/2021 12:37 PM	TXT File	35 KB
pyproject.toml	8/31/2021 12:37 PM	TOML File	0 KB
README.md	8/31/2021 12:37 PM	MD File	1 KB
setup.py	8/31/2021 12:37 PM	PY File	2 KB
tox.ini	8/31/2021 12:37 PM	INI File	1 KB

圖 12-1　在 wizcoin 資料夾中由 Cookiecutter 所建立的檔案

安裝 Git

Git 有可能已經安裝在您的電腦系統中。想要找出答案，請從命令行執行「git -
-version」命令。如果看到類似「git version 2.29.0.windows.1」的訊息，則說明
您的電腦已經安裝了 Git。如果看到「'git' 不是內部或外部命令、可執行的程
式或批次檔」的錯誤訊息，那表示您就要安裝 Git 了。若在 Windows 中，請連
到 https://git-scm.com/download，然後下載並執行 Git 安裝程式。若在 macOS
Mavericks (10.9) 和更高的版本中，只需從終端模式執行「git --version」，系統
會提示您安裝 Git，如圖 12-2 所示。

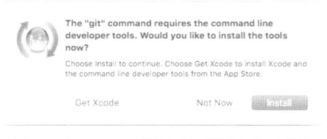

圖 12-2　在 macOS 10.9 版以上的終端模式內第一次執行
「git --version」所出現的安裝提醒

若在 Ubuntu 或 Debian Linux 系統中，請在終端模式執行「sudo apt install git-
all」。若在 Red Hat Linux 內，則請在終端模式執行「sudo dnf install git-all」。可

連到 https://git-scm.com/download/linux 網站找尋其他 Linux 發行版本的相關說明。利用執行「git --version」命令可確認 Git 安裝是否正常。

配置 Git 的使用者名稱和電子郵件

安裝 Git 之後，您需要配置姓名和電子郵件，以便在未來提交時把作者的資訊一起提交上去。請在終端模式中，使用您的姓名和電子郵件來執行以下「git config」命令的相關輸入：

```
C:\Users\Al>git config --global user.name "Al Sweigart"
C:\Users\Al>git config --global user.email al@inventwithpython.com
```

這裡配置的資訊會儲存在主資料夾的 .gitconfig 檔案內（例如筆者的 Windows 筆記型電腦主資料夾是 C:\Users\Al）。不要直接編輯這個文字檔，最好是利用「git config」命令來修改。您還可以使用「git config --list」命令列出目前 Git 配置的相關設定。

安裝 GUI Git 工具

本章重點在解說怎麼用 Git 命令行工具，但是安裝 Git 的 GUI 軟體還是能協助您完成日常的工作。即使是很了解 CLI Git 命令的專業軟體開發人員，他們也常常使用 GUI Git 工具來輔助。請連到 https://git-scm.com/downloads/guis 網頁，其中建議了幾種可用的工具，例如 Windows 的 TortoiseGit、macOS 的 GitHub Desktop 和 Linux 的 GitExtensions 等。

舉例來說，圖 12-3 顯示了 Windows 版的 TortoiseGit 是如何依據檔案總管中其圖示的狀態來進行覆蓋處理：綠色表示未修改的 repo 檔，紅色表示有修改的 repo 檔（或是含有修改過檔案的資料夾），而沒有圖示的就代表是未追蹤的檔案。檢查這些覆蓋的圖示顏色肯定比在終端模式中不斷輸入命令要方便得多。TortoiseGit 還新增了一個快顯功能表，可用來執行 Git 命令，如圖 12-3 所示。

圖 12-3　Windows 版 TortoiseGit 新增了 GUI 功能，可以從檔案總管執行 Git 命令

Git 工作流程

使用 Git 倉庫（repo）需要以下這些步驟。首先執行「git init」或「git clone」命令建立 Git 倉庫。其次，使用「git add <filename>」來新增檔案以追蹤倉庫。第三，新增檔案後，使用「git commit -am "<descriptive commit message>"」命令來提交檔案。此時您就已經準備好可以對程式碼進行更多修改了。

Git 是怎麼追蹤檔案的狀態？

在工作目錄中的所有檔案 Git 都會標示為追蹤或未追蹤。追蹤的檔案是已新增並提交到 repo 的檔案，而其他所有檔案則是未追蹤。對於 Git 的 repo，工作副本中未追蹤的檔案也可能不存在。另一方面，已追蹤的檔案會以下列三種狀態存在：

■ 已提交狀態（**committed state**）是指在工作副本中的檔案與倉庫最新提交的檔案完全相同（有時也稱為未修改狀態或乾淨狀態）。

■ **已修改狀態**（modified state）是指工作副本中的檔案與倉庫的最新提交檔
案不同。

■ **已預存狀態**（staged state）是指檔案已修改並標記為會放入下一次提交。
我們會說檔案已預存或已放入預存區域中（預存區域也稱為索引或快
取。）

圖 12-4 指出檔案怎麼在這四個狀態之間轉移的示意圖。您可以把未追蹤的檔案
新增到 Git 的倉庫中，在這種情況下，它會被追蹤並預存。接著可以提交預存
的檔案來把它們變成已提交狀態。您不需要任何 Git 命令即可把檔案置於已修
改狀態，一旦我們修改並提交檔案後，該檔案會自動標記為已修改。

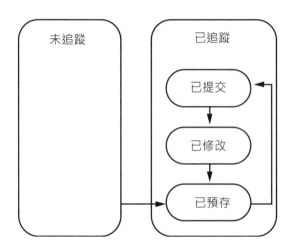

圖 12-4　檔案在 Git 倉庫中的可能狀態以及轉移的情況

建立倉庫（repo）後的任何步驟中，可執行「git status」來查看倉庫的目前狀
態及其檔案的狀態。在 Git 運作時，我們常常需要執行這條命令。在以下的範
例中，我把檔案設定成不同的狀態。請留意這四個檔案是怎麼出現在 git status
的輸出中：

```
C:\Users\Al\ExampleRepo>git status
On branch master
Changes to be committed:
  (use "git restore --staged <file>..." to unstage)
    ❶ new file: new_file.py
    ❷ modified: staged_file.py

Changes not staged for commit:
  (use "git add <file>..." to update what will be committed)
```

```
      (use "git restore <file>..." to discard changes in working directory)
❸        modified: modified_file.py
Untracked files:
  (use "git add <file>..." to include in what will be committed)
❹        untracked_file.py
```

在這個工作副本中有一個 new_file.py 檔❶，這個檔案最近已新增到倉庫中，因此處於已預存狀態。還有兩個已追蹤檔案，staged_file.py ❷和 modified_file.py ❸，分別處於已預存和已修改狀態。最後是一個名為 untracked_file.py ❹的未追蹤檔案。執行「git status」命令的輸出中還會有提醒您把檔案移至其他狀態的 Git 命令。

為什麼要預存檔案？

您可能想知道已預存狀態的用意是什麼。為什麼不在沒有預存檔案的情況下直接讓已修改和已提交的狀態相互轉換呢？已預存區域有很多棘手的特殊情況，這讓 Git 初學者有很多困惑。舉例來說，如上一節所述，在預存檔案之後就可以對其進行修改，因此讓檔案同時處於已修改狀態和已預存狀態。從技術上來說，預存區域不包含正在修改的檔案，只包含上次修改且已預存的部分，而其他沒有預存的部分則不在預存區域。這類情況就是為什麼 Git 會被大家講得「複雜」的原因，而關於 Git 工作方式的許多資訊來源通常都不太精確，常常會引發誤解。

但我們可以避開大多數的複雜狀況。在本章中，我建議避免使用「git commit -am」命令，不要在一個步驟中同時預存和提交修改的檔案，這樣的方式會直接讓檔案從已修改狀態轉移至乾淨狀態。另外，我建議在倉庫中新增、重新命名或刪除檔案後要馬上提交檔案。此外，使用 GUI Git 工具（稍後說明）而不用命令行操作可以幫助您避開這些棘手的情況。

在您的電腦中建立 Git 倉庫

Git 是一個**分散式版本控制系統（distributed version control system）**，這代表它會把所有快照和倉庫的中介資料儲存在本機上的 .git 資料夾內。與集中式版本控制系統不同，Git 不一定要透過網路連接到伺服器才進行提交。這使 Git 速度更快，而且可以在離線狀態下使用。

請在終端模式內執行以下命令來建立 .git 資料夾（在 macOS 和 Linux 系統中則需要執行 mkdir 命令而不是 md 命令。）

```
C:\Users\Al>md wizcoin
C:\Users\Al>cd wizcoin
C:\Users\Al\wizcoin>git init
Initialized empty Git repository in C:/Users/Al/wizcoin/.git/
```

在執行「git init」把資料夾轉換為 Git 倉庫時，其中的所有檔案均以未追蹤狀態為起始。對於這個 wizcoin 資料夾，git init 命令會建立一個 wizcoin/.git 資料夾，其中包含 Git 倉庫的中介資料。這個 .git 資料夾就是 Git 倉庫，如果不是這個資料夾，那您只是在某個普通資料夾中收集了一堆程式碼檔案而已。您不需要直接修改 .git 中的檔案，因此可以忽略這個資料夾的存在。實際上，它之所以命名為 .git，就是因為大多數作業系統會自動隱藏名稱以句點開頭的資料夾和檔案。

現在，您在 C:\Users\Al\wizcoin 工作目錄中會有一個倉庫。您的電腦上的倉庫稱為**本機倉庫**（**local repo**），放在他人電腦上的倉庫則稱為**遠端倉庫**（**remote repo**）。這樣的區分很重要，因為您必須在本機和遠端倉庫之間共享提交，以便讓您可以與同一專案的其他開發人員一起工作。

經過前面的操作，現在就可以用 git 命令在工作目錄中新增檔案並追蹤修改。如果您在新建立的倉庫中執行「git status」，則會看到以下內容：

```
C:\Users\Al\wizcoin>git status
On branch master

No commits yet

nothing to commit (create/copy files and use "git add" to track)
```

該命令的輸出告知您這個倉庫中尚未提交任何內容。

配合 watch 命令執行 git status

在使用 Git 命令行工具時，一般常會執行 git status 來查看倉庫的狀態。不必一直手動輸入此命令，我們可配合 watch 命令一起執行。watch 命令會每兩秒鐘重複執行給定的命令，以其最新輸出結果更新畫面內容。

在 Windows 中，可連到 https://inventwithpython.com/watch.exe 下載 watch 命令，並將這個檔案的位置放入 PATH 資料夾，例如 C:\Windows。若在 macOS 中，可連到 https://www.macports.org/ 網站下載並安裝 MacPorts，隨後執行「sudo ports install watch」命令。若在 Linux 系統，則 watch 命令已內建安裝在系統中。安裝完成後，開啟一個新的命令提示字元或終端模式的視窗，執行 cd 將目錄切換到您的 Git repo 的專案資料夾，然後執行「watch "git status"」。 watch 命令會每兩秒鐘執行一次 git status，並在螢幕上顯示最新的結果。在其他終端視窗中使用 Git 命令行工具時，可以維持此視窗是開啟的狀態，這樣可以查看倉庫狀態的即時變化。您可以開啟另一個終端視窗來執行「git log -online」，監視查看您所做的提交摘要總結，這個摘要也是即時更新的。這些資訊能幫助您消除輸入 Git 命令後對倉庫狀態的猜測。

新增要追蹤的 Git 檔案

只有已追蹤的檔案能透過 git 命令提交、回退或以其他方式與之互動。執行 git status 可查看專案資料夾中檔案的狀態：

```
C:\Users\Al\wizcoin>git status
On branch master

No commits yet

❶ Untracked files:
    (use "git add <file>..." to include in what will be committed)

        .coveragerc
        .gitignore
        LICENSE.txt
        README.md
--省略--
        tox.ini
```

```
nothing added to commit but untracked files present (use "git add" to track)
```

目前在 wizcoin 資料夾中的所有檔案都未追蹤❶。我們可以透過對這些檔案進行初始提交來追蹤，這需要兩個步驟來完成：為要提交的每個檔案執行「git add」命令，然後執行「git commit」為所有檔案建立一個提交。提交檔案之後，Git 會對其進行追蹤。

「git add」命令把檔案從未追蹤狀態或已修改狀態轉移成已預存狀態。我們可以為想要預存的所有檔案執行「git add」命令（例如，git add .coveragerc、git add .gitignore、git add LICENSE.txt 等），但逐項輸入操作很乏味。不過，我們可以直接使用 * 萬用字元一次新增多個檔案。舉例來說，「git add *.py」會把所有 .py 的檔案都新增到目前工作目錄及其子目錄中。若想要新增所有未追蹤的檔案，可用單個句點（.）告知 Git 處理所有的檔案：

```
C:\Users\Al\wizcoin>git add .
```

執行 git status 後就會看到檔案都已預存：

```
    C:\Users\Al\wizcoin>git status
    On branch master

    No commits yet
❶ Changes to be committed:
    (use "git rm --cached <file>..." to unstage)

        ❷   new file: .coveragerc
            new file: .gitignore
--省略--

            new file: tox.ini
```

git status 的輸出告知預存了哪些檔案會在下次執行「git commit」時提交❶。輸出內容還告知這些是新增到倉庫❷之中的新檔案，而不是倉庫中已修改的現有檔案。

執行「git add」把選擇的檔案新增到倉庫後，執行「git commit -m "Adding new files to the repo."」（或類似的提交訊息）和「git status」再次查看倉庫的狀態：

```
C:\Users\Al\wizcoin>git commit -m "Adding new files to the repo."
[master (root-commit) 65f3b4d] Adding new files to the repo.
 15 files changed, 597 insertions(+)
```

```
 create mode 100644 .coveragerc
 create mode 100644 .gitignore
--省略--
 create mode 100644 tox.ini

C:\Users\Al\wizcoin>git status
On branch master
nothing to commit, working tree clean
```

請注意，.gitignore 檔案內列出的所有檔案都不會新增到預存中，這會在下一節
說明。

忽略倉庫中的檔案

執行 git status 時 Git 顯示為 untracked 的都是未追蹤的檔案。在編寫程式碼的過
程中，您可能希望讓某些檔案完全排除在版本控制之外，避免意外追蹤到這些
檔案。這些檔案包括：

■ 在專案資料夾中的暫存檔。

■ 在執行 .py 程式時，Python 直譯器所產生的 .pyc、.pyo 和 .pyd 檔。

■ .tox、htmlcov 和由不同軟體開發工具生成 docs/_build 等資料夾。

■ 所有編譯或自動生成的相關檔案（因為倉庫中要存放的是原始程式檔，而
　不是由原始程式檔所建立的東西）。

■ 含有資料庫密碼、授權驗證、信用卡號碼或其他相關敏感資訊的原始程式
　碼檔案。

為了避免引入這些檔案，請建立一個名為 .gitignore 的文字檔，在檔案中列出
了 Git 永遠不會追蹤的資料夾和檔案名稱。Git 會自動讓「git add」或「git
commit」命令排除這些資料夾和檔案，而且在我們執行「git status」時它們不
會顯現。

cookiecutter-basicpythonproject 模板所建立的 .gitignore 檔如下所示：

```
# Byte-compiled / optimized / DLL files
__pycache__/
*.py[cod]
*$py.class
--省略--
```

.gitignore 檔中使用 * 當作萬用字元，使用 # 當作注釋。我們可以連到 https://git-scm.com/docs/gitignore 網站，從線上說明文件中閱讀更多相關資訊。

請把您實際要用的 .gitignore 檔新增到 Git 倉庫內，以便其他程式設計師在複製您的倉庫時也能擁有這個檔案。如果要根據 .gitignore 檔中的設定查看工作目錄中的哪些檔案被忽略掉，可執行「git ls-files --other --ignored --exclude-standard」命令。

提交變更

把新的檔案新增到倉庫後，我們就可以繼續專案的開發和編寫程式碼。當您想要建立另一個快照時，可執行「git add .」來預存所有已修改的檔案，然後執行「git commit -m <commit message>」提交所有已預存的檔案。不過直接使用單個「git commit -am <commit message>」命令更容易一次搞定：

```
C:\Users\Al\wizcoin>git commit -am "Fixed the currency conversion bug."
[master (root-commit) e1ae3a3] Fixed the currency conversion bug.
1 file changed, 12 insertions(+)
```

如果您只想提交某些修改的檔案而不是每個已修改的檔案，可以把 -am 選項中的 -a 去掉，並在提交訊息後指定要提交的檔案，例如使用「git commit -m <commit message> file1.py file2.py」。

提交訊息對以後的運用提供了提示的作用：訊息能提醒我們在此提交中進行了哪些變更。訊息可能只是條簡短的通用訊息，例如 "Updated code" 或 "Fixed a few bugs"，甚至只有 "x"（因為不允許以空白來提交訊息），但過了三個星期後，當您需要回溯到較早版本的程式碼時，若有寫上詳細的提交訊息會讓您在確定回溯時間上省去很多麻煩。

如果您忘記加上「-m "<message>"」命令行引數，Git 會在終端視窗中開啟 Vim 文字編輯器，請直接按 ESC 鍵並輸入「qa!」安全退出 Vim 並取消提交（關於 Vim 的說明超出了本書的範圍）。隨後再次輸入 git commit 命令，這次請記得加上「-m "<message>"」命令行引數。

關於專業提交訊息的範例，可連到 https://github.com/django/django/commits/master 網站查閱 Django Web 框架的提交歷史紀錄。因為 Django 是一個大型的

開放原始碼專案，所以提交常常發生，而且這都是正式的提交訊息。對於只是個人小型的程式專案且不常提交，使用模糊一點的提交訊息就夠用了，但是 Django 有 1000 多個協同開發的貢獻者。在這之中有任何一個提交訊息不完備，則對於所有協同開發的人都會是個問題。

經過前述操作後，檔案已安全提交到 Git 倉庫，請再執行一次「git status」命令來查看其狀態：

```
C:\Users\Al\wizcoin>git status
On branch master
nothing to commit, working tree clean
```

提交已預存的檔案後，這些檔案已經轉移至已提交狀態，Git 告訴我們工作樹是乾淨的；換句話說，沒有已修改或已預存的檔案。回顧一下，當我們把檔案新增到 Git 倉庫時，檔案從未追蹤狀態轉移至預存狀態，然後到已提交狀態。處理到現在，檔案已準備就緒，可以應付未來的修改。

請留意，我們不能把資料夾提交到 Git 倉庫。當資料夾中的檔案提交完成之後，Git 會自動把資料夾引入倉庫內，但不能提交空的資料夾。

假如在最新的提交訊息中有打錯字，則可以使用「git commit --amend -m "<new commit message>"」命令來重新編寫訊息。

在提交之前使用 git diff 查閱修改內容

在提交程式碼之前，應該快速檢閱執行「git commit」時會提交的修改內容。我們可以用「git diff」命令查閱工作副本中目前的程式碼與最新提交中的程式碼兩者有什麼差異。

讓我們來看看使用 git diff 的範例。在文字編輯器或 IDE 中打開 README.md 檔（執行 CookieCutter 時這個檔案應該已經建立了。如果該檔案不存在，請建立一個空的文字檔並另存為 README.md）。這是個 Markdown 格式的檔案，但與 Python 腳本一樣，都是純文字編寫的。請更改檔案中「TODO - fill this in later」這部分的內容，將其改寫為以下內容（暫時保留 xample 這個錯字；稍後我們會對其進行修復）：

```
Quickstart Guide
----------------
```

```
Here's some xample code demonstrating how this module is used:

    >>> import wizcoin
    >>> coin = wizcoin.WizCoin(2, 5, 10)
    >>> str(coin)
    '2g, 5s, 10k'
    >>> coin.value()
    1141
```

在我們新增和提交 README.md 檔之前，執行「git diff」檔來看看修改了什麼內容：

```
C:\Users\Al\wizcoin>git diff
diff --git a/README.md b/README.md
index 76b5814..3be49c3 100644
--- a/README.md
+++ b/README.md
@@ -13,7 +13,14 @@ To install with pip, run:
 Quickstart Guide
 ----------------

-TODO - fill this in later
+Here's some xample code demonstrating how this module is used:
+
+ >>> import wizcoin
+ >>> coin = wizcoin.WizCoin(2, 5, 10)
+ >>> str(coin)
+ '2g, 5s, 10k'
+ >>> coin.value()
+ 1141

 Contribute
 ----------
```

輸出內容顯示了工作副本中的 README.md 已有更改，與存在於最新提交到倉庫中的 README.md 不同。以減號 - 開頭的行表示被刪除的內容，以加號 + 開頭的行則為新增進去的內容。

在查看更改時，您還會看到之前寫入的錯字 xample 而不是正確字 example。我們不應該留下這個錯字，請更正它。隨後再次執行「git diff」命令來檢閱更改內容，並將其新增和提交到倉庫：

```
C:\Users\Al\wizcoin>git diff
diff --git a/README.md b/README.md
index 76b5814..3be49c3 100644
--- a/README.md
+++ b/README.md
```

```
@@ -13,7 +13,14 @@ To install with pip, run:
 Quickstart Guide
 ----------------

-TODO - fill this in later
+Here's some example code demonstrating how this module is used:
--省略--
C:\Users\Al\wizcoin>git add README.md

C:\Users\Al\wizcoin>git commit -m "Added example code to README.md"
[master 2a4c5b8] Added example code to README.md
1 file changed, 8 insertions(+), 1 deletion(-)
```

這樣就能把更正安全地提交到倉庫中。

透過 GUI 應用程式使用 git difftool 來查看更改內容

使用 GUI 的差異比對程式更容易查看更改的內容。在 Windows 中可以下載和
安裝 WinMerge（https://winmerge.org/）這套工具來處理，這是個自由使用的開
放原始碼差異比對程式。若在 Linux 中，則可用「sudo apt-get install meld」命
令來安裝 Meld，也可以用「sudo apt-get install kompare」命令安裝 Kompare。
若在 macOS 系統可以用下以的命令來安裝 tkdiff 程式，不過要先安裝和配置
Homebrew（用於安裝軟體的軟體套件管理工具），然後再使用 Homebrew 來安
裝 tkdiff：

```
/bin/bash -c "$(curl -fsSL https://raw.githubusercontent.com/Homebrew/install/
master/install.sh)"
brew install tkdiff
```

執行「git config diff.tool <tool_name>」命令可以把 Git 配置為使用這些工具，
命令中的 <tool_name> 要換成工具名稱，如 winmerge、tkdiff、meld 或 kom
pare。最後執行「git difftool <filename>」在工具的 GUI 介面中查看檔案所做的
更改，如圖 12-5 所示。

除此之外，可執行「git config --global difftool.prompt false」命令，這樣每次您
想開啟差異比對工具時，Git 都不會要求確認。如果安裝了 GUI Git 客戶端，則
還可以將其配置為使用這些工具（或者它可能內建了自己的圖型界面差異比對
工具）。

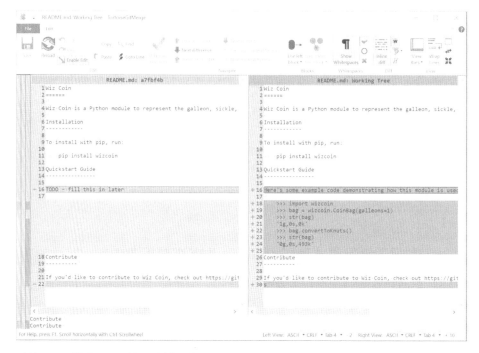

圖 12-5　這套 GUI 差異比對工具是 WinMerge，比使用 git diff 的文字輸出更好閱讀

我應該多久提交一次更改？

版本控制允許把檔案回退（roll back）到較早的提交，那麼應該要多久進行一次提交呢？如果提交的頻率太高，在整理大量無關緊要的提交來查出需要的版本時，就會花費不少查閱的時間。

如果提交頻繁太低，則每次提交都會有大量的修改，而且還原到特定的提交時可能退回到比您想像更前面的修改。以一般經驗來看，程式設計師的提交頻率往往不足夠。

建議您在完成整個功能後（例如某個功能、某個類別或錯誤修復），就應該提交程式碼。請不要提交任何包含有語法錯誤或有明顯損壞的程式碼。提交的檔案可能含有幾行或幾百行更改的程式碼，無論是多或少，都應該在跳回到任何較早的提交後仍然可以正常工作。在提交之前，應該都要執行所有單元測試。理想的情況下，所有的測試都應該通過（如果不通過，請在提交訊息中註記）。

從倉庫中刪除檔案

如果不再需要 Git 追蹤檔案，我們不能只是單純地從檔案系統中刪除檔案，必須透過 Git 使用「git rm」命令來告知 Git 不再追蹤檔案。我們先執行「echo "Test file" > deleteme.txt」命令來建立一個名為 deleteme.txt 的小檔案，其內容為 "Test file"。以這個檔案為例來示範，執行以下命令將其提交到倉庫中：

```
C:\Users\Al\wizcoin>echo "Test file" > deleteme.txt
C:\Users\Al\wizcoin>git add deleteme.txt
C:\Users\Al\wizcoin>git commit -m "Adding a file to test Git deletion."
[master 441556a] Adding a file to test Git deletion.
 1 file changed, 1 insertion(+)
 create mode 100644 deleteme.txt
C:\Users\Al\wizcoin>git status
On branch master
nothing to commit, working tree clean
```

不要在 Windows 中使用 del 命令或在 macOS 和 Linux 中使用 rm 命令來刪除這個檔案（如果這樣做了，可以執行「git restore <filename>」來回復檔案，或者繼續執行「git rm」命令將其從倉庫中刪除）。相反地，請使用「git rm」命令來刪除和預存 deleteme.txt 檔，如下所示：

```
C:\Users\Al\wizcoin>git rm deleteme.txt
rm deleteme.txt'
```

「git rm」命令會把工作副本中的檔案刪除，但處理尚未完成，就像「git add」命令一樣，用了「git rm」命令後會預存檔案，還需要像其他更改一樣提交檔案的刪除操作：

```
C:\Users\Al\wizcoin>git status
On branch master
Changes to be committed:
❶ (use "git reset HEAD <file>..." to unstage)

        deleted: deleteme.txt

C:\Users\Al\wizcoin>git commit -m "Deleting deleteme.txt from the repo to
finish the deletion test."
[master 369de78] Deleting deleteme.txt from the repo to finish the deletion
test.
 1 file changed, 1 deletion(-)
 delete mode 100644 deleteme.txt
C:\Users\Al\Desktop\wizcoin>git status
On branch master
nothing to commit, working tree clean
```

即使您已經從工作副本中刪除了 deleteme.txt，但這個檔案仍然預存在倉庫的歷史紀錄中。本章後面的「還原舊的更改」小節會介紹如何還原已刪除的檔案或復原更改。

「git rm」命令僅適用在乾淨、未提交狀態且未修改的檔案。如果不在這種狀態，Git 會要求您提交更改或使用「git reset HEAD <filename>」命令來讓檔案變成未預存狀態（「git status」的輸出中會提醒我們要使用此命令❶）。這個過程可以防止我們意外刪除未提交的更改。

對倉庫中的檔案進行重新命名和搬移

與刪除檔案的操作很類似，除非使用 Git 來處理，否則不要在倉庫中重新命名或搬移動檔案。如果您嘗試不使用 Git 來處理這些操作，則 Git 會認定是刪除了一個檔案，然後又建立了一個恰好有相同內容的新檔案。正確作法是用「git mv」命令，然後再執行「git commit」。執行以下命令，把 README.md 檔案重新命名為 README.txt：

```
C:\Users\Al\wizcoin>git mv README.md README.txt
C:\Users\Al\wizcoin>git status
On branch master
Changes to be committed:
  (use "git reset HEAD <file>..." to unstage)

        renamed: README.md -> README.txt

C:\Users\Al\wizcoin>git commit -m "Testing the renaming of files in Git."
[master 3fee6a6] Testing the renaming of files in Git.
 1 file changed, 0 insertions(+), 0 deletions(-)
 rename README.md => README.txt (100%)
```

這樣操作之後，README.txt 的更改歷史紀錄也會包含在 README.md 的歷史紀錄。

我們還可以用「git mv」命令把檔案搬移到新的資料夾內。輸入以下命令建立一個名為 movetest 的新資料夾，並將 README.txt 檔搬移入其中：

```
C:\Users\Al\wizcoin>mkdir movetest
C:\Users\Al\wizcoin>git mv README.txt movetest/README.txt
C:\Users\Al\wizcoin>git status
On branch master
Changes to be committed:
  (use "git reset HEAD <file>..." to unstage)
```

```
         renamed: README.txt -> movetest/README.txt

C:\Users\Al\wizcoin>git commit -m "Testing the moving of files in Git."
[master 3ed22ed] Testing the moving of files in Git.
 1 file changed, 0 insertions(+), 0 deletions(-)
 rename README.txt => movetest/README.txt (100%)
```

還可以對「git mv」命令傳入新的名稱和位置，這樣可以同時重新命名和搬移
檔案。讓我們把 README.txt 移回工作目錄中原本的位置，並改回原本的檔案
名稱：

```
C:\Users\Al\wizcoin>git mv movetest/README.txt README.md
C:\Users\Al\wizcoin>git status
On branch master
Changes to be committed:
  (use "git reset HEAD <file>..." to unstage)

        renamed: movetest/README.txt -> README.md

C:\Users\Al\wizcoin>git commit -m "Moving the README file back to its original
place and name."
[master 962a8ba] Moving the README file back to its original place and name.
 1 file changed, 0 insertions(+), 0 deletions(-)
 rename movetest/README.txt => README.md (100%)
```

請留意，上述 README.md 檔又搬回到原本資料夾中且改回原本的名稱，但這
些操作過程，Git 倉庫還是會記錄其搬移和名稱的更改。您可以使用「git log」
命令來查看此歷史紀錄，下一節會說明其內容。

檢閱提交記錄

「git log」命令會輸出所有提交的清單：

```
C:\Users\Al\wizcoin>git log
commit 962a8baa29e452c74d40075d92b00897b02668fb (HEAD -> master)
Author: Al Sweigart <al@inventwithpython.com>
Date: Wed Sep 1 10:38:23 2021 -0700

    Moving the README file back to its original place and name.

commit 3ed22ed7ae26220bbd4c4f6bc52f4700dbb7c1f1
Author: Al Sweigart <al@inventwithpython.com>
Date: Wed Sep 1 10:36:29 2021 -0700

    Testing the moving of files in Git.
```

> --省略--

此命令會顯示大量文字。如果日誌記錄太長，您的終端模式視窗放不下，則可以利用向上和向下鍵在視窗中上下捲動查看。若想要退出，請按 **q** 鍵。

如果要把最新提交版本之前的檔案進行提交，則需要先找到該檔案的**提交雜湊值（commit hash）**，這是個由 40 個字元所組成的十六進位字串（由數字和字母 A 到 F 組成），是提交的唯一識別子。舉例來說，我們倉庫中最新提交的完整雜湊值為 962a8baa29e452c74d40075d92b00897b02668fb，但通常只使用前七位字元即可：962a8ba。

隨著時間的流逝，日誌記錄檔會變得很長。「--oneline」選項可以把輸出的提交雜湊值和提交訊息濃縮成一行。請在命令行中輸入「git log --oneline」：

```
C:\Users\Al\wizcoin>git log --oneline
962a8ba (HEAD -> master) Moving the README file back to its original place and
name.
3ed22ed Testing the moving of files in Git.
15734e5 Deleting deleteme.txt from the repo to finish the deletion test.
441556a Adding a file to test Git deletion.
2a4c5b8 Added example code to README.md
e1ae3a3 An initial add of the project files.
```

如果此日誌還是太長，則可用 -n 把輸出限制為最新的提交。請試著輸入「git log --oneline -n 3」命令，僅查看最近期的三個提交：

```
C:\Users\Al\wizcoin>git log --oneline -n 3
962a8ba (HEAD -> master) Moving the README file back to its original place and
name.
3ed22ed Testing the moving of files in Git.
15734e5 Deleting deleteme.txt from the repo to finish the deletion test.
```

要顯示某個特定提交時的檔案內容，可以執行「git show <hash>:<filename>」命令來處理。但 GUI Git 工具提供了比命令行 Git 工具更方便的界面，可用來檢查倉庫的日誌記錄。

還原舊的變更

假設因為您不小心引入了一個錯誤，或者不小心刪除了某個檔案，您想要還原回較早期版本的程式碼。版本控制系統能讓我們把工作副本復原（undo）或回退（roll back）到先前提交的內容。所使用的確切命令取決於工作副本中檔案的狀態。

請記住，版本控制系統僅能新增資訊，就算從倉庫中刪除檔案，Git 也會記錄這個檔案，以便日後可以還原。回退變更的動作實際上是新增一個新的變更，這個新的變更會把檔案的內容設回上一次提交時的狀態。您可以連到 https://github.blog/2015-06-08-how-to-undo-almost-anything-with-git/ 中找到關於各種回退和復原處理的詳細資訊。

復原未提交的本機變更

如果您對檔案進行了未提交的變更，但想要還原到最近一次提交的版本，則可以執行「git restore <filename>」。在以下範例中，我們修改了 README.md 檔案，但尚未預存或提交該檔案：

```
C:\Users\Al\wizcoin>git status
On branch master

Changes not staged for commit:
  (use "git add <file>..." to update what will be committed)
  (use "git restore <file>..." to discard changes in working directory)
        modified: README.md

no changes added to commit (use "git add" and/or "git commit -a")
C:\Users\Al\wizcoin>git restore README.md
C:\Users\Al\wizcoin>git status
On branch master
Your branch is up to date with 'origin/master'.

nothing to commit, working tree clean
```

執行「git restore README.md」命令後，README.md 的內容會還原到為最近一次提交的內容。這實際上是把對檔案（這些檔案是尚未預存或提交）所做的變更復原回去。請留意：您不能復原這個「復原」操作來找回這些變更。

我們還可以執行「git checkout .」命令來還原對工作副本中每個檔案所做的所有變更。

把已預存的檔案改為未預存

如果執行了「git add」命令來預存已修改的檔案，但現在又希望把讓檔案從已預存中移除，讓檔案不出現在下一次的提交中，則可執行「git restore --staged <filename>」來取消預存：

```
C:\Users\Al>git restore --staged README.md
Unstaged changes after reset:
M       spam.txt
```

README.md 會保留修改，如同使用「git add」預存檔案之前一樣，但檔案不再處於預存狀態。

回退到最近一次提交

假設您進行了幾次無用的提交，現在想要從前一次提交重新開始。若想要復原之前特定次數的提交，例如復原回最近 3 次的提交，可使用「git revert -n HEAD~3..HEAD」命令來處理，命令中的 3 可替換成任意數量的提交。舉例來說，假設您追蹤了自己所寫的神秘小說之更動變化，並且掌握了所有提交和提交資料的 Git 日誌記錄，如下所示：

```
C:\Users\Al\novel>git log --oneline
de24642 (HEAD -> master) Changed the setting to outer space.
2be4163 Added a whacky sidekick.
97c655e Renamed the detective to 'Snuggles'.
8aa5222 Added an exciting plot twist.
2590860 Finished chapter 1.
2dece36 Started my novel.
```

稍後，您決定要從雜湊值 8aa5222 的「exciting plot twist」情節重新開始。這表示您應該復原最後三次提交的變更：de24642、2be4163 和 97c655e。執行「git revert -n HEAD~3..HEAD」命令復原這些變更，然後執行「git add .」和「git commit -m "<commit message>"」提交此內容，這些操作就像您所進行的任何其他變更一樣：

```
C:\Users\Al\novel>git revert -n HEAD~3..HEAD

C:\Users\Al\novel>git add .

C:\Users\Al\novel>git commit -m "Starting over from the plot twist."
[master faec20e] Starting over from the plot twist.
 1 file changed, 34 deletions(-)

C:\Users\Al\novel>git log --oneline
faec20e (HEAD -> master) Starting over from the plot twist.
de24642 Changed the setting to outer space.
2be4163 Added a whacky sidekick.
97c655e Renamed the detective to 'Snuggles'.
8aa5222 Added an exciting plot twist.
2590860 Finished chapter 1.
2dece36 Started my novel.
```

Git 倉庫一般只能新增資訊，因此復原的這些提交仍會保留在提交的歷史紀錄中。如果想要復原這次「復原」，可再使用「git revert」命令進行回退處理。

針對某個持定提交的某個檔案進行回退處理

由於提交會捉取整個倉庫的狀態，而不是單個檔案的狀態，因此，若想要回退某個檔案的變更，則需要使用其他命令來達成。舉例來說，假設這裡有個小型軟體專案的 Git 倉庫，我建立了一個 egg.py 檔，並新增了 spam() 和 bacon() 函式，之後把 bacon() 重新命名為 cheese()。這個倉庫的日誌記錄如下所示：

```
C:\Users\Al\myproject>git log --oneline
895d220 (HEAD -> master) Adding email support to cheese().
df617da Renaming bacon() to cheese().
ef1e4bb Refactoring bacon().
ac27c9e Adding bacon() function.
009b7c0 Adding better documentation to spam().
0657588 Creating spam() function.
d811971 Initial add.
```

我決定要把檔案復原回到新增 bacon() 之前的狀態，而且不變更倉庫中的其他檔案。我可以用「git show <hash>:<filename>」命令來顯示這個檔案在某個特定提交中的雜湊值。命令如下所示：

```
C:\Users\Al\myproject>git show 009b7c0:eggs.py
<contents of eggs.py as it was at the 009b7c0 commit>
```

使用「git checkout <hash> -- <filename>」命令，我可以把 eggs.py 的內容復原回到想要的版本，然後像往常一樣提交變更後的檔案。「git checkout」命令只更改了工作副本，您還是需要像其他任何更改一樣進行預存和提交這些更改：

```
C:\Users\Al\myproject>git checkout 009b7c0 -- eggs.py

C:\Users\Al\myproject>git add eggs.py

C:\Users\Al\myproject>git commit -m "Rolled back eggs.py to 009b7c0"
[master d41e595] Rolled back eggs.py to 009b7c0
 1 file changed, 47 deletions(-)

C:\Users\Al\myproject>git log --oneline
d41e595 (HEAD -> master) Rolled back eggs.py to 009b7c0
895d220 Adding email support to cheese().
df617da Renaming bacon() to cheese().
ef1e4bb Refactoring bacon().
ac27c9e Adding bacon() function.
009b7c0 Adding better documentation to spam().
0657588 Creating spam() function.
d811971 Initial add.
```

eggs.py 檔已經完成回退處理，倉庫的其餘內容維持不變。

重新編寫提交歷史紀錄

如果您不小心提交了含有敏感資訊（例如密碼、API 密鑰或信用卡號）的檔案，那麼只編輯這些資訊和進行新的提交是不夠的。任何在您的電腦或遠端複製中可以存取該倉庫的人都能用回退的方式找到含有敏感資訊的提交。

實際上，從您的倉庫中刪除此資訊並讓它無法還原是很棘手的，但還是有可能做到。確切的處理步驟超出了本書的範圍，建議您可以用「git filter-branch」命令，或者最好使用 BFG Repo-Cleaner 工具來處理。您可以連到 https://help.github.com/en/articles/removing-sensitive-data-from-a-repository 網站閱讀關於這兩種處理方式的詳細資訊。

避免這種問題的最簡單方法是使用 secrets.txt、secretitive.py 或類似名稱，在這類檔案中放入敏感的私人資訊，然後將檔名新增到 .gitignore 中，這樣您就永遠不會意外提交到倉庫內。您的程式可以去讀取這個檔案來取得敏感資訊，而不要直接在原始程式碼中寫入這些敏感資訊。

GitHub 和 git push 命令

雖然 Git 倉庫可以完整放在您的電腦中，但現今有許多免費網站可以線上託管倉庫的副本，讓其他人也能輕鬆下載並為您的專案貢獻心力。這些站點中最大的是 GitHub。如果讓專案的副本維持在連線狀態，那麼就算您的本機電腦關機了，其他人還是能對專案新增程式碼。這個副本還是能充當有效的備份。

> NOTE
> 小心這些術語容易引起的混淆，這裡的 Git 指的是版本控制軟體，是用來維護倉庫且含有 git 命令。而 GitHub 是指線上託管 Git 倉庫的網站。

請連到 https://github.com 並註冊一個免費帳戶。在 GitHub 主頁或個人資料頁面的「Repositiories」標籤中，點按「**New**」按鈕以啟動新專案。輸入 **wizcoin** 作為倉庫名稱，並輸入與本章前面「使用 Cookiecutter 建立新的 Python 專案」小節中對 Cookiecutter 相同的專案描述，如圖 12-6 所示。把倉庫標記為「**Public**」，並取消勾選「**Initialize this repository with a README**」核取方塊，因為我們將匯入現有倉庫。最後點按「**Create repository**」鈕。這些步驟其實就等於在 GitHub 網站上執行「git init」的初始處理。

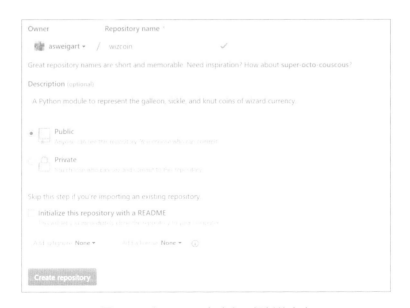

圖 12-6　在 GitHub 上建立一個新的倉庫

您可以用 https://github.com/<username>/<repo_name> 這樣的網址來連到您的倉庫的頁面。就以筆者為例，我的 wizcoin 倉庫託管在 https://github.com/asweigart/wizcoin。

把現有的倉庫推送到 GitHub

若想要從命令行推送現有倉庫上去 GitHub，請輸入以下內容：

```
C:\Users\Al\wizcoin>git remote add origin https://github.com/<github_
username>/wizcoin.git
C:\Users\Al\wizcoin>git push -u origin master
Username for 'https://github.com': <github_username>
Password for 'https://<github_username>@github.com': <github_password>
Counting objects: 3, done.
Writing objects: 100% (3/3), 213 bytes | 106.00 KiB/s, done.
Total 3 (delta 0), reused 0 (delta 0)
To https://github.com/<your github>/wizcoin.git
 * [new branch] master -> master
Branch 'master' set up to track remote branch 'master' from 'origin'.
```

「git remote add origin https://github.com/<github_username>/wizcoin.git」命令會把 GitHub 上的倉庫新增為與您的本機倉庫相對應的遠端倉庫。然後，您就可以用「git push -u origin master」命令把對本機倉庫所做的所有提交推送到遠端倉庫中。第一次推送之後，未來只需執行「git push」即可把本機倉庫所有提交推送上去。最好是在每次提交後就接著推送到 GitHub，以確保 GitHub 上的遠端倉庫與您的本機倉庫都保持在最新狀態，但這只是建議而不是絕對的要求。

當您連到 GitHub 重新載入倉庫的頁面時，您應該就會看到該頁面上顯示的檔案和提交內容。還有很多 GitHub 的相關知識和應用要學習，包括如何透過「pull requests」接受他人對您的倉庫所提供的貢獻，這些功能和 GitHub 的其他高階應用已超出了本書的範圍，這裡不多贅述。

從現有的 GitHub 倉庫來複製倉庫

也可以反向處理：先在 GitHub 上建立一個新的倉庫，然後將其複製到您的電腦本機內。這次在 GitHub 網站上建立新的倉庫時，要勾選「**Initialize this repository with a README**」核取方塊。

若想要把這個倉庫複製到本機的電腦，請連到 GitHub 的倉庫頁面，然後按下「**Clone**」或「**download**」鈕來開啟一個視窗，其視窗中的 URL 類似於 https://github.com/<github_username>/wizcoin.git。把您的倉庫網址與 git clone 命令一起使用，這樣就能下載到您的電腦：

```
C:\Users\Al>git clone https://github.com/<github_username>/wizcoin.git
Cloning into 'wizcoin'...
remote: Enumerating objects: 5, done.
remote: Counting objects: 100% (5/5), done.
remote: Compressing objects: 100% (3/3), done.
remote: Total 5 (delta 0), reused 5 (delta 0), pack-reused 0
Unpacking objects: 100% (5/5), done.
```

現在，您可以使用此 Git 倉庫來提交和推送變更，其相關操作就像執行「git init」建立的倉庫一樣。

「git clone」命令也很有用，可避免您的本機倉庫掉進不知如何復原的狀態。雖然這不是最理想的作法，但是始終可以讓檔案的副本保存在工作目錄中。可先刪除本機倉庫，然後用「git clone」重新複製回倉庫。即使是經驗豐富的軟體開發專案，也可能經常面對這種情況。https://xkcd.com/1597/ 上這篇的笑點就是針對這種情況所畫的漫畫。

總結

版本控制系統真的是程式設計師的救星。提交程式碼快照可以輕鬆地查閱開發進度，在某些情況下還可以回退復原不需要的更改。從長遠來看，學習諸如 Git 之類的版本控制系統真的可以節省時間和精力。

Python 專案通常具有幾個標準檔案和資料夾，而 cookiecutter 模組能協助我們建立這些檔案的起始樣板。這些檔案構成了提交給本機 Git 倉庫的第一組檔案。我們把包含所有這些內容的資料夾稱為工作目錄或專案資料夾。

Git 會追蹤工作目錄中的檔案，所有檔案都會以三種狀態之一存在：已提交（也稱為未修改或乾淨）、已修改或已預存狀態。Git 命令行工具有很多命令可用，例如「git status」或「git log」等可用來查閱倉庫的相關資訊，但我們也可以安裝其他第三方 GUI Git 工具。

「git init」命令會在本機電腦中建立一個新的空倉庫。「git clone」命令會從遠端伺服器（如 GitHub 網站）複製倉庫。無論用哪種方式來建立，一旦有了倉庫，就可以使用「git add」和「git commit」來提交對倉庫的變更，並使用「git push」把這些變更提交推送到遠端的 GitHub 倉庫。本章還介紹了一些命令可復原做過的提交。執行復原操作可以讓倉庫檔案回退到較早期提交的版本。

Git 是可擴充功能的軟體工具，本章只介紹了版本控制系統的基礎知識。讀者還可以使用許多網路資源來了解更多關於 Git 的高階功能的資訊。我建議您可以在網路上找兩本免費的書籍：第一本是 Scott Charcon 的「Pro Git」，網址為 https://git-scm.com/book/en/v2，第二本是 Eric Sink 的「Version Control by Example」，網址為 https://ericsink.com/vcbe /index.html。

第 13 章
評測效能和大 O 演算法分析

對大多數小型程式來說，效能並不是那麼重要。我們可能花了一個小時設計編寫程式腳本來自動化處理僅需幾秒鐘就能執行完畢的工作。就算要花更多的時間執行，這支程式也可能會在我們帶著咖啡返回辦公桌前就完成工作了。

有時候是值得花點時間學習如何讓程式腳本能執行的更快。不過我們需要知道如何評量程式的速度，這樣才會知道所做的修更是否真的提升了程式的執行速度。這裡就是 Python 的 timeit 和 cProfile 模組上場的機會，這些模組不僅可以**評測分析**程式碼的執行速度，還能提供程式的配置描述資訊，用來了解程式碼中哪些部分已經夠快，而哪些部分還可以改進。

除了評測程式的速度之外，在本章還會學習如何評測隨著程式資料的增長而在執行時期理論值上的增長，這在電腦科學中是稱之為「**大 O 符號表示法（Big O notation）**」。沒有傳統電腦科學背景的軟體開發人員有時可能會覺得自己的知識不夠用，就算已有良好的電腦科學教育，但學到的知識並不一定都和

軟體開發直接相關。我曾開過一個玩笑（只算半個玩笑話），大 O 符號表示法佔了我學位有用度的 80% 左右。本章會介紹這個實用的主題。

timeit 模組

在軟體開發中常有人說：「過早的優化是萬惡之源（Premature optimization is the root of all evil）」（大多數人都認為這句話是電腦科學家 Donald Knuth 提出，但他說是引述自 Tony Hoare。而 Tony Hoare 反過來又說是引述自 Donald Knuth）。過早的優化，或是在知道需要優化的內容之前就進行優化，這通常會在程式設計師嘗試使用巧妙的技巧來節省記憶體或寫出更快的程式碼時所發生的。舉例來說，使用 XOR 演算法這種技巧來交換兩個整數值，但就是不使用第三個臨時變數簡單的完成：

```
>>> a, b = 42, 101  # Set up the two variables.
>>> print(a, b)
42 101
>>> # A series of ^ XOR operations will end up swapping their values:
>>> a = a ^ b
>>> b = a ^ b
>>> a = a ^ b
>>> print(a, b)  # The values are now swapped.
101 42
```

如果您不熟悉 XOR 演算法（這個演算法會用到 ^ 位元運算），就會覺得這段程式碼看起來像天書。使用程式設計巧妙技法的問題在於會產生複雜且不好閱讀的程式碼內容。請回想 Python 之禪中的一條準則：「可讀性很重要！」。

更糟糕的是，這些聰明技巧可能會變得不那麼聰明。我們不能一開始就假設巧妙技法會更快，或是認定被替換的舊程式碼會較慢。找出問題的唯一方法是進行評測和比較**執行時間**（**runtime**）：執行整支程式或某段程式碼所花費的時間。請記住，執行時間變長表示程式速度變慢：該程式花費更多的時間來完成相同的工作量（**runtime** 有時也譯作**執行時期**，這個詞用來表示程式執行的這段時期。在執行時期發生的錯誤表示這個錯誤是在程式執行的時候才發生，而不是在程式編譯成位元組碼時發生的）。

Python 標準程式庫的 timeit 模組可以對某段小程式執行數千或數百萬次來評測其執行速度，並找出其平均的執行時間。timeit 模組還能臨時停用自動垃圾回收機制，以確保執行時期更一致。如果要測試多行程式碼，則可以傳入多行程式碼字串或使用分號隔開多行程式碼：

```
>>> import timeit
>>> timeit.timeit('a, b = 42, 101; a = a ^ b; b = a ^ b; a = a ^ b')
0.1307766629999998
>>> timeit.timeit("""a, b = 42, 101
... a = a ^ b
... b = a ^ b
... a = a ^ b""")
0.13515726800000039
```

在我的電腦中，XOR 演算法大約需要十分之一秒執行此段程式碼。這樣算快嗎？讓我們再用第三個臨時變數的相互交換程式碼來進行比較：

```
>>> import timeit
>>> timeit.timeit('a, b = 42, 101; temp = a; a = b; b = temp')
0.027540389999998638
```

真是令人訝異！使用第三個臨時變數不僅更具可讀性，而且速度還快幾倍！巧妙技巧的 XOR 演算法可能會節省一些位元組的記憶體空間，但卻會犧牲速度和程式碼的可讀性。犧牲程式碼的可讀性來減少幾個位元組的記憶體使用量或十億分之一秒的執行時間是不值得的。

更好的作法是，我們使用「**多重指定值（multiple assignment）**」的技巧，也稱「**可迭代開箱（iterable unpacking）**」來交換兩個變數，這項操作也能在很短的時間內執行完畢：

```
>>> timeit.timeit('a, b = 42, 101; a, b = b, a')
0.024489236000007963
```

這不僅是最易讀的程式碼，而且也是最快的程式碼。我們之所以知道這一點，並不是因為用假設的，而是由客觀的評測結果來得知。

timeit.timeit() 函式還可以把**設定用程式碼（setup code）**當作第二個字串引數。設定用程式碼只會在執行第一個字串引數的程式碼之前執行一次。我們還可以利用 number 關鍵字引數傳入一個整數值來更改預設的評測次數。舉例來說，以下評測了 Python 的 random 模組從 1 到 100 生成 10,000,000 個隨機數的速度（在我的電腦上執行大約需要 10 秒）。

```
>>> timeit.timeit('random.randint(1, 100)', 'import random', number=10000000)
10.020913950999784
```

預設的情況下，傳給 timeit.timeit() 的程式碼並不能存取該程式碼以外的變數和函式：

```
>>> import timeit
>>> spam = 'hello'  # We define the spam variable.
>>> timeit.timeit('print(spam)', number=1)  # We measure printing spam.
Traceback (most recent call last):
  File "<stdin>", line 1, in <module>
  File "C:\Users\Al\AppData\Local\Programs\Python\Python37\lib\timeit.py",
line 232, in timeit
    return Timer(stmt, setup, timer, globals).timeit(number)
  File "C:\Users\Al\AppData\Local\Programs\Python\Python37\lib\timeit.py",
line 176, in timeit
    timing = self.inner(it, self.timer)
  File "<timeit-src>", line 6, in inner
NameError: name 'spam' is not defined
```

要解決上述的問題，請把 globals() 函式的返回值指定給 globals 關鍵字引數：

```
>>> timeit.timeit('print(spam)', number=1, globals=globals())
hello
0.000994909999462834
```

設計編寫程式碼時有個可以遵守的準則是先讓程式可以運作，然後再讓程式變快。在有了能運作程式後，您才能集中精力提升程式的效率。

cProfile 效能分析器

timeit 模組對小型程式碼很有用，而 cProfile 模組能更有效率地對整個函式或整支程式進行分析。**效能分析**（**profiling**）可以有系統地分析程式的速度、記憶體的使用和其他方面的狀況。cProfile 模組是 Python 的**效能分析器**（**profiler**）或評測軟體，可用來評測程式執行時間以及建立程式中各個函式呼叫的執行時期配置情況。這些資訊提供了對程式碼更細緻深入的評測。

若想要使用 cProfile 效能分析器，請把要評測的程式碼字串傳給 cProfile.run()。讓我們看一下 cProfiler 如何評測和回報簡短函式的執行情況，該函式會把 1 到 1,000,000 之間的所有數字相加：

```
import time, cProfile
def addUpNumbers():
    total = 0
    for i in range(1, 1000001):
```

```
        total += i

cProfile.run('addUpNumbers()')
```

當您執行這支程式時，輸出為如下所示：

```
      4 function calls in 0.064 seconds
Ordered by: standard name

ncalls tottime percall cumtime percall filename:lineno(function)
    1   0.000   0.000   0.064   0.064 <string>:1(<module>)
    1   0.064   0.064   0.064   0.064 test1.py:2(addUpNumbers)
    1   0.000   0.000   0.064   0.064 {built-in method builtins.exec}
    1   0.000   0.000   0.000   0.000 {method 'disable' of '_lsprof.Profiler'
objects}
```

每一行代表一個不同的函式以及在該函式上花費的時間。cProfile.run() 輸出中的欄位分別是：

ncalls　　　對該函式的呼叫次數

tottime　　函式中花費的時間總和，不包括子函式中的時間

percall　　時間總和除以呼叫次數

cumtime　　函式和所有子函式所花費的累積時間

percall　　累積時間除以呼叫次數

filename:lineno(function)　　函式所在的檔案以及該行的行號

舉例來說，從 https://nostarch.com/crackingcodes/ 網站下載 rsaCipher.py 和 al_sweigart_pubkey.txt 檔案。這是「Python 駭客密碼－加密、解密與破解實例應用」一書中的 RSA Cipher 程式。請在互動式 shell 模式中輸入以下內容，分析 cryptoAndWriteToFile() 函式，因為該函式是用「'abc' * 100000」表示式建立 300,000 個字元的訊息，並對該訊息進行加密：

```
>>> import cProfile, rsaCipher
>>> cProfile.run("rsaCipher.encryptAndWriteToFile('encrypted_file.txt',
'al_sweigart_pubkey.txt', 'abc'*100000)")
        11749 function calls in 28.900 seconds

Ordered by: standard name

ncalls tottime percall cumtime percall filename:lineno(function)
    1   0.001   0.001  28.900  28.900 <string>:1(<module>)
```

```
       2    0.000    0.000    0.000    0.000 _bootlocale.py:11(getpreferredencoding)
--省略--
       1    0.017    0.017   28.900   28.900 rsaCipher.py:104(encryptAndWriteToFile)
       1    0.248    0.248    0.249    0.249 rsaCipher.py:36(getBlocksFromText)
       1    0.006    0.006   28.873   28.873 rsaCipher.py:70(encryptMessage)
       1    0.000    0.000    0.000    0.000 rsaCipher.py:94(readKeyFile)
--省略--
    2347    0.000    0.000    0.000    0.000 {built-in method builtins.len}
    2344    0.000    0.000    0.000    0.000 {built-in method builtins.min}
    2344   28.617    0.012   28.617    0.012 {built-in method builtins.pow}
       2    0.001    0.000    0.001    0.000 {built-in method io.open}
    4688    0.001    0.000    0.001    0.000 {method 'append' of 'list' objects}
--省略--
```

從這裡可以看出傳給 cProfile.run() 的程式碼花費了 28.9 秒完成。請留意時間總和最大的函式，在這個例子中，Python 的內建 pow() 函式耗時 28.617 秒，幾乎是整支程式的執行時間！我們無法更改這個程式碼（它是 Python 內建的一部分），但是也許我們可以更改自己的程式碼以減少對這個函式的依賴。

在這種情況下修改好像不太可能，因為 rsaCipher.py 已經相當優化。即便如此，分析這支程式仍讓我們了解到 pow() 是主要瓶頸。因此，嘗試改進 readKeyFile() 函式就幾乎沒什麼意義（該函式執行時間非常短，cProfile 回報告其執行時間都為 0）。

阿姆達爾定律（**Amdahl's Law**）抓住了這個想法，這個定律的公式可以計算出在改進了其中一個元件的情況下，整支程式可以加快多少速度。公式是「**整個任務的加速 = 1 / ((1 - p) + (p / s))**」，其中 s 是對某個元件進行的加速，而 p 是指整支程式中元件的部分。因此，如果將構成程式總執行時間 90% 的元件之速度提升一倍，就能獲得「1 / ((1 - 0.9) + (0.9 / 2)) = 1.818」，這樣能提升整個程式 82% 的速度。這個比把只佔總執行時間 25% 的元件之速度提高三倍要好得多，提高三倍的公式算出速度為「1 / ((1 - 0.25) + (0.25 / 2)) = 1.143」，即對整體提升 14%。您不用背下這個公式，只要記住把程式碼慢速或冗長部分的執行速度提高一倍，比將程式碼中已經夠快或簡短部分的速度提高一倍更有效率。這是常識：昂貴房屋的價格打九折會比廉價的鞋子打九折後可省下的錢當然多很多。

大 O 演算法分析

大 O（**big O**）是演算法分析的一種形式，能描述程式碼怎麼評量的尺度。它把程式碼分成幾個階層（orders），這些階層一般是隨著程式碼工作量的增加，其執行的時間要增長。Python 開發專家 Ned Batchelder 把大 O 描述成「隨著資料增長會怎麼減慢程式執行」的分析，這是他在 PyCon 2018 演講的主題，該演講的內容可連到 https://youtu.be/duvZ-2UK0fc/ 網站觀看。

讓我們思考以下情況。假設您有一定數量的工作需要花費一小時才能完成。如果工作量增加一倍，那麼完成工作需要多長時間呢？您可能覺得要花兩倍的時間完成，但實際上，正確答案取決於要完成工作的類型。

如果閱讀一本簡短的書需要花費一小時，那麼閱讀兩本則大約需要兩小時。但如果您可以在一小時內按書名的字母順序排放 500 本書，那麼排放 1,000 本書很可能會花費超過兩個小時的時間，因為您必須在更大的書堆中找到每本書的正確位置。另一方面，如果您只是檢查書架是否為空的，則書架上有 0、10 或 1,000 本書都沒有太大關係，看一眼您會立即知道答案，不管有多少本書，執行時間都大致維持不變。雖然每個人閱讀的快慢不同或按字母順序排列書籍的速度也不同，但整體趨勢仍會維持不變。

這個演算法的大 O 描述了這些趨勢。演算法可以在不同快慢速度的電腦上執行，無論執行該演算法的實際硬體如何，都還是能用大 O 來描述演算法的整體效能。大 O 不會使用特定的單位（例如秒或 CPU 週期）來描述演算法的執行時間，因為不同的電腦或程式語言會有所不同。

大 O 階層

大 O 符號表示法通常定義了以下的階層（orders）。範圍從較低的階層（隨著資料量的增長，程式碼的速度減慢最少）到較高的階層（程式碼的速度減慢最多）：

1. O(1)，常數時間（最少的階層）

2. O(log n)，對數時間

3. O(n)，線性時間

4. O(n log n)，N-log-N 時間

5. O(n²)，多項式時間

6. O(2ⁿ)，指數時間

7. O(n!)，階乘時間（最多的階層）

請注意，大 O 使用以下符號表示：大寫的 O，後面跟著一對括號，括號中放了階層的描述。大寫字母 O 所代表的是階層（order）或順序（on the order of）。n 則代表程式碼處理輸入資料的大小。O(n) 的英文發音是「big oh of n」或「big oh n」。

您不需要了解諸如對數或多項式之類的精確數學含義就能使用大 O 符號表示法。我會在下一節中詳細說明下列幾個階層，這裡先簡單描述：

■ O(1) 和 O(log n) 演算法是快的。

■ O(n) 和 O(n log n) 演算法還不錯。

■ O(n²)、O(2ⁿ) 和 O(n!) 演算法是慢的。

當然，您可以找到反例，但是上面的描述已算是很好的說明。大 O 的階層還有很多沒列出來，但上述這些是最常見的。讓我們看一下這些階層所描述的任務類別。

以書架來比喻大 O 的階層

在下列的大 O 階層範例中，我會繼續使用書架來比喻。n 表示書架上的書本數量，大 O 階層描述了隨著書本數量的增加，各種任務要怎麼花費更長的時間來完成。

O(1)，常數時間

找出「書架是否空了？」是**常數時間（Constant Time）**的操作。書架上有多少書都沒關係，一眼就能知道書架是否空了。書的數量可以變化，但是執行時間保持不變，因為一看到書架上有一本書就可以停止找書了。n 值與任務的速度無關，這就是為什麼 O(1) 中沒有 n 的原因。您可能還有看過把常數時間寫成 O(c) 的。

O(log n)，對數時間

對數（**Logarithms**）是冪的逆運算：指數 2^4 或 $2\times2\times2\times2$ 等於 16，而 $\log_2(16)$ 對數（讀作以 2 為底的 16 之對數）等於 4。在程式設計中，通常都假設對數的底數是 2，這就是為什麼我們直接寫 O(log n) 而不是 $O(\log_2 n)$ 的原因。

在書架上按照字母順序來搜尋書籍算是對數時間的操作。若想要找到某本書，您可以從書架中間來檢查是否為該本書，如果是您要找的書，那就完成了。如果不是，則可以確定要找的書是在中間這本書之前或是之後。如此一來，您就可以有效地把需要搜尋的範圍縮減一半。您可以再次重複這個操作過程，檢查一半範圍中間的那本書。我們把這個處理操作稱為**二元搜尋演算法**（**binary search algorithm**），本章後面的「大 O 分析範例」小節中有個範例會說明。

把一組 n 本書分成兩半的處理次數是 $\log_2 n$。在有 16 本書的書架上，最多需要 4 個步驟來找出符合的書。因為每一步都會讓需要搜尋的書籍數量減少一半，所以書本數量翻倍的書架只需多搜尋一個步驟。如果按字母順序排列的書架上有 42 億本書，則只需 32 步即可找到某本特定的書。

Log n 演算法通常牽涉到**分治**的處理步驟，從輸入的 n 個中選一半進行處理，然後再從另一半中選擇另一半處理，依此類推。Log n 處理操作的延伸比率還不錯：工作量 n 可以增加一倍，但執行時間僅增加一個步驟。

O(n)，線性時間

在書架上閱讀所有書籍是線性時間操作。如果書籍內容的長度大致相同，而書架上的書籍數量增加了一倍，則閱讀所有書籍所需的時間大約也會增加一倍。執行時間與書本數量 n 成正比。

O(n log n)，N-Log-N 時間

將一堆書籍按字母順序排序是 n-log-n 時間操作。此階層是 O(n) 和 O(log n) 的執行時間相乘的結果。您可以把 O(n log n) 任務看成是必須執行 n 次的 O(log n) 任務，這一點說明了是為什麼要這樣描述。

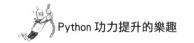

從一堆要按字母順序排列的書籍和一個空的書架為起始,遵循二元搜尋演算法的步驟(在前面的「O(log n),對數」小節中有詳細介紹),以找出某本書在書架上的位置,這是個 O(log n) 的操作處理。若用 n 本書按字母順序排列,每本書以 log n 個步驟按字母順序排列,也就是用「n × log n」或「n log n」個步驟按字母順序排列全部的書籍。給定兩倍數量的書籍,則把所有書籍按字母順序排列需要花費兩倍多的時間,因此「n log n」演算法的比率還算可以。

實際上,所有有效的一般排序演算法都在 O(n log n) 這個階層級距:合併排序、快速排序、堆積排序和 Timsort(由 Tim Peters 發明,是 Python 中 sort() 方法使用的演算法)。

$O(n^2)$,多項式時間

在沒有排序的書架上找出重複的書籍是多項式時間的操作。如果有 100 本書,則要從第一本書開始,將這本與其他 99 本書進行比較,以查看它們是否重複。然後再拿第二本書,檢查它是否與其他 99 本書相同。檢查一本書是否有重複需要 99 步(我們會四捨五入為 100,也就是範例中為 n),所以每本書都必須這樣做 100 次。因此,檢查書架上重複書籍的步驟數大約為 n × n 或 n^2(就算不重複比較,這個 n^2 的近似值仍然成立)。

執行時間隨書本平方的增加而增加。檢查 100 本書是否有重複是 100 × 100 或 10,000 步。但是檢查兩倍的數量(200 本書)為 200 × 200 或 40,000 步:工作量增加為 4 倍。

根據我實際的編寫程式的經驗,我發現大 O 分析的最常見用法是避免在能用 O(n log n) 或 O(n) 演算法的情況下意外使用了 $O(n^2)$ 演算法。$O(n^2)$ 是演算法顯著減慢時間的階層級距,因此搞清楚程式碼是 $O(n^2)$ 或更高階層後應該先暫停下來想一想,也許有另一種演算法可以更快地解決問題。有了這樣的認知,無論是在大學還是線上學習資料結構和演算法課程都會有所幫助。

我們也稱 $O(n^2)$ 為**平方時間**。演算法也可能有 $O(n^3)$ **立方時間**,它比 $O(n^2)$ 還慢,而 $O(n^4)$ **四次方時間**,比 $O(n^3)$ 慢。此外演算法還有其他多項式的時間複雜度。

O(2^n)，指數時間

對書架上書本所有可能組合來拍照是指數時間操作。可以把任務想像成：書架上的每本書都有在照片中或不在照片中的組合。圖 13-1 顯示了 n 為 1、2 或 3 本書的各種組合。如果 n 為 1，則有 2 張可能的照片：有書和沒有書。如果 n 為 2，則可能有 4 張照片：書架上有 2 本書、書架上沒有書、有第 1 本沒有第 2 本、有第 2 本沒有第 1 本。當增加到 3 本書時，照片量又增加了一倍：兩本書的子集合（每張照片）有第 3 本書的共 4 張照片和兩本書的子集（每張照片）沒有第 3 本書的也是 4 張照片，加起來總共用了 2^3 = 8 張照片。每增加一本書，照片量就會增加一倍。就 n 本書來說，需要的照片數量（也就是需要處理的數量）為 2^n。

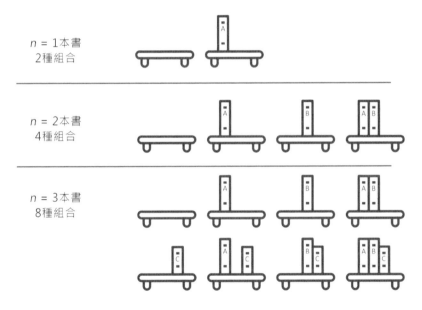

圖 13-1　書架上有 1、2 或 3 本書的各種組合

指數任務執行時間的遞增非常多。6 本書需要 2^6 或 64 張照片，但是 32 本書則需要 2^{32} 張或超過 42 億張照片。O(2^n)、O(3^n)、O(4^n) 等是不同階層，它們都具有指數級別的時間複雜度。

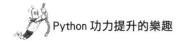

O(n!)，階乘時間

拍攝書籍以任何可能的順序排放在書架上的照片是階乘時間的操作。我們稱之為 n 本書每種可能順序的**排列組合**。這就是 **n!** 或 **n 階**排序。某個數字的**階乘**是所有小於及等於該數的正整數的乘積。舉例來說，3! 是 3×2×1 或 6。圖 13-2 顯示了 3 本書的所有可能排列組合。

圖 13-2　書架上有 3 本書的所有排列組合為 3!（也就是 6）

若想要自己計算，請思考怎麼對 n 本書的每個排列組合進行計算。第 1 本書有 n 種可能的選擇，接著第 2 本書有 n - 1 種可能的選擇（也就是除了選過的第 1 本書之外的所有書），然後第 3 本書有 n - 2 種可能的選擇，以此類推。有 6 本書，那 6! 產生 6 × 5 × 4 × 3 × 2 × 1 或 720 張照片。只要加 1 本書，就需要 7! 或 5,040 張照片。就算是對較小的 n 值進行處理，階乘時間演算法的執行時間很快會增加到無法在合理的時間內完成。假設有 20 本書且每秒整理一下並拍照，那麼這份工作仍然需要宇宙級長的時間（宇宙從誕生到現在的時間）才能列出所有可能的排列組合。

有個著名的 O(n!) 問題是旅行社業務員的難題。業務員必須拜訪 n 個城市，並要計算所有 n! 種可能拜訪順序的旅行距離。藉由這樣的計算，業務員可以找出最短旅行距離的順序。在有許多城市的地區，事實證明這項工作是無法及時完成的。幸運的是，優化演算法在找較短路徑（但不保證是最短路徑）時比 O(n!) 更快找到。

以大 O 評測最壞情況

大 O 專門用來評測所有任務的最壞情況。舉例來說，若想要在一個無序的書架上找到某本特定的書，則需要從頭開始並掃描書本，一直到找到為止。有時可能很幸運在檢查第 1 本書時就找到，但也可能很不走運，要在檢查到最後一本書才找到，另外也可能根本不在書架上。因此，在最佳情況下，可能不必搜尋數十億本書就馬上就找到。但是這種樂觀情況對演算法分析是沒有用。大 O 描述了最壞時所發生的情況：如果書架上有 n 本書，必須檢查完所有 n 本書才完成。在這個範例中，執行時間遞增與書本數量遞增的比率相同。

有些程式設計師還會用**大 Omega 符號表示法（big Omega notation）**，這種表示法描述了演算法的最佳情況。舉例來說，Ω(n) 演算法展示了執行的最佳線性效率，但在最壞的情況下則會變慢。有些演算法甚至有特別幸運的情況是無須執行任何工作就完成的，例如開車尋找目的地，發現本身已在目的地。

大 Theta 符號表示法（big Theta notation）描述了具有相同的最佳和最差情況的演算法。例如，Θ(n) 描述了演算法在最佳和最差情況下都具有線性效率，也就是說，這種演算法是 O(n) 也是 Ω(n)。這些符號在軟體工程中使用的頻率不如大 O 多，但您仍然可以了解一些這種符號的存在意義。

大多數人在談論「大 Theta」時，通常是指「平均情況下的大 O」，而在講「大 Omega」時，通常是指「最佳情況下的大 O」。這種用法好像有點矛盾，因為大 O 通常專門指演算法最壞的執行時間，不過，就算措詞在技術上並不太正確，但您應該能懂其意思。

大 O 的一點數學觀念

如果您的代數知識已經還給老師，那麼這裡列出的數學觀念溫習就足以讓您搞定大 O 分析：

乘法：重複的加法。2 × 4 = 8，其實就是 2 + 2 + 2 + 2 = 8。以變數來說，n + n + n 就是 3 × n。

乘法表示法：代數表示法通常會忽略 × 符號，因此 2 × n 會寫為 2n。以數字來說，2 × 3 表示為 2(3) 或直接就是 6。

乘法恆等性質：數字乘以 1 得出該數字：5 × 1 = 5 和 42 × 1 = 42。也就是說，n × 1 = n。

乘法的分配律：2 × (3 + 4) = (2 × 3) + (2 × 4)，等式的兩邊都等於 14。也就是說，a (b + c) = ab + ac。

冪運算（指數運算）：重複的乘法。$2^4 = 16$，讀法為「2 的 4 次方等於 16」，就像 $2 \times 2 \times 2 \times 2 = 16$。這裡的 2 是基數，4 是指數。以變數來表示，$n \times n \times n \times n$ 為 n^4。在 Python 中，我們用 ** 運算子表示次方：2 ** 4 等於 16。

1 次方求值結果為基數本身：$2^1 = 2$ 和 $9999^1 = 9999$。也就是說，$n^1 = n$。

0 次方求值結果為 1：$2^0 = 1$ 和 $9999^0 = 1$。也就是說，$n^0 = 1$。

係數：乘法因數。在 $3n^2 + 4n + 5$ 中，係數為 3、4 和 5。您看到的 5 是係數，因為可以把 5 寫成 5(1)，然後再重新寫成 $5n^0$。

對數：指數的逆運算。因為 $2^4 = 16$，所以我們知道 $\log_2 (16) = 4$，讀法為「16 的對數底數為 2 時等於 4」。在 Python 中，我們用 math.log() 函式來處理，math.log(16, 2) 求值結果為 4.0。

計算大 O 時通常會用到組合相似項目來簡化方程式，這裡的項目是指數字和變數相乘的某種組合：在 $3n^2 + 4n + 5$ 式子中，項目是 $3n^2$、4n 和 5。就像是把相同的變數的項目提升為等值的指數。在表示式 $3n^2 + 4n + 6n + 5$ 中，項目 4n 和 6n 相似，所以能簡化並改寫為 $3n^2 + 10n + 5$。

請記住，因為 $n \times 1 = n$，所以 $3n^2 + 5n + 4$ 之類的表示式可看成為 $3n^2 + 5n + 4(1)$。這條表示式中的項目與大 O 階層 $O(n^2)$、$O(n)$ 和 $O(1)$ 括號用法相似。稍後在為大 O 運算刪減係數時，就會用到這種情況。

當您第一次學習如何評測某段程式碼的大 O 表示法時，上述這些數學觀念提示可能會派上用場。但是，當您閱讀完本章後面「快速瀏覽大 O 的分析」小節後，您可能就不再需要了。大 O 表示法是個簡單的概念，就算沒有遵守數學的嚴格規範，這個概念也還是很有用。

評測程式碼的大 O 階層

若想要確定某段程式碼的大 O 階層級距，我們必須完成四項工作：確定 n 是什麼、計算程式碼中的步數、刪除較低的階層、以及刪除係數。

舉例來說，讓我們找出下列 readingList() 函式的大 O 階層：

```
def readingList(books):
    print('Here are the books I will read:')
    numberOfBooks = 0
    for book in books:
        print(book)
        numberOfBooks += 1
    print(numberOfBooks, 'books total.')
```

回想一下，n 代表程式碼所處理的輸入資料之大小。在函式中，n 幾乎就是指參數。readingList() 函式的唯一參數是 books，因此 books 的大小似乎可以當作是 n 的大小，因為 books 越大，函式執行所需的時間就越長。

接下來是計算這段程式碼中的處理步驟。處理步驟可能有些模糊，但有幾行程式就有幾個步驟的計算法是很好遵循的規則。迴圈則是把迭代次數乘以迴圈中的程式行來得到步驟數量。知道我要表達的意思了，以下是 readingList() 函式中步驟：

```
def readingList(books):
    print('Here are the books I will read:')    # 1 step
    numberOfBooks = 0                           # 1 step
    for book in books:                          # n * steps in the loop
        print(book)                             # 1 step
        numberOfBooks += 1                      # 1 step
    print(numberOfBooks, 'books total.')        # 1 step
```

除了 for 迴圈之外，我們把每一行程式視為一個步驟。迴圈會對 books 中的每個項目都執行一次，由於 books 的大小是 n，因此我們說迴圈執行了 n 步。不僅如此，它還會對迴圈中所有步驟執行 n 次。因為迴圈內有兩步，所以總計為 2 × n 步。我們可以這樣描述程式的步驟：

```
def readingList(books):
    print('Here are the books I will read:')    # 1 step
    numberOfBooks = 0                           # 1 step
    for book in books:                          # n * 2 steps
        print(book)                             # (already counted)
        numberOfBooks += 1                      # (already counted)
    print(numberOfBooks, 'books total.')        # 1 step
```

現在，當我們計算步驟總數時，算法是「1 + 1 + (n × 2) + 1」。我們可以把表示式簡化重寫為 2n + 3。

大 O 不用特意描述細節，這是個一般性指標。因此刪掉計數中較低的階層。2n + 3 中的階層為線性（2n）和常數（3）。如果我們只保留階層中最大的部分，因此剩下 2n。

接下來，我們從階層中刪掉係數。在 2n 中，係數為 2。將其刪除後，剩下 n。這樣就獲得了 readList() 函式最後的大 O 表示法：O(n) 或線性時間複雜度。

如果您思考一下就會發現這個複雜度階層有其代表的意義。函式大約就這幾個步驟，但如果 books 串列的大小增加了十倍，那麼執行時間也會增加大約十倍。books 若從 10 本增加到 100 本，則演算法從「1 + 1 + (2 × 10) + 1」或 23 步變成「1 + 1 + (2 × 100) + 1 或 203 步。203 約略為 23 的 10 倍，因此執行時間隨 n 的增加而成比例增加。

為什麼低階和係數不重要？

我們從步數中刪掉低的階層，因為隨著 n 的增加，它們的重要性降低。如果我們把前面 readList() 函式中的 books 串列從 10 增加到 10,000,000,000（100 億），則步驟數會從 23 增加到 20,000,000,003。如果 n 足夠大，那麼這多餘的三個的步驟算不算都沒什麼影響。

當資料量增加時，較低階層中的大係數與較高階層的值相比沒有什麼區別。在 n 為某個大小時，高的階層會比低的階層慢。舉例來說，假設我們有個 quadraticExample() 函式，它的複雜度階層為 $O(n^2)$，共有 $3n^2$ 步。另外還有個 linearExample() 函式，它的複雜度階層為 O(n) 且有 1,000n 步。係數 1,000 大於係數 3 無關緊要，隨著 n 的增加，最終 $O(n^2)$ 這個平方運算會比 O(n) 線性運算慢。程式碼的實際內容不太重要，我們假設如下：

```python
def quadraticExample(someData):      # n is the size of someData
    for i in someData:               # n steps
        for j in someData:           # n steps
            print('Something')       # 1 step
            print('Something')       # 1 step
            print('Something')       # 1 step

def linearExample(someData):         # n is the size of someData
    for i in someData: # n steps
        for k in range(1000):        # 1 * 1000 steps
            print('Something')       # (Already counted)
```

與 quadraticExample() 的係數（3）相比，linearExample() 的係數（1,000）比較大。如果輸入 n 的大小為 10，則 $O(n^2)$ 函式的速度僅為 300 步，而 O(n) 函式為 10,000 步。

但是，大 O 表示法主要關注的是演算法隨著工作量增加所表現的效能。當 n 達到 334 或更大時，quadraticExample() 函式就開始會比 linearExample() 函式慢。即使 linearExample() 為 1,000,000 n 步，一旦 n 達到 333,334，quadraticExample() 函式仍然會比較慢。在到達某個點後，$O(n^2)$ 的處理速度總是會比 $O(n)$ 或更低階層的處理速度慢。若想要了解，請看圖 13-3 中所示的大 O 表示法各階層所繪製的圖表。該圖包含所有主要的大 O 表示法的階層。x 軸為 n，代表的是資料大小，y 軸則是執行該操作所需的執行時間。

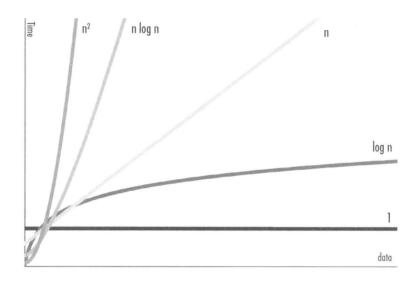

圖 13-3　大 O 表示法不同階層的圖表

如您所見，愈高階層的執行時間比愈低階層的執行時間增長更快。雖然較低階層中可能有較大的係數，讓它們的執行時間暫時大於較高階層，但較高階層的執行時間會隨著資料量變大最終會超過它們。

大 O 分析的實例

讓我們找出以下幾個函式的大 O 階層。在這些範例中，都以 books 為參數名稱，所代表的是一個內含書名字串的串列。

countBookPoints() 函式根據 books 串列中的書籍的數量來計分。大多數的書籍只計 1 分，而某位作者的書籍則計 2 分：

```
def countBookPoints(books):
    points = 0                  # 1 step
    for book in books:          # n * steps in the loop
        points += 1             # 1 step

    for book in books:                      # n * steps in the loop
        if 'by Al Sweigart' in book:        # 1 step
            points += 1                     # 1 step
    return points                           # 1 step
```

步數變為「1 + (n × 1) + (n × 2) + 1」，在合併相似項目後變為「3n + 2」。一旦我們刪掉較低階層和係數後，就變成了 O(n) 或線性複雜度，無論我們遍訪 books 一次、兩次或十億次都是線性複雜度。

到目前為止，所有使用單個迴圈的範例都是線性複雜度，但請留意，這些迴圈迭代了 n 次。正如在下一個範例中將看到的那樣，雖然遍訪資料的迴圈確實是線性複雜度，但是程式碼中的迴圈並不代表就是線性複雜性。

下列的 iLoveBooks() 函式會印出 10 次 "I LOVE BOOKS!!!" 和 "BOOKS ARE GREAT!!!"：

```
def iLoveBooks(books):
    for i in range(10):                 # 10 * steps in the loop
        print('I LOVE BOOKS!!!')        # 1 step
        print('BOOKS ARE GREAT!!!')     # 1 step
```

此函式有一個 for 迴圈，但不是遍訪 books 串列，無論 books 的大小為何，它都會執行 20 個步驟。我們可以將其重寫為 20(1)。在消減 20 這個係數後，就只剩下 O(1) 或恆定的時間複雜度。沒錯，不管 books 串列的大小是不是 n，這個函式都花費相同的執行時間。

接下來是個 cheerForFavoriteBook() 函式，該函式會搜尋整個 books 串列來找出喜歡的書籍：

```
def cheerForFavoriteBook(books, favorite):
    for book in books:                              # n * steps in the loop
        print(book)                                 # 1 step
        if book == favorite:                        # 1 step
            for i in range(100):                    # 100 * steps in the loop
                print('THIS IS A GREAT BOOK!!!')    # 1 step
```

「for book」迴圈會遍訪整個 books 串列，這需要 n 乘以迴圈內的步驟。此迴圈
含有一個巢狀嵌套的「for i」迴圈，該迴圈會迭代 100 次，這表示「for book」
迴圈會執行 102 × n 或 102n 步。刪減係數後，我們發現 cheerForFavoriteBook()
仍然只是 O(n) 線性的操作。這個 102 這個係數看起來好像很大，感覺不能忽
略不計，但是請思考以下狀態：如果「favorite」從未出現在 books 串列中，則
此函式將只執行 1n 步。係數的影響千差萬別，但意義不大。

接下來，findDuplicateBooks() 函式遍訪 books 串列（線性操作）來搜尋每本書
（另一個線性操作）一次：

```python
def findDuplicateBooks(books):
    for i in range(books):                      # n steps
        for j in range(i + 1, books):           # n steps
            if books[i] == books[j]:            # 1 step
                print('Duplicate:', books[i])   # 1 step
```

「for i」迴圈遍訪整個 books 串列，在迴圈中執行 n 步驟。「for j」迴圈還會在
部分 books 串列上進行迭代，我們刪掉了係數，所以也算是線性時間的操作，
這表示「for i」迴圈執行了 n × n 個操作，即 n²。這使得 findDuplicateBooks()
成為 O(n²) 多項式時間的操作。

巢狀嵌套迴圈本身並不表示一定是多項式時間的操作，而這裡的巢狀嵌套迴圈
中的兩個迴圈都進行 n 次迭代，也就是 n² 步，因而變成 O(n²) 的操作。

接下來看一個具有挑戰性的範例。前面提到的二元搜尋演算法的工作原理是，
在排序串列（haystack）的中間搜尋某個項目（needle）。如果找不到 needle，
我們會繼續搜尋 haystack 的前半部分或後半部分，看看會在哪個部分找到
needle。我們會重複這個過程，從愈來愈小的半個部分中搜尋，直到找到
needle，如果都找不到則斷定 needle 項目不在 haystack 串列中。請留意，只有
在 haystack 中的項目是有排序的，二元搜尋演算法才有能運作。

```python
def binarySearch(needle, haystack):
    if not len(haystack):                          # 1 step
        return None                                # 1 step
    startIndex = 0                                 # 1 step
    endIndex = len(haystack) - 1                   # 1 step

    haystack.sort()                                # ??? steps

    while start <= end: # ??? steps
        midIndex = (startIndex + endIndex) // 2    # 1 step
```

```
    if haystack[midIndex] == needle:              # 1 step
        # Found the needle.
        return midIndex                           # 1 step
    elif needle < haystack[midIndex]:             # 1 step
        # Search the previous half.
        endIndex = midIndex - 1                   # 1 step
    elif needle > haystack[mid]:                  # 1 step
        # Search the latter half.
        startIndex = midIndex + 1                 # 1 step
```

binarySearch() 中有兩行不容易計算步數。呼叫 haystack .sort() 方法這行的人 O
階層取決於 Python 內建 sort() 方法中的程式碼。很難找到此程式碼的內容，但
可以在網路上查詢其大 O 階層，大概會判定它是屬於 O(n log n)（所有一般排
序函式大都是 O(n log n) 階層）。我們會在本章後面的「一般函式呼叫的大 O
階層」小節中介紹幾種常見 Python 函式和方法的大 O 階層。

while 迴圈不像之前見過的 for 迴圈那樣容易分析。我們必須了解二元搜尋演算
法，才能確定此迴圈有多少次迭代。在迴圈之前，startIndex 和 endIndex 覆蓋
了整個 haystack 的範圍，而且 midIndex 設定是該範圍的中間點。在 while 迴圈
的每次迭代中，都會發生以下兩種情況之一，如果「haystack[midIndex] ==
needle」，則表示已經找到了 needle，該函式會返回 haystack 中的 needle 的索引
值。如果「needle < haystack[midIndex]」或「needle > haystack[midIndex]」，則
要調整 startIndex 或調整 endIndex，讓 startIndex 和 endIndex 覆蓋的範圍減半。
我們可以把大小為 n 的串列除以一半的次數定為 $\log_2(n)$（這只是我們應該知道
的數學事實）。因此，while 迴圈的大 O 階層為 O(log n)。

但是因為 haystack.sort() 這行的 O(n log n) 階層高於 O(log n)，所以我們刪掉了
較低的 O(log n) 階層和整個 binarySearch() 函式的大 O 階層，變為 O(n log n)。
如果可以確保使用的 haystack 是以排序串列來呼叫 binarySearch()，則可不算
haystack.sort() 這行的階層，讓 binarySearch() 成為 O(log n) 階層的函式。從技
術上來看，這可以提升函式的效率，但不會使整支程式變得更有效率，因為它
只是把所需的排序工作移到了程式的其他部分來處理。大多數二元搜尋實作都
省掉了排序的步驟，因此，二元搜尋演算法應該是屬於 O(log n) 對數時間的複
雜度。

一般函式呼叫的大 O 階層

程式碼的大 O 分析必須考慮其呼叫的所有函式之大 O 階層是那個級距。如果自己編寫設計了某個函式，則只需分析自己的程式碼即可，但若是有用到 Python 內建函式和方法，則必須了解下列的內容來查看是哪一個階層。

下列清單中含有一些對於序列型別常見的 Python 處理操作之大 O 階層，這些序列型別有字串、多元組和串列等：

s[i] reading and s[i] = value assignment　是 O(1) 階層的操作。

s.append(value)　是 O(1) 階層的操作。

s.insert(i, value)　是 O(n) 階層的操作。把某個值插入到序列中（尤其是在前面插入），需要把 i 索引值後面的所有項目向後移一位。

s.remove(value)　是 O(n) 階層的操作。要從序列中刪除某個值（尤其是在前面刪除），需要把 I 索引值後面的所有項目向前移一位。

s.reverse()　是 O(n) 階層的操作，因為在序列中的所有項目都要重排。

s.sort()　是 O(n log n) 階層的操作，因為 Python 的排序演算法是 O(n log n) 階層。

value in s　是 O(n) 階層的操作，因為每個項目都要檢查。

for value in s:　是 O(n) 階層的操作。

len(s)　是 O(1) 階層的操作，因為 Python 會追蹤序列中有多少個項目，因此在傳給 len() 時不需要重新計數。

下列清單中含有一些對於對映型別常見的 Python 處理操作之大 O 階層，這些對映型別有字典、集合和 frozenset 等：

m[key] reading and m[key] = value assignment　是 O(1) 階層的操作。

m.add(value)　是 O(1) 階層的操作。

value in m　是 O(1) 階層的操作。in 對於字典的操作處理會比在序列資料中快。

for key in m:　是 O(n) 階層的操作。

len(m) 是 O(1) 階層的操作，因為 Python 會追蹤對映中有多少個項目，因此在傳給 len() 時不需要重新計數。

串列通常都要從頭到尾搜尋其項目，但是字典則是使用鍵（key）來計算出位址，而且尋找鍵值所需的時間都不變。這種計算稱為**雜湊演算法（hashing algorithom）**，而位址稱為**雜湊值（hash）**。雜湊處理已超出了本書要講述的範圍，這裡不多贅述。但這就是為什麼許多對映型別資料的處理操作都是 O(1) 常數時間的原因。集合（set）也使用雜湊，因為集合本質上就是只有鍵（不是鍵－值對）的字典。

請記住，把串列轉換成集合是一項 O(n) 的操作，因此把串列轉換為集合後再存取集合中的項目並不會帶來任何好處。

快速瀏覽大 O 的分析

一旦您熟悉怎麼執行大 O 的分析，就不需要每個步驟都走過一遍。以後您只要看一下程式碼中的某些功能，就能快速確定大 O 的階層。

請記住，n 是程式碼所處理的資料量大小，以下是可以運用的常規：

- 如果程式碼不存取任何資料，則是 O(1) 階層。

- 如果程式碼遍訪資料，則是 O(n) 階層。

- 如果程式碼有兩個嵌套迴圈，而兩個迴圈都遍訪資料，則是 $O(n^2)$ 階層。

- 函式呼叫不是第一步，而是函式內部程式碼的總步數。請參考前面「一般函式呼叫的大 O 階層」小節的內容。

- 如果程式碼中有分治步驟會重複把資料減半，則是 O(log n) 階層。

- 如果程式碼中的分治步驟會對資料中的每個項目都執行一次，則是 O(n log n) 階層。

- 如果程式碼遍訪 n 個資料所有可能值的組合，則為 $O(2^n)$ 或其他指數階層。

- 如果程式碼對資料中的值進行所有可能的排列（也就是排序），則是 O(n!) 階層。

- 如果程式碼涉及對資料進行排序，則至少是 O(n log n) 階層。

這些常規則提供了很好的起點，但不能替代實際的大 O 分析。請記住，大 O 階層並不能用來決定程式碼是快、慢或高效的最終判斷。請以下面的 waitAnHour() 函式為例來思考：

```python
import time
def waitAnHour():
    time.sleep(3600)
```

從技術上來看，waitAnHour() 函式為 O(1) 常數時間。我們想像中常數時間的程式碼速度會很快，但這個函式執行時間為一小時！這會讓程式碼效率低下嗎？答案是否定的：很難再設計編寫出比一小時還快的 waitAnHour() 函式。

大 O 不是要取代程式碼的效能分析。大 O 符號表示法的目的是讓我們能深入了解程式碼在輸入資料量不斷增加的情況下所能發揮的效能。

在 n 值很小時大 O 的影響不大，而 n 值通常都很小

掌握了大 O 符號表示法的知識後，您可能會急於分析寫出的每段程式碼。在開始使用此工具來分析之前，請記住，只有在處理大量資料時，大 O 符號表示法才最有用。不過在現實情況中，資料量通常都很小。

在這種情況下，較低的大 O 階層的精緻複雜演算法發揮不了什麼效用。Go 程式語言之父 Rob Pike 提過五個關於程式設計的規則，其中有一條是：「當 'n' 很小時，再厲害的演算法都很慢，而 'n' 通常都很小」。大多數軟體開發人員並不常處理海量資料中心或複雜的運算，反而都是處理普通日常的程式。在這種情況下，與大 O 分析相比，直接用效能分析器（profiler）執行程式碼更容易取得關於程式效能的具體資訊。

總結

Python 標準程式庫內建了兩個可用於效能分析的模組：timeit 和 cProfile。timeit.timeit() 函式對於執行小片段的程式碼來比較彼此的速度差異很有用。cProfile.run() 函式可編譯出關於較大型函式的詳細報告，並指出其中的瓶頸。

效能好壞不要用假設的，實際評測程式碼的效能是很重要的憑據。自以為能加快程式執行速度的聰明技巧實際上可能會讓執行速度變慢，此外還可能花費了大量時間來優化原本無關緊要的程式。阿姆達爾定律從數學上證實了怎麼提升效率之法，這個定律的公式描述了加快某個元件的速度會如何影響整支程式的速度。

大 O 符號表示法算是程式設計師要了解的電腦科學中使用最廣泛的實用概念。它需要懂一點數學才能理解，只要弄清楚程式碼隨著資料量增長的速度如何讓程式變慢的基本概念，無須進行大量的數值運算就能描繪出演算法的效能。

大 O 符號表示法有七個常見的階層級距：O(1) 常數時間，描述程式碼不會隨著資料 n 的增加而改變執行速度；O(log n) 對數時間，表示隨著資料量 n 的大小加倍，程式的執行也會多一步。O(n) 線性時間，描述程式會隨資料量 n 的增長而等比變慢；O(n log n)，n-log-n 時間會比 O(n) 慢一些，許多排序演算法都屬於此階層。

大 O 階層愈高就表示愈慢，因為執行時間的增長會快於輸入資料量的增加：$O(n^2)$ 多項式時間描述了執行時間會依輸入 n 的平方增長；$O(2^n)$ 指數時間和 O(n!) 階乘時間這種階層並不常見，大都在牽涉到排列組合時才會出現。

請記住，雖然大 O 符號表示法是有用的效能分析工具，但它不能取代效能分析器執行程式碼來找出瓶頸所在。了解大 O 符號表示法，並知道隨著資料增長如何讓程式減慢速度，可以協助您避免設計和寫出階層等級較慢的程式。

第 14 章

實務專案

到目前為止，這本書已經教過寫出具可讀性、有 Python 風格程式碼的技術。接下來就以河內塔和四子棋這兩個命令行遊戲的範例程式碼來練習這些技術。

　　這兩個專案較簡短且是文字模式，目的是讓專案規模不要太大，但足夠展示本書到目前為止各章節所概述的觀念和原理。我會使用第 3 章「Black 是一套毫不妥協的程式碼格式化工具」小節中所介紹的 Black 工具來格式化程式碼。我根據第 4 章的準則選用了變數名稱，並依照第 6 章所述的 Python 風格設計來編寫程式碼。另外也按照第 11 章的說明編寫合適的注釋和文件字串。由於程式不大，而且我們還沒有介紹物件導向程式設計（OOP），因此本章編寫的兩個專案，沒有使用類別的概念，類別的相關知道會在 15 到 17 章中說明。

本章介紹了兩個專案完整的原始程式碼，並提供了詳細分解說明。這些解說不僅僅是程式碼的工作原理（讓您對 Python 語法有基本的了解），更說明了程式碼為什麼要這樣設計編寫的緣由。話雖如此，不同的軟體開發人員在如何編寫

程式碼以及認定的 Pythonic 風格上，大都有不同的見解。理所當然，我們歡迎讀者能在這些專案中提出質疑和批評指教。

在閱讀完本書中的專案後，建議您自己輸入這些程式碼並執行幾次，好好理解其運作方式。隨後試著從零開始重新實作程式。您的程式碼不必與本章中的程式碼相符，在重寫程式碼的過程中可以讓您體會程式設計所需的決策和在設計時應該如何取捨。

河內塔

河內塔難題會用到一堆不同大小的盤子。盤子的中心有個孔洞，因此可以疊放在三座塔中（圖 14-1）。為了解開這個難題，玩家必須把一疊盤子從不同的塔柱之間移來移去，但有三個限制要遵守：

1. 玩家一次只能移一個盤子。
2. 玩家只能移動塔最頂端的盤子。
3. 玩家不能把大的盤子疊在小的盤子上。

圖 14-1　真實的河內塔道具

解決此難題要用到遞迴演算法這個常見的電腦科學議題。我們的程式不是要解開這個難題，而是以遊戲的方式呈現來讓玩家解決。您可以在 https://en.wikipedia.org/wiki/Tower_of_Hanoi 上找到更多關於河內塔的資訊。

輸出

河內塔程式利用文字字元來繪出盤子和塔的 ASCII 文字圖。與現代應用程式相比，這種方式看起來很原始，但是這種方法讓實作保持簡潔，因為只需要呼叫 print() 和 input() 即可和玩家進行互動。當您執行這支程式時，其輸出應該要類似下面的內容。玩家輸入的文字會以粗體呈現。

```
THE TOWER OF HANOI, by Al Sweigart al@inventwithpython.com

Move the tower of disks, one disk at a time, to another tower. Larger
disks cannot rest on top of a smaller disk.

More info at https://en.wikipedia.org/wiki/Tower_of_Hanoi
      ||          ||          ||
    @_1@          ||          ||
   @@_2@@         ||          ||
  @@@_3@@@        ||          ||
 @@@@_4@@@@       ||          ||
@@@@@_5@@@@@      ||          ||
      A           B           C

Enter the letters of "from" and "to" towers, or QUIT.
(e.g., AB to moves a disk from tower A to tower B.)

> AC
      ||          ||          ||
      ||          ||          ||
   @@_2@@         ||          ||
  @@@_3@@@        ||          ||
 @@@@_4@@@@       ||          ||
@@@@@_5@@@@@      ||        @_1@
      A           B           C

Enter the letters of "from" and "to" towers, or QUIT.
(e.g., AB to moves a disk from tower A to tower B.)

--省略—
      ||          ||          ||
      ||          ||        @_1@
      ||          ||       @@_2@@
      ||          ||      @@@_3@@@
      ||          ||     @@@@_4@@@@
      ||          ||    @@@@@_5@@@@@
      A           B           C

You have solved the puzzle! Well done!
```

以 n 個盤子來說，最少需要 2^n - 1 步來解開河內塔。因此，這 5 個盤子的河內塔需要執行 31 個步驟：AC、AB、CB、AC、BA、BC、AC、AB、CB、CA、

BA、CB、AC、AB、CB、AC、BA、BC、AC、BA、 CB、CA、BA、BC、AC、AB、CB、AC、BA、BC，最後是 AC。如果您想自己解決更大的挑戰，可以把程式中的 TOTAL_DISKS 變數從 5 增加到 6。

原始程式碼

請在編輯器或 IDE 中開啟一個新的檔案，然後輸入以下程式碼，並把檔案另存成 towerofhanoi.py：

```python
"""THE TOWER OF HANOI, by Al Sweigart al@inventwithpython.com
A stack-moving puzzle game."""

import copy
import sys

TOTAL_DISKS = 5  # More disks means a more difficult puzzle.

# Start with all disks on tower A:
SOLVED_TOWER = list(range(TOTAL_DISKS, 0, -1))


def main():
    """Runs a single game of The Tower of Hanoi."""
    print(
        """THE TOWER OF HANOI, by Al Sweigart al@inventwithpython.com

Move the tower of disks, one disk at a time, to another tower. Larger
disks cannot rest on top of a smaller disk.

More info at https://en.wikipedia.org/wiki/Tower_of_Hanoi
"""
    )

    """The towers dictionary has keys "A", "B", and "C" and values
    that are lists representing a tower of disks. The list contains
    integers representing disks of different sizes, and the start of
    the list is the bottom of the tower. For a game with 5 disks,
    the list [5, 4, 3, 2, 1] represents a completed tower. The blank
    list [] represents a tower of no disks. The list [1, 3] has a
    larger disk on top of a smaller disk and is an invalid
    configuration. The list [3, 1] is allowed since smaller disks
    can go on top of larger ones."""
    towers = {"A": copy.copy(SOLVED_TOWER), "B": [], "C": []}

    while True:  # Run a single turn on each iteration of this loop.
        # Display the towers and disks:
        displayTowers(towers)

        # Ask the user for a move:
        fromTower, toTower = getPlayerMove(towers)
```

```
            # Move the top disk from fromTower to toTower:
            disk = towers[fromTower].pop()
            towers[toTower].append(disk)

            # Check if the user has solved the puzzle:
            if SOLVED_TOWER in (towers["B"], towers["C"]):
                displayTowers(towers)  # Display the towers one last time.
                print("You have solved the puzzle! Well done!")
                sys.exit()


def getPlayerMove(towers):
    """Asks the player for a move. Returns (fromTower, toTower)."""
    while True:  # Keep asking player until they enter a valid move.
        print('Enter the letters of "from" and "to" towers, or QUIT.')
        print("(e.g., AB to moves a disk from tower A to tower B.)")
        print()
        response = input("> ").upper().strip()

        if response == "QUIT":
            print("Thanks for playing!")
            sys.exit()

        # Make sure the user entered valid tower letters:
        if response not in ("AB", "AC", "BA", "BC", "CA", "CB"):
            print("Enter one of AB, AC, BA, BC, CA, or CB.")
            continue  # Ask player again for their move.

        # Use more descriptive variable names:
        fromTower, toTower = response[0], response[1]

        if len(towers[fromTower]) == 0:
            # The "from" tower cannot be an empty tower:
            print("You selected a tower with no disks.")
            continue  # Ask player again for their move.
        elif len(towers[toTower]) == 0:
            # Any disk can be moved onto an empty "to" tower:
            return fromTower, toTower
        elif towers[toTower][-1] < towers[fromTower][-1]:
            print("Can't put larger disks on top of smaller ones.")
            continue  # Ask player again for their move.
        else:
            # This is a valid move, so return the selected towers:
            return fromTower, toTower


def displayTowers(towers):
    """Display the three towers with their disks."""

    # Display the three towers:
    for level in range(TOTAL_DISKS, -1, -1):
        for tower in (towers["A"], towers["B"], towers["C"]):
            if level >= len(tower):
                displayDisk(0)  # Display the bare pole with no disk.
```

```
            else:
                displayDisk(tower[level])  # Display the disk.
        print()

    # Display the tower labels A, B, and C:
    emptySpace = " " * (TOTAL_DISKS)
    print("{0} A{0}{0} B{0}{0} C\n".format(emptySpace))


def displayDisk(width):
    """Display a disk of the given width. A width of 0 means no disk."""
    emptySpace = " " * (TOTAL_DISKS - width)

    if width == 0:
        # Display a pole segment without a disk:
        print(f"{emptySpace}||{emptySpace}", end="")
    else:
        # Display the disk:
        disk = "@" * width
        numLabel = str(width).rjust(2, "_")
        print(f"{emptySpace}{disk}{numLabel}{disk}{emptySpace}", end="")


# If this program was run (instead of imported), run the game:
if __name__ == "__main__":
    main()
```

在閱讀原始程式碼的解說之前，請執行這支程式，並動手玩一下這個遊戲，了解此程式的運作功能。若想要要檢查是否有輸入錯誤，請把您輸入的程式碼複製並貼上到 https://inventwithpython.com/beyond/diff/ 網站的線上差異比較工具中檢查，或到 http://books.gotop.com.tw 搜尋本書連結來下載範例程式檔。

編寫程式碼

讓我們開始深入探究原始程式碼的內容，看看它們是怎麼遵循本書所描述的最佳作法和模式。

我們將從程式最頂端開始：

```
"""THE TOWER OF HANOI, by Al Sweigart al@inventwithpython.com
A stack-moving puzzle game."""
```

程式的起始是個多行注釋，提供了程式當作 towerofhanoi 模組的文件字串。內建的 help() 函式會使用此資訊來描述這個模組：

```
>>> import towerofhanoi
>>> help(towerofhanoi)
```

```
Help on module towerofhanoi:

NAME
    towerofhanoi

DESCRIPTION
    THE TOWER OF HANOI, by Al Sweigart al@inventwithpython.com
    A stack-moving puzzle game.

FUNCTIONS
    displayDisk(width)
    Display a single disk of the given width.
--省略--
```

如果需要，您可以在模組的文件字串（docstring）中加入更多字，甚至是整段資訊。筆者在這裡只寫了少數的內容，因為這支程式非常簡單。

在程式模組的文件字串（docstring）之後是 import 陳述句：

```
import copy
import sys
```

Black 工具會把這兩句格式為單獨的一組陳述句，而不是單行陳述句，例如「import copy, sys」。這使得新增或刪除匯入模組時更容易在版本控制系統（例如 Git）中看到，版本控制系統會追蹤程式設計師所做的更改。

接下來，我們定義該程式將需要的常數：

```
TOTAL_DISKS = 5  # More disks means a more difficult puzzle.

# Start with all disks on tower A:
SOLVED_TOWER = list(range(TOTAL_DISKS, 0, -1))
```

我們在檔案的頂端定義了常數，在這裡集合起來使其成為全域變數。這些變數的名稱都要大寫英文字母和蛇式風格來呈現，這樣就能標記為常數。

TOTAL_DISKS 常數指示這個河內塔遊戲題目中用到多少個盤子。SOLVED_TOWER 變數存放的是個串列，內含已解開河內塔的範例，其中包含每個盤子的狀態，最大盤子在底部，而最小盤子在頂端。我們從 TOTAL_DISKS 值中生成這個值，對於 5 個盤子的值為 [5, 4, 3, 2, 1]。

請留意，這個檔案中沒有型別提示。原因是我們可以從程式碼中推斷所有變數、參數和返回值的型別。舉例來說，我們為 TOTAL_DISKS 常數指定了整數值 5。由此得知，型別檢查器（如 Mypy）會推斷 TOTAL_DISKS 只應該含有整數值。

我們定義了 main() 函式，程式會在檔案最底端呼叫該函式：

```python
def main():
    """Runs a single game of The Tower of Hanoi."""
    print(
        """THE TOWER OF HANOI, by Al Sweigart al@inventwithpython.com

Move the tower of disks, one disk at a time, to another tower. Larger
disks cannot rest on top of a smaller disk.

More info at https://en.wikipedia.org/wiki/Tower_of_Hanoi
"""
    )
```

函式也可以有文件字串。請留意 def 陳述句 main() 下面的文件字串。我們可以從互動式 shell 模式執行「import towerofhanoi」和 help(towerofhanoi.main) 來查看這個文件字串。

接下來寫一段注釋，大致描述河內塔的資料結構，因為它構成了這支程式運作原理的核心：

```python
    """The towers dictionary has keys "A", "B", and "C" and values
    that are lists representing a tower of disks. The list contains
    integers representing disks of different sizes, and the start of
    the list is the bottom of the tower. For a game with 5 disks,
    the list [5, 4, 3, 2, 1] represents a completed tower. The blank
    list [] represents a tower of no disks. The list [1, 3] has a
    larger disk on top of a smaller disk and is an invalid
    configuration. The list [3, 1] is allowed since smaller disks
    can go on top of larger ones."""
    towers = {"A": copy.copy(SOLVED_TOWER), "B": [], "C": []}
```

我們把 SOLVED_TOWER 串列當作堆疊，這是軟體開發中最簡單的資料結構之一。堆疊是值的有序串列，只能從堆疊頂端新增（也稱**推入**）或刪除（也稱為**彈出**）值來修改。這種資料結構完美地展現了程式中的河內塔狀態。如果我們使用 append() 方法進行推入，並使用 pop() 方法來彈出，則可將 Python 的串列當成堆疊，並避免以任何其他方式修改串列內容。我們會把串列的尾端視為堆疊的頂端。

towers 串列中的每個整數代表一定大小的單個盤子。舉例來說，在具有五個盤子的遊戲中，串列 [5, 4, 3, 2, 1] 代表盤子的完整堆疊狀態，從底部是最大的盤子（5）到頂端為最小的盤子（1）。

請注意，我們的注釋中還提供了有效和無效的河內塔的範例。

在 main() 函式中，我們編寫了一個無窮迴圈，該迴圈會執行一回合遊戲：

```
while True:  # Run a single turn on each iteration of this loop.
    # Display the towers and disks:
    displayTowers(towers)

    # Ask the user for a move:
    fromTower, toTower = getPlayerMove(towers)

    # Move the top disk from fromTower to toTower:
    disk = towers[fromTower].pop()
    towers[toTower].append(disk)
```

玩家可以在一個回合中查看河內塔的目前狀態並進行移動的輸入。隨後程式會更新河內塔的資料結構。我們已經在 displayTowers() 和 getPlayerMove() 函式的名字中隱含了這些工作的詳細資訊。這些具有描述性的函式名稱能讓 main() 函式在使用時提供程式功能的概述。

接下來的幾行會把 SOLVED_TOWER 中的完整河內塔與 tower["B"] 和 tower["C"] 進行比對，這樣可以檢查玩家是否解開了河內塔難題：

```
# Check if the user has solved the puzzle:
if SOLVED_TOWER in (towers["B"], towers["C"]):
    displayTowers(towers)  # Display the towers one last time.
    print("You have solved the puzzle! Well done!")
    sys.exit()
```

我們不會將其與 towers["A"] 進行比較，因為那一座塔早就已經是完整的塔了；玩家需要在塔 B 或塔 C 上形成河內塔來解開難題。請留意，我們會重複使用 SOLVED_TOWER 來製作起始河內塔，並檢查玩家是否解開了難題。由於 SOLVED_TOWER 是一個常數，因此可以相信這個常數始終存放了在程式碼開頭所指定的值。

我們使用的條件等效於「SOLVED_TOWER == towers["B"] or SOLVED_TOWER == towers["C"]」條件式，但比較短，這是在第 6 章中介紹的 Python 習慣用法。如果此條件為 True，則表示玩家已解開難題，這樣就可結束程式。如果為 False，則迴圈會再執行一回合。

getPlayerMove() 會查詢玩家盤子移動的方式，並驗證這樣的移動是否合乎遊戲的規則：

```
def getPlayerMove(towers):
    """Asks the player for a move. Returns (fromTower, toTower)."""
    while True:  # Keep asking player until they enter a valid move.
        print('Enter the letters of "from" and "to" towers, or QUIT.')
        print("(e.g., AB to moves a disk from tower A to tower B.)")
        print()
        response = input("> ").upper().strip()
```

我們用一個無窮迴圈為起始,該迴圈會一直持續執行,直到 return 陳述句讓執行退出迴圈和函式,或是呼叫了 sys.exit() 來結束程式才會停止。迴圈的第一部分會要求玩家輸入要從河內塔的哪座塔移到哪座塔的路線。

請留意「input("> ").upper().strip()」這條指令會接收來自玩家的鍵盤輸入。呼叫「input("> ")」時會顯示 > 提示符號等待接受來自玩家的文字輸入,此提示符號表示玩家應該要輸入東西,如果程式在畫面中都沒有顯示提示符號,則玩家可能以為程式暫時被凍結住了。

我們在 input() 返回的字串上呼叫 upper() 方法,讓它返回大寫形式的字串。這樣的話,玩家不論輸入大寫或小寫的塔柱標籤,例如輸入 'a' 或 'A' 都代表塔 A。接在大寫字串所呼叫的 strip() 方法會返回一個字串,該字串左右兩邊若有空格都會被去掉,使用者在輸入時若不小心加了空格也沒關係。這種使用者友善的操作能讓程式更易使用。

在 getPlayerMove() 函式後面會檢查使用者所輸入的內容:

```
        if response == "QUIT":
            print("Thanks for playing!")
            sys.exit()

        # Make sure the user entered valid tower letters:
        if response not in ("AB", "AC", "BA", "BC", "CA", "CB"):
            print("Enter one of AB, AC, BA, BC, CA, or CB.")
            continue  # Ask player again for their move.
```

如果使用者輸入 'QUIT'(不論大小寫都可以,甚至左右有空格,字串都會由 upper() 和 strip() 處理好),程式就會終止。我們讓 getPlayerMove() 返回 'QUIT' 來指示呼叫方去執行 sys.exit(),而不是讓 getPlayerMove() 直接呼叫 sys.exit()。這樣的作法會讓 getPlayerMove() 的返回值複雜化:它會返回兩個字串(代表玩家的移動)的多元組或單個 'QUIT' 字串。函式返回單種資料型別的值比返回多種可能型別的值更容易理解。我在第 10 章「返回值應該都要有相同的資料型別」中對此進行了討論。

在三座塔之間，只能有 6 種組合。雖然我們在檢查移動條件時對直接把這 6 種值寫入程式中，但與「len(response) != 2 or response[0] not in 'ABC' or response[1] not in 'ABC' or response[0] == response[1]」這種寫法相比，前述的程式容易閱讀多了。在這些情況下，以直接硬寫入程式中的處理方式是最簡單的。

一般來說，把 "AB"、"AC" 等值和其他值直接寫在程式中，這種作法被認定為不好的做法，因為程式要都符合三座塔柱這樣的嚴格條件下，這些值才有效。我們可能想利用更改 TOTAL_DISKS 常數來調整盤子的數量，但不可能在遊戲中增加更多格柱的數量。把每種移動的可能都直接寫出來的作法是可以被接受的。

我們建立兩個新變數 fromTower 和 toTower，作為資料的描述性名稱。它們不具有功能性目的，但是取這樣的名稱比用 response[0] 和 response[1] 這種名稱更容易閱讀：

```
# Use more descriptive variable names:
fromTower, toTower = response[0], response[1]
```

接下來，我們檢查所選定的塔柱是否是為合法的移動：

```
    if len(towers[fromTower]) == 0:
        # The "from" tower cannot be an empty tower:
        print("You selected a tower with no disks.")
        continue  # Ask player again for their move.
    elif len(towers[toTower]) == 0:
        # Any disk can be moved onto an empty "to" tower:
        return fromTower, toTower
    elif towers[toTower][-1] < towers[fromTower][-1]:
        print("Can't put larger disks on top of smaller ones.")
        continue  # Ask player again for their move.
else:
    # This is a valid move, so return the selected towers:
    return fromTower, toTower
```

如果不合法，則 continue 陳述句會把執行移回到迴圈的開始處，會要求玩家再次輸入其移動的資料。請留意，我們會檢查 toTower 是否為空；如果是空的，就返回「fromTower、toTower」來強調這個移動是合法有效的，因為我們始終都可以把盤子放在空的塔柱上。這前兩個條件確保在檢查第三個條件時，towers[toTower] 和 towers[fromTower] 不會為空或引發 IndexError 錯誤。我們已按照防止出現 IndexError 或進行其他檢查的方式設定了這些條件。

程式必須處理來自使用者的所有無效輸入或潛在的錯誤情況，這一點很重要。

使用者可能不知道輸入了什麼,或者有可能會打錯字。同樣地,檔案可能發生意外遺失,或者資料庫可能會當掉崩潰,所以程式必須要能夠應對這些特殊情況,不然,程式會導致意外崩潰或在之後引發不易察覺的錯誤。

如果先前的條件都不為 True,則 getPlayerMove() 返回「fromTower, toTower」:

```
else:
    # This is a valid move, so return the selected towers:
    return fromTower, toTower
```

在 Python 中,return 陳述句通常返回的是單個值。雖然這條 return 陳述句看起來好像返回了兩個值,但是 Python 實際上返回的是單個多元組,而多元組中含有兩個值,這等效於「return (fromTower, toTower)」。在這種情況下,Python 程式設計通常會省略括號,定義多元組時括號可省略但逗號不能省略。

請注意,這支程式只從 main() 函式呼叫一次 getPlayerMove() 函式。這個函式並沒有幫我們省下重複使用程式碼,因為只呼叫一次而已,建立函式的目的就是為了要省下重複程式碼的問題,所以也是可以把 getPlayerMove() 的程式碼放到 main() 函式內,但我們還是把這些程式碼放在函式中,也就是現在程式中使用 getPlayerMove() 的方式,這樣的作法可以避免 main() 函式變得太長和笨拙。

displayTowers() 函式會顯示在 towers 引數中塔 A、B 和 C 上的盤子:

```
def displayTowers(towers):
    """Display the three towers with their disks."""

    # Display the three towers:
    for level in range(TOTAL_DISKS, -1, -1):
        for tower in (towers["A"], towers["B"], towers["C"]):
            if level >= len(tower):
                displayDisk(0)  # Display the bare pole with no disk.
            else:
                displayDisk(tower[level])  # Display the disk.
    print()
```

這個函式會用到 displayDisk() 函式(隨後會介紹)來顯示塔柱中的每個盤子。「for level」迴圈會檢查塔柱的每個可能盤子,而「for tower」迴圈則檢查塔 A、B 和 C。

displayTowers() 函式會呼叫 displayDisk() 來以特定的寬度顯示每個盤子,或者如果傳入 0,則表示塔柱中並沒有盤子:

```
    # Display the tower labels A, B, and C:
    emptySpace = " " * (TOTAL_DISKS)
    print("{0} A{0}{0} B{0}{0} C\n".format(emptySpace))
```

我們在螢幕上顯示 A、B 和 C 標籤。玩家需要此資訊來區分塔柱，這裡把塔柱分別標記為 A、B 和 C，而不是 1、2、3 或 Left、Middle 和 Right。筆者不選用 1、2 和 3 這種塔柱標籤，為的是防止玩家把這些數字與用於盤子大小的數字搞混了。

我們把 emptySpace 變數設定為每個標籤之間要放置的空格數量，這個是以 TOTAL_DISKS 為基礎來計算的，因為遊戲中的盤子越多，塔柱的間距就越寬。與使用「print(f'{emptySpace} A{emptySpace}{emptySpace} B{emptySpace}{emptySpace} C\n')」中的 f-strings 不同，我們使用 format() 字串方法來處理。這使得我們可以在關聯字串中出現 {0} 的位置使用相同的 emptySpace 引數，使得程式碼比 f-strings 版本更短也更易讀。

displayDisk() 函式顯示單個盤子及其寬度。如果沒有盤子，則僅顯示塔柱：

```
def displayDisk(width):
    """Display a disk of the given width. A width of 0 means no disk."""
    emptySpace = " " * (TOTAL_DISKS - width)

    if width == 0:
        # Display a pole segment without a disk:
        print(f"{emptySpace}||{emptySpace}", end="")
    else:
        # Display the disk:
        disk = "@" * width
        numLabel = str(width).rjust(2, "_")
        print(f"{emptySpace}{disk}{numLabel}{disk}{emptySpace}", end="")
```

在表示盤子時，我們一開始用前置的空格空間，接著 @ 字元的數量等於盤子寬度，再接兩個字元的寬度（如果寬度是一位數，則前面加上底線），再接上另一組 @ 字元序列，最後接的是後置的空格空間。若只顯示空的塔柱，我們需要的是前置空格，兩個直線字元和後置空格來組成。所以我們需要對 displayDisk() 進行 6 次呼叫，並使用 6 個不同的 width 引數來顯示以下塔柱：

```
    ||
   @_1@
  @@_2@@
 @@@_3@@@
@@@@_4@@@@
@@@@@_5@@@@@
```

請留意 displayTowers() 和 displayDisk() 函式是怎麼劃分顯示塔柱的責任範圍。雖然 displayTowers() 用來決定怎麼解譯代表每個塔柱的資料結構，但它仍需要用到 displayDisk() 來顯示塔柱的每個盤子。把程式分割成較小的功能單元，這樣會讓每個部分都容易測試。如果程式顯示盤子時並不正確，則問題可能出在 displayDisk() 中。如果盤子顯示順序錯誤，則問題可能出在 display Towers() 函式。無論出現哪種錯誤，必須除錯的程式碼區段會變得少很多。

在呼叫 main() 函式的處理上，我們使用 Python 的慣例作法：

```
# If this program was run (instead of imported), run the game:
if __name__ == '__main__':
    main()
```

如果玩家直接執行 towerofhanoi.py 程式，Python 會自動把 __name__ 變數設為 '__main__'。但如果有人使用「import towerofhanoi」，把程式以模組方式匯入使用，則 __name__ 會被設為 'towerofhanoi'。如果有人執行這支程式，則「if __name__ == '__main__':」這行會呼叫 main() 函式，這樣就會開始河內塔的遊戲。但如果只是把程式當作模組匯入，則此條件是 False，也不會呼叫 main()，則匯入後可以呼叫其中的各個函式進行單元測試。

四子棋

四人棋（Four-in-a-Row）是一款兩人玩的棋類遊戲。玩家試圖要在水平、垂直或對角線方向上四個相同棋子連成一線就獲勝。這款遊戲類似於屏風式四子棋的棋盤遊戲。遊戲使用 7×6 的直立棋盤，而且棋子落下到一欄中的最下方未佔用的空間內。在這款四子棋遊戲是以兩位玩家分別用 X 和 O 來彼此對戰，不是由玩家與電腦對戰。

輸出

當您在本章中執行四子棋程式時，其輸出會像下列所示：

```
Four-in-a-Row, by Al Sweigart al@inventwithpython.com

Two players take turns dropping tiles into one of seven columns, trying
to make four in a row horizontally, vertically, or diagonally.
```

```
    1234567
   +-------+
   |.......|
   |.......|
   |.......|
   |.......|
   |.......|
   |.......|
   +-------+
Player X, enter 1 to 7 or QUIT:
> 1

    1234567
   +-------+
   |.......|
   |.......|
   |.......|
   |.......|
   |.......|
   |X......|
   +-------+
Player O, enter 1 to 7 or QUIT:
--省略--
Player O, enter 1 to 7 or QUIT:
> 4

    1234567
   +-------+
   |.......|
   |.......|
   |...O...|
   |X.OO...|
   |X.XO...|
   |XOXO..X|
   +-------+
Player O has won!
```

試著找出各種策略來讓四個相同棋子連成一線，同時也阻止對手這麼做。

原始程式碼

請在編輯器或 IDE 中開啟一個新的檔案，輸入如下程式碼，並另存成 fourin
arow.py 檔：

```python
"""Four-in-a-Row, by Al Sweigart al@inventwithpython.com
A tile-dropping game to get four-in-a-row, similar to Connect Four."""

import sys

# Constants used for displaying the board:
```

```
EMPTY_SPACE = "."  # A period is easier to count than a space.
PLAYER_X = "X"
PLAYER_O = "O"

# Note: Update BOARD_TEMPLATE & COLUMN_LABELS if BOARD_WIDTH is changed.
BOARD_WIDTH = 7
BOARD_HEIGHT = 6
COLUMN_LABELS = ("1", "2", "3", "4", "5", "6", "7")
assert len(COLUMN_LABELS) == BOARD_WIDTH

# The template string for displaying the board:
BOARD_TEMPLATE = """
    1234567
   +-------+
   |{}{}{}{}{}{}{}|
   |{}{}{}{}{}{}{}|
   |{}{}{}{}{}{}{}|
   |{}{}{}{}{}{}{}|
   |{}{}{}{}{}{}{}|
   |{}{}{}{}{}{}{}|
   +-------+"""


def main():
    """Runs a single game of Four-in-a-Row."""
    print(
        """Four-in-a-Row, by Al Sweigart al@inventwithpython.com

Two players take turns dropping tiles into one of seven columns, trying
to make Four-in-a-Row horizontally, vertically, or diagonally.
"""
    )

    # Set up a new game:
    gameBoard = getNewBoard()
    playerTurn = PLAYER_X

    while True:  # Run a player's turn.
        # Display the board and get player's move:
        displayBoard(gameBoard)
        playerMove = getPlayerMove(playerTurn, gameBoard)
        gameBoard[playerMove] = playerTurn

        # Check for a win or tie:
        if isWinner(playerTurn, gameBoard):
            displayBoard(gameBoard)  # Display the board one last time.
            print("Player {} has won!".format(playerTurn))
            sys.exit()
        elif isFull(gameBoard):
            displayBoard(gameBoard)  # Display the board one last time.
            print("There is a tie!")
            sys.exit()

        # Switch turns to other player:
        if playerTurn == PLAYER_X:
```

```
                playerTurn = PLAYER_O
            elif playerTurn == PLAYER_O:
                playerTurn = PLAYER_X


def getNewBoard():
    """Returns a dictionary that represents a Four-in-a-Row board.

    The keys are (columnIndex, rowIndex) tuples of two integers, and the
    values are one of the "X", "O" or "." (empty space) strings."""
    board = {}

    for rowIndex in range(BOARD_HEIGHT):
        for columnIndex in range(BOARD_WIDTH):
            board[(columnIndex, rowIndex)] = EMPTY_SPACE
    return board


def displayBoard(board):
    """Display the board and its tiles on the screen."""

    # Prepare a list to pass to the format() string method for the board
    # template. The list holds all of the board's tiles (and empty
    # spaces) going left to right, top to bottom:
    tileChars = []
    for rowIndex in range(BOARD_HEIGHT):
        for columnIndex in range(BOARD_WIDTH):
            tileChars.append(board[(columnIndex, rowIndex)])

    # Display the board:
    print(BOARD_TEMPLATE.format(*tileChars))


def getPlayerMove(playerTile, board):
    """Let a player select a column on the board to drop a tile into.

    Returns a tuple of the (column, row) that the tile falls into."""
    while True:  # Keep asking player until they enter a valid move.
        print(f"Player {playerTile}, enter 1 to {BOARD_WIDTH} or QUIT:")
        response = input("> ").upper().strip()

        if response == "QUIT":
            print("Thanks for playing!")
            sys.exit()

        if response not in COLUMN_LABELS:
            print(f"Enter a number from 1 to {BOARD_WIDTH}.")
            continue  # Ask player again for their move.

        columnIndex = int(response) - 1  # -1 for 0-based column indexes.

        # If the column is full, ask for a move again:
        if board[(columnIndex, 0)] != EMPTY_SPACE:
            print("That column is full, select another one.")
            continue  # Ask player again for their move.
```

```
            # Starting from the bottom, find the first empty space.
            for rowIndex in range(BOARD_HEIGHT - 1, -1, -1):
                if board[(columnIndex, rowIndex)] == EMPTY_SPACE:
                    return (columnIndex, rowIndex)


def isFull(board):
    """Returns True if the `board` has no empty spaces, otherwise
    returns False."""
    for rowIndex in range(BOARD_HEIGHT):
        for columnIndex in range(BOARD_WIDTH):
            if board[(columnIndex, rowIndex)] == EMPTY_SPACE:
                return False  # Found an empty space, so return False.
    return True  # All spaces are full.


def isWinner(playerTile, board):
    """Returns True if `playerTile` has four tiles in a row on `board`,
    otherwise returns False."""

    # Go through the entire board, checking for four-in-a-row:
    for columnIndex in range(BOARD_WIDTH - 3):
        for rowIndex in range(BOARD_HEIGHT):
            # Check for four-in-a-row going across to the right:
            tile1 = board[(columnIndex, rowIndex)]
            tile2 = board[(columnIndex + 1, rowIndex)]
            tile3 = board[(columnIndex + 2, rowIndex)]
            tile4 = board[(columnIndex + 3, rowIndex)]
            if tile1 == tile2 == tile3 == tile4 == playerTile:
                return True

    for columnIndex in range(BOARD_WIDTH):
        for rowIndex in range(BOARD_HEIGHT - 3):
            # Check for four-in-a-row going down:
            tile1 = board[(columnIndex, rowIndex)]
            tile2 = board[(columnIndex, rowIndex + 1)]
            tile3 = board[(columnIndex, rowIndex + 2)]
            tile4 = board[(columnIndex, rowIndex + 3)]
            if tile1 == tile2 == tile3 == tile4 == playerTile:
                return True

    for columnIndex in range(BOARD_WIDTH - 3):
        for rowIndex in range(BOARD_HEIGHT - 3):
            # Check for four-in-a-row going right-down diagonal:
            tile1 = board[(columnIndex, rowIndex)]
            tile2 = board[(columnIndex + 1, rowIndex + 1)]
            tile3 = board[(columnIndex + 2, rowIndex + 2)]
            tile4 = board[(columnIndex + 3, rowIndex + 3)]
            if tile1 == tile2 == tile3 == tile4 == playerTile:
                return True

            # Check for four-in-a-row going left-down diagonal:
            tile1 = board[(columnIndex + 3, rowIndex)]
            tile2 = board[(columnIndex + 2, rowIndex + 1)]
```

```
            tile3 = board[(columnIndex + 1, rowIndex + 2)]
            tile4 = board[(columnIndex, rowIndex + 3)]
            if tile1 == tile2 == tile3 == tile4 == playerTile:
                return True
    return False


# If this program was run (instead of imported), run the game:
if __name__ == "__main__":
    main()
```

在深入探究原始程式碼的說明之前，請執行這支程式並玩一下這個遊戲，以了解程式的運作和功能。若想要檢查輸入的拼寫錯誤，可將輸入的程式碼複製並貼上到位於 https://inventwithpython.com/beyond/diff/ 的線上差異比較工具中進行比對，或到 http://books.gotop.com.tw 搜尋本書連結來下載範例程式檔。

編寫程式碼

接著就讓我們詳細了解程式的原始程式碼，就像在「河內塔」專案所做的深入探討。在這裡，我使用 Black 工具，以每行限制為 75 個字元的寬度來格式化了這支程式。

現在將從程式最頂端開始解說：

```
"""Four-in-a-Row, by Al Sweigart al@inventwithpython.com
A tile-dropping game to get four-in-a-row, similar to Connect Four."""

import sys

# Constants used for displaying the board:
EMPTY_SPACE = "."  # A period is easier to count than a space.
PLAYER_X = "X"
PLAYER_O = "O"
```

就像在河內塔專案中一樣，我們的程式會從文件字串、模組匯入和常數指定為起始。這裡定義了 PLAYER_X 和 PLAYER_O 常數，因此不必在整支程式中都用 "X" 和 "O" 字串，這樣讓程式更容易除錯。如果在使用常數時輸入錯字，例如打成 PLAYER_XX，則 Python 會引發 NameError，立即就知道問題出在哪裡。但如果我們使用 "X" 字元，在輸入時打錯字，例如打成 "XX" 或 "Z"，則錯誤可能不會立即顯現。如第 5 章的「魔術數字」小節所述，使用常數而不要用字串值，常數名稱不僅直接提供描述，還能在程式碼中輸入錯誤時馬上能提出預警。

程式執行時常數不應該變更，但程式設計師可以在程式未來版本中修改這個
值。因為這個原因，我們要寫上註釋提醒程式設計師，如果要修改 BOARD_
WIDTH 值，則 BOARD_TEMPLATE 和 COLUMN_LABELS 常數也一併需要修
改，如後所述。

```
# Note: Update BOARD_TEMPLATE & COLUMN_LABELS if BOARD_WIDTH is changed.
BOARD_WIDTH = 7
BOARD_HEIGHT = 6
```

接著建立 COLUMN_LABELS 常數：

```
COLUMN_LABELS = ("1", "2", "3", "4", "5", "6", "7")
assert len(COLUMN_LABELS) == BOARD_WIDTH
```

稍後的程式會使用此常數來確保玩家選擇了合法的欄位。請留意，如果我們把
BOARD_WIDTH 設為 7 以外的其他值，則 COLUMN_LABELS 多元組也要修
改標籤值。我可以透過以下程式碼，以 BOARD_WIDTH 來生成 COLUMN_
LABELS 的值來避免這種忘了修改的情況：「COLUMN_LABELS = tuple([str(n)
for n in range(1, BOARD_WIDTH + 1)])」。但是 COLUMN_LABELS 應該不太可
能改變，因為標準的四子棋遊戲是在7×6的棋盤上進行的，所以筆者決定列出
一個明確的多元組值。

沒錯，如第 5 章「魔術數字」小節所述，這種直接硬寫入式（hardcoding）的
程式碼算是一種程式碼異味，但這種寫法比其他方法更具可讀性。除此之外，
如果修改 BOARD_WIDTH 而不更新 COLUMN_LABELS 時，assert 陳述句會提
醒我們。

與河內塔一樣，四子棋程式也是使用 ASCII 文字畫來呈現遊戲棋盤。以下幾行
是多行字串的單個指定值陳述句：

```
# The template string for displaying the board:
BOARD_TEMPLATE = """
     1234567
    +-------+
    |{}{}{}{}{}{}{}|
    |{}{}{}{}{}{}{}|
    |{}{}{}{}{}{}{}|
    |{}{}{}{}{}{}{}|
    |{}{}{}{}{}{}{}|
    |{}{}{}{}{}{}{}|
    +-------+"""
```

此字串包含大括號（{}），在執行時 format() 字串方法會把大括號替換成棋盤的字元內容（稍後介紹的 displayBoard() 函式會對此進行處理）。由於棋盤含有7 欄和 6 列，因此我們在 6 列的每一列中使用 7 對括號 {} 來表示每個插入值。請注意，就像 COLUMN_LABELS 一樣，我們在技術上對棋盤以直接寫入的硬式程式碼來建立一定數量的欄和列。如果有對 BOARD_WIDTH 或 BOARD_HEIGHT 修改為新的整數值，也必須更新 BOARD_TEMPLATE 中的多行字串內容。

我們可以設計讓程式根據 BOARD_WIDTH 和 BOARD_HEIGHT 常數來生成BOARD_TEMPLATE，如下所示：

```
BOARD_EDGE = " +" + ("-" * BOARD_WIDTH) + "+"
BOARD_ROW = " |" + ("{}" * BOARD_WIDTH) + "|\n"
BOARD_TEMPLATE = "\n " + "".join(COLUMN_LABELS) + "\n" + BOARD_EDGE + "\n"
+ (BOARD_ROW * BOARD_WIDTH) + BOARD_EDGE
```

但這段程式碼不像前面簡單的多行字串那麼容易讀懂，而且這個四子棋的棋盤並不會修改大小，因此直接使用簡單的多行字串是比較好的作法。

接下來開始編寫 main() 函式，該函式會呼叫遊戲中所有其他需要用的函式：

```
def main():
    """Runs a single game of Four-in-a-Row."""
    print(
        """Four-in-a-Row, by Al Sweigart al@inventwithpython.com

Two players take turns dropping tiles into one of seven columns, trying
to make Four-in-a-Row horizontally, vertically, or diagonally.
"""
    )

    # Set up a new game:
    gameBoard = getNewBoard()
    playerTurn = PLAYER_X
```

我們給 main() 函式一個文件字串，可利用內建的 help() 函式查看文件字串的內容。main() 函式也會為新遊戲準備棋盤，並選擇第一位玩家。

在 main() 函式內是個無窮迴圈：

```
    while True:  # Run a player's turn.
        # Display the board and get player's move:
        displayBoard(gameBoard)
        playerMove = getPlayerMove(playerTurn, gameBoard)
        gameBoard[playerMove] = playerTurn
```

此迴圈的每次迭代都是玩家一回合的轉換。第一步，我們是對玩家展示棋盤。第二步由玩家選擇一欄來以放置棋子，第三步是更新棋盤的資料結構。

接下來的程式是評估玩家移動的結果：

```python
# Check for a win or tie:
if isWinner(playerTurn, gameBoard):
    displayBoard(gameBoard)  # Display the board one last time.
    print("Player {} has won!".format(playerTurn))
    sys.exit()
elif isFull(gameBoard):
    displayBoard(gameBoard)  # Display the board one last time.
    print("There is a tie!")
    sys.exit()
```

如果玩家下完棋子後獲勝，則 isWinner() 返回 True，遊戲就結束。如果棋盤已填滿而沒有贏家出現，則 isFull() 返回 True，遊戲結束。請注意，其實可以使用簡單的 break 陳述句來代替呼叫 sys.exit()，但這只會中斷 while 迴圈，由於 main() 函式中該迴圈之後並沒有其他程式碼，因此中斷後函式會返回到 main() 程式最底部，這樣也會讓程式結束終止。但這裡我還是選擇使用 sys.exit() 來讓程式設計師清楚了解這段程式碼應該讓程式立即終止結束。

如果遊戲還沒結束，下列幾行程式會設定 playerTurn，換到下一位玩家：

```python
# Switch turns to other player:
if playerTurn == PLAYER_X:
    playerTurn = PLAYER_O
elif playerTurn == PLAYER_O:
    playerTurn = PLAYER_X
```

請留意，本來筆者可以把 elif 陳述句改成不用設條件的簡單 else 陳述句。但是請記住 Python 之禪的原則：「明瞭優於隱晦」。這段程式碼明確表示，如果現在是玩家 O 的回合，那麼接下來是換玩家 X 的回合。另一種作法是，如果現在這回合的玩家不是玩家 X，那麼下一個回合就是玩家 X。即使 if 和 else 陳述句很適合布林條件式，但 PLAYER_X 和 PLAYER_O 的值與 True 和 False 並不相同：「not PLAYER_X」並不等同於 PLAYER_O。因此，直接檢查 playerTurn 的值來進行處理會更理想。

我把另一種有相同功用之作法的程式碼寫成一行，如下所示：

```python
playerTurn = {PLAYER_X: PLAYER_O, PLAYER_O: PLAYER_X}[playerTurn]
```

這行使用第 6 章「使用字典而不要用 switch 語法」小節中提到的字典技巧。但就像許多一行式程式碼一樣，其可讀性不如直接用 if 和 elif 陳述句好。

接下來，我們定義 getNewBoard() 函式：

```
def getNewBoard():
    """Returns a dictionary that represents a Four-in-a-Row board.

    The keys are (columnIndex, rowIndex) tuples of two integers, and the
    values are one of the "X", "O" or "." (empty space) strings."""
    board = {}

    for rowIndex in range(BOARD_HEIGHT):
        for columnIndex in range(BOARD_WIDTH):
            board[(columnIndex, rowIndex)] = EMPTY_SPACE
    return board
```

此函式會返回一個字典，用來表示四子棋的棋盤。這個字典有「(columnIndex, rowIndex)」多元組當作鍵值（其中 columnIndex 和 rowIndex 是整數），以及對應在棋盤位置上的 'X'、'O' 或 '.' 字元。我們把字串分別儲存在 PLAYER_X、PLAYER_O 和 EMPTY_SPACE 中。

我們的四子棋遊戲結構很簡單，因此使用字典來處理棋盤是很合適的技巧。不過，還可以用 OOP 方法代替，我們會在第 15 章至第 17 章中探討 OOP 技術。displayBoard() 函式會使用 board 引數的棋盤資料結構，並使用 BOARD_TEMPLATE 常數在螢幕上顯示這個棋盤：

```
def displayBoard(board):
    """Display the board and its tiles on the screen."""

    # Prepare a list to pass to the format() string method for the board
    # template. The list holds all of the board's tiles (and empty
    # spaces) going left to right, top to bottom:
    tileChars = []
```

回想一下，前面提過 BOARD_TEMPLATE 是個多行字串，其中帶有多對括號。當我們在 BOARD_TEMPLATE 上呼叫 format() 方法時，這些括號會以傳給 format() 的引數來替換。

tileChars 變數會存放這些引數的串列。我們一開始會先指定一個空白串列，tileChars 中的第一個值會替換 BOARD_TEMPLATE 中的第一對大括號，第二個值將替換第二對，以此類推。本質上，我們會從 board 字典中建立值的串列：

```
    for rowIndex in range(BOARD_HEIGHT):
        for columnIndex in range(BOARD_WIDTH):
            tileChars.append(board[(columnIndex, rowIndex)])

    # Display the board:
    print(BOARD_TEMPLATE.format(*tileChars))
```

這些巢狀嵌套的 for 迴圈會對棋盤上每個可能的列和欄之位置進行迭代，並將這些值新增到 tileChars 的串列中。這些迴圈完成後，我們使用 * 當作前置把 tileChars 串列中的值當作單獨的引數傳給 format() 方法。第 10 章「使用 * 建立可變參數函式」小節講述了怎麼使用此語法把串列中的值視為單獨的函式引數，程式碼「print(*['cat', 'dog', 'rat'])」等同於「print('cat', 'dog', 'rat')」。我們需要用到 * 號，因為 format() 方法的每對括號對應串列中一個值，而不是整個串列引數。

接下是 getPlayerMove() 函式：

```
def getPlayerMove(playerTile, board):
    """Let a player select a column on the board to drop a tile into.

    Returns a tuple of the (column, row) that the tile falls into."""
    while True:  # Keep asking player until they enter a valid move.
        print(f"Player {playerTile}, enter 1 to {BOARD_WIDTH} or QUIT:")
        response = input("> ").upper().strip()

        if response == "QUIT":
            print("Thanks for playing!")
            sys.exit()
```

此函式是以無窮迴圈的執行為起始，一直等待玩家輸入有效合法的下棋位置。此程式碼很像河內塔程式中的 getPlayerMove() 函式。請留意，while 迴圈開始時的 print() 呼叫使用的是 f-strings 插值，所以就算更新了 BOARD_WIDTH，這裡的訊息不用修改也會跟著更新。

我們檢查玩家的輸入的是否為合法的「欄」值；如果不是，則 continue 陳述句會把執行移回迴圈的開頭，要求玩家再輸入合法有效的下棋位置：

```
        if response not in COLUMN_LABELS:
            print(f"Enter a number from 1 to {BOARD_WIDTH}.")
            continue  # Ask player again for their move.
```

我們可以把輸入驗證的條件式寫成「not response.isdecimal() or spam < 1 or spam > BOARD_WIDTH」，但沒有「response not in COLUMN_LABELS」這種寫法簡單。

接下來，我們需要找出在玩家所選欄位的哪一列中放下棋子：

```
columnIndex = int(response) - 1  # -1 for 0-based column indexes.

# If the column is full, ask for a move again:
if board[(columnIndex, 0)] != EMPTY_SPACE:
    print("That column is full, select another one.")
    continue  # Ask player again for their move.
```

棋盤在螢幕上顯示欄的標籤是由 1 至 7，但是 board 資料結構中「(columnIndex, rowIndex)」的索引值使用的是 0 為起始的編號索引，其範圍是 0 到 6。為解決這種差異，我們將字串值 '1' 到 '7' 轉換為整數值 0 到 6。

列索引在棋盤頂端是由 0 開始遞增到棋盤底部的 6。我們檢查所選欄位的第一列，查看其位置是否已被佔用。如果是，則表示此欄已填滿，continue 陳述句會把執行移回迴圈的開頭，再要求玩家選下棋的欄。

如果該欄沒有填滿，則需要找出最低可以放下棋子的位置：

```
# Starting from the bottom, find the first empty space.
for rowIndex in range(BOARD_HEIGHT - 1, -1, -1):
    if board[(columnIndex, rowIndex)] == EMPTY_SPACE:
        return (columnIndex, rowIndex)
```

這個 for 迴圈從底部的列索引「BOARD_HEIGHT - 1」或 6 為起始，然後向上移動直到找到第一個空格為止。隨後這個函式會返回最低空格的索引。

當棋盤上的棋子都填滿了，遊戲就以平局結束：

```
def isFull(board):
    """Returns True if the `board` has no empty spaces, otherwise
    returns False."""
    for rowIndex in range(BOARD_HEIGHT):
        for columnIndex in range(BOARD_WIDTH):
            if board[(columnIndex, rowIndex)] == EMPTY_SPACE:
                return False  # Found an empty space, so return False.
    return True  # All spaces are full.
```

isFull() 函式使用一對巢狀嵌套的 for 迴圈遍訪棋盤的每個位置。如果發現空格，則說明棋盤未填滿，函式會返回 False。如果執行過兩個迴圈而 isFull() 函式都找不到空格，則返回 True。

isWinner() 函式會檢查玩家是否贏了棋局：

```python
def isWinner(playerTile, board):
    """Returns True if `playerTile` has four tiles in a row on `board`,
    otherwise returns False."""

    # Go through the entire board, checking for four-in-a-row:
    for columnIndex in range(BOARD_WIDTH - 3):
        for rowIndex in range(BOARD_HEIGHT):
            # Check for four-in-a-row going across to the right:
            tile1 = board[(columnIndex, rowIndex)]
            tile2 = board[(columnIndex + 1, rowIndex)]
            tile3 = board[(columnIndex + 2, rowIndex)]
            tile4 = board[(columnIndex + 3, rowIndex)]
            if tile1 == tile2 == tile3 == tile4 == playerTile:
                return True
```

如果 playerTile 在水平、垂直或對角線上連續出現四次（四連線），則此函式會返回 True。為了弄清楚條件是否滿足，我們必須檢查棋盤四個相鄰位置的每個集合。我們會用一系列巢狀嵌套的 for 迴圈來處理這項工作。

(columnIndex, rowIndex) 多元組代表一個起點。我們檢查 playerTile 字串的起點及其右邊的三個位置。如果起點為 (columnIndex, rowIndex)，則其右邊的位置會是 (columnIndex + 1, rowIndex)，依此類推。我們把這四個位置中的棋子內容存到變數 tile1、tile2、tile3 和 tile4 中。如果所有這些變數的值都與 playerTile 相同，則表示我們發現連成四連線了，此時 isWinner() 函式返回 True。

在第 5 章「以數字為後置的變數」小節中有提到以連續數字為後置的變數名稱（例如本遊戲中的 tile1 到 tile4）算是一種程式碼異味，代表您應該改用一個串列來處理。不過在這本章這個遊戲程式中，這種變數名稱卻沒有問題。我們不需要用串列來替換，因為四子棋程式只需用到四個 tile 變數。請記住，程式碼有異味並不一定表示有問題，這只是告訴我們應該重新審視，再次確認是否已經用最易讀好懂的方式來設計程式碼。在這裡的範例中，若使用串列會讓遊戲程式更複雜，也沒有任何好處，因此我們堅持使用 tile1、tile2、tile3 和 tile4 這樣的名字。

我們繼續使用類似的過程來檢查垂直的四連線：

```python
for columnIndex in range(BOARD_WIDTH):
    for rowIndex in range(BOARD_HEIGHT - 3):
        # Check for four-in-a-row going down:
        tile1 = board[(columnIndex, rowIndex)]
        tile2 = board[(columnIndex, rowIndex + 1)]
        tile3 = board[(columnIndex, rowIndex + 2)]
        tile4 = board[(columnIndex, rowIndex + 3)]
```

```
        if tile1 == tile2 == tile3 == tile4 == playerTile:
            return True
```

接下來,我們檢查在對角線由左上到和右下的四連線,隨後檢查以對角線由右上到左下的的四連線:

```
for columnIndex in range(BOARD_WIDTH - 3):
    for rowIndex in range(BOARD_HEIGHT - 3):
        # Check for four-in-a-row going right-down diagonal:
        tile1 = board[(columnIndex, rowIndex)]
        tile2 = board[(columnIndex + 1, rowIndex + 1)]
        tile3 = board[(columnIndex + 2, rowIndex + 2)]
        tile4 = board[(columnIndex + 3, rowIndex + 3)]
        if tile1 == tile2 == tile3 == tile4 == playerTile:
        return True

        # Check for four-in-a-row going left-down diagonal:
        tile1 = board[(columnIndex + 3, rowIndex)]
        tile2 = board[(columnIndex + 2, rowIndex + 1)]
        tile3 = board[(columnIndex + 1, rowIndex + 2)]
        tile4 = board[(columnIndex, rowIndex + 3)]
        if tile1 == tile2 == tile3 == tile4 == playerTile:
            return True
return False
```

這段程式碼很像水平的四連線檢查,因此不再重複說明。如果完成所有檢查都未找到四連線,則該函式會返回 False,並指示這個 playerTile 不是贏家:

```
    return False
```

程式最後剩下的是呼叫 main() 函式:

```
# If this program was run (instead of imported), run the game:
if __name__ == '__main__':
    main()
```

再說明一次,這裡用的是 Python 的慣用寫法,如果直接執行 fourinarow.py,則會呼叫 main(),但如果把 fourinarow.py 當作模組匯入,則不會呼叫 main()。

總結

河內塔遊戲和四子棋遊戲都算是較短的程式,但如果讀者跟著本書來實作,則可以確保這些程式碼有很好的可讀性且易於除錯。這些程式遵循了下列幾種很好的作法:它們已用 Black 工具進行了自動格式化的設定、有使用文件字串來描述模組和函式、有把常數放在檔案頂端的位置。程式中的變數、函式參數和函式返回值都限制為單種資料型別,因此型別提示就沒有加上去,不過若加上說明文件還是有好處的。

在河內塔中,我們以字典來表示三個塔柱,其鍵為 'A'、'B' 和 'C',對應的值為整數串列。這樣的作法行得通,但是如果程式更大或更複雜,那麼最好使用類別來表示這種資料。在本章中沒有用類別和 OOP 技術,因為在第 15 章到第 17 章之前我不會介紹 OOP。不過請讀者記住,以類別來代表資料結構是很有效率的。塔柱在螢幕上是以 ASCII 文字畫來呈現,使用文字字元來顯示塔柱和盤子。

四子棋遊戲也是使用 ASCII 文字畫的方式來顯示遊戲的棋盤。我們使用儲存在 BOARD_TEMPLATE 常數中的多行字串來顯示此內容。這個字串有 42 對大括號 {},用來顯示 7×6 棋盤上的每個格子。我們使用大括號當作插值,以便 forma() 字串方法可以用字元來替換。這樣一來,當要在螢幕上顯示棋盤時,BOARD_TEMPLATE 字串怎麼產生棋盤的方式就很明顯了。

雖然它們的資料結構不同,但這兩支程式都具有許多相似之處。兩支程式都會在螢幕上呈現其資料結構,會要求玩家輸入、驗證輸入,然後使用這些資料來更新其資料結構,然後回到迴圈開頭。不過,對於這些操作,我們還是有其他不同的方式編寫程式碼來處理。最後的程式碼具有可讀性是很主觀的看法,這不是什麼客觀的衡量方式,不是遵守某些規則就可以評量的。本章中的原始程式碼範例中還留有二種程式碼異味,但並非所有程式碼異味都是有問題的。與程式要「沒有程式碼異味」的策略相比,程式要具有「可讀性」是更重要。

PART 3
物件導向的 Python

第 15 章
物件導向程式設計與類別

OOP 是一種程式語言的功能特性，能讓我們把變數和函式組合在一起成為新的資料型別，這種新的型別就稱為**類別**（**class**），利用類別可以建立物件。透過把程式碼組織到類別中，可以把單體式的大程式分解成多個較小的部分，這樣更易於理解和除錯。

對於小型程式來說，OOP 並不能表現其組織性的好處，反而會增加制式的負擔。雖然某些語言（例如 Java）會要求我們把所有程式碼都組織到類別中，但是 Python 的 OOP 功能卻是可選擇性使用的。程式設計師可以根據需要使用類別，如果不需要時就忽略不用。Python 核心開發專案 Jack Diederich 在 PyCon 2012 上的研討合演講主題「Stop Writing Classes」（https://youtu.be/o9pEzgHor H0/）指出，在許多情況下程式設計師直接就編寫了類別，但其實用簡單的函式或模組就能更好地處理完所有工作。

也就是說，身為程式設計師，我們應該熟悉什麼是類別和其工作原理的基礎知識。在本章中，我們將要學習什麼是類別，為什麼在程式中使用類別，以及類

別背後的語法和程式設計概念。OOP 是個很廣泛的主題，本章內容僅當作為引導和介紹。

現實的模擬：填寫表單

在人的一生中很可能碰到不少次要填寫紙質或電子表單的情況，例如去看醫生、線上購物或婚禮邀請卡的回函（RSVP）。表單是某些人或組織收集我們相關資訊的所採用的一種方式。不同的表單要求不同的資訊，我們會提供醫生格式的回應來告知過敏相關的醫療狀況，而在回函婚禮邀請時填寫參加人數等資訊，這兩種資訊不能交換寫錯地方。

在 Python 中，類別、型別和資料型別都有相同的意涵。就像紙張或電子表單其代表的意義相同，類別是 Python 物件（也稱實例）的藍圖，類別中放了以名詞表示的資料。這個名詞可以是醫生的病人、電子商務的購買者或結婚的賓客等。類別就像空白表單的範本，從這個類別建立的物件就像填好的表單，其中含有關於表單所代表事物的實際資料。舉例來說，圖 15-1 中的婚禮邀請卡的回函（RSVP）形式就像個類別，而填寫好的 RSVP 回函就是個物件。

圖 15-1　婚禮邀請卡的回函（RSVP）表單範本像是類別，而填寫好的表單像是物件

我們還可以把類別和物件想像成試算表，如圖 15-2。

第 15 章　物件導向程式設計與類別

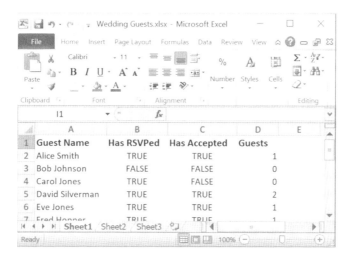

圖 15-2　RSVP 回函資料存放在試算表中

欄位的標題就組成「類別」，而各列內容分別組成各個「物件」。

通常把類別和物件稱為現實世界中某些項目的資料模型，但不要混淆它們之間的關係。要放入類別的內容取決於程式需要執行什麼操作。圖 15-3 顯示了代表同一真實人物的不同類別和物件，除了人物的名字之外，它們所存放的資訊完全不同。

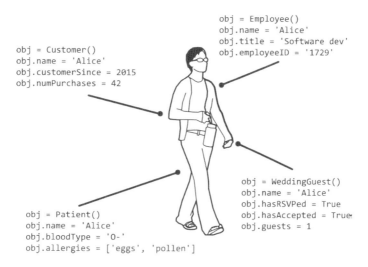

圖 15-3　代表同一真實人物，但由不同類別製作成四種物件，設計不同的類別
取決於軟體應用程式需要什麼樣的人物資訊

- 319 -

另外，類別中要包含的資訊應取決於程式的需求。許多 OOP 教學都以 Car 類別為基本範例，但沒有解釋該類別中的內容完全取決於您所編寫的軟體類型。沒有通用的 Car 類別這樣的東西，不過顯然會有 honkHorn() 方法或 numberOfCup holders 屬性，而這些應該是因為現實世界中汽車的特徵，您的程式可能為汽車經銷商的網絡應用程式編寫，也可能是賽車電玩遊戲或道路交通模擬的程式。汽車經銷商的網絡應用程式中，Car 類別可能要有 milesPerGallon 或 manu facturersSuggestedRetailPrice 屬性（就像汽車經銷商的試算表可能需要這些欄位）。但是電玩遊戲和道路交通模擬就不會具有這些屬性，因為這些資訊與它們無關。電玩遊戲的 Car 類別可能具有 explodeWithLargeFireball() 方法（遊戲中會發射大火球），但汽車經銷商和交通模擬則不會用到。

從類別建立物件

就算您還沒有建立過類別，但已經在 Python 中有使用過類別和物件了。請回想一下 datetime 模組，其中有個名為 date 的類別。datetime.date 類別的物件（也簡稱為 datetime.date 物件或 date 物件）表示特定日期。請在互動式 shell 模式中輸入以下內容來建立 datetime.date 類別的物件：

```
>>> import datetime
>>> birthday = datetime.date(1999, 10, 31)  # Pass the year, month, and day.
>>> birthday.year
1999
>>> birthday.month
10
>>> birthday.day
31
>>> birthday.weekday()  # weekday() is a method; note the parentheses.
6
```

屬性（**attribute**）是與物件關聯的變數。呼叫 datetime.date() 會建立一個新的 date 物件，並使用 1999、10、31 引數來進行初始化，因此該物件是代表 1999 年 10 月 31 日這個日期。我們把這些引數指定給 date 類別的 year、month 和 day 屬性，這都是 date 物件會擁有的屬性。

有了這些資訊，類別的 weekday() 方法可以算出某日期是星期幾。在這個範例中，若是星期日則返回 6，因為根據 Python 的線上說明文件，weekday() 的返回值是個整數值，該值從星期一開始以 0 表示，以此類推到星期日表示的 6。

這個線上說明文件也列出了 date 類別物件擁有的其他幾種方法。雖然 date 物件含有多個屬性和方法，但它仍然是可以儲存在變數中的單個物件，例如本範例中的所用的 birthday 變數。

建立一個簡單的類別：WizCoin

讓我們建立一個 WizCoin 類別，這個類別代表虛構魔法貨幣中的各種硬幣。在這種貨幣中，面額為 knuts、sickles（值 29 knuts）和 galleons（值 17 sickles 或 493 knuts）。請記住，WizCoin 類別中的物件代表一定數量的硬幣，而不是一定數量的金錢。舉例來說，它將告知您持有 5 個 quarters（25 分）和 1 個 dime（十分），而不是用 $1.35 這種表示方式。

在名為 wizcoin.py 的新檔案中，輸入以下程式碼來建立 WizCoin 類別。請注意，__ init__ 方法名稱在 init 之前和之後都有兩個底線（我們將在本章後面的「方法、__ init __() 和 self」小節會中介紹 __init__）：

```
❶   class WizCoin:
❷       def __init__(self, galleons, sickles, knuts):
            """Create a new WizCoin object with galleons, sickles, and knuts."""
            self.galleons = galleons
            self.sickles = sickles
            self.knuts = knuts
            # NOTE: __init__() methods NEVER have a return statement.

❸       def value(self):
            """The value (in knuts) of all the coins in this WizCoin object."""
            return (self.galleons * 17 * 29) + (self.sickles * 29) + (self.knuts)

❹       def weightInGrams(self):
            """Returns the weight of the coins in grams."""
            return (self.galleons * 31.103) + (self.sickles * 11.34) + (self.knuts
    * 5.0)
```

這支程式使用 class 陳述句❶定義了一個 WizCoin 的新類別。建立類別就是建立一種新型別的物件。使用 class 陳述句定義類別很像定義新函式時所使用的 def 陳述句。在 class 陳述句之後的程式碼區塊內是三個方法的定義：__init __()（initializer 的縮寫）❷、value()❸和 weightInGrams()❹。請注意，所有方法中的第一個參數都叫作 self，我們會在下一小節探討。

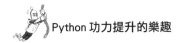

按照慣例,模組名稱(如 wizcoin.py 檔案中的 wizcoin)都是小寫,而類別名稱
(如 WizCoin)則是首字母大寫。不過在 Python 標準程式庫中的某些類別(例
如 date)並沒有遵循此慣例。

要練習實作建立 WizCoin 類別的新物件,請在單獨的 file editor 視窗中輸入以
下原始程式碼,並把檔案另存為 wcexample1.py 檔,要存放在與 wizcoin.py 相
同的資料夾內:

```python
    import wizcoin

❶  purse = wizcoin.WizCoin(2, 5, 99)  # The ints are passed to __init__().
    print(purse)
    print('G:', purse.galleons, 'S:', purse.sickles, 'K:', purse.knuts)
    print('Total value:', purse.value())
    print('Weight:', purse.weightInGrams(), 'grams')
    print()

❷  coinJar = wizcoin.WizCoin(13, 0, 0)  # The ints are passed to __init__().
    print(coinJar)
    print('G:', coinJar.galleons, 'S:', coinJar.sickles, 'K:', coinJar.knuts)
    print('Total value:', coinJar.value())
    print('Weight:', coinJar.weightInGrams(), 'grams')
```

呼叫 WizCoin() ❶❷時會建立一個 WizCoin 物件,並為它們執行 __init__( )
方法中的程式碼。我們傳入 3 個整數作為 WizCoin() 的引數,這些整數會轉傳
給 __init__() 的參數。這些引數已指定給物件的 self.galleons、self.sickles 和
self.knuts 屬性。請留意,就像 time.sleep() 函式需要先匯入 time 模組並且在函
式名稱之前放上「time.」,我們也必須先匯入 wizcoin 並在 WizCoin() 函式名稱
之前放上「wizcoin.」。

當您執行這支程式時,其輸出結果會像下列這般:

```
<wizcoin.WizCoin object at 0x000002136F138080>
G: 2 S: 5 K: 99
Total value: 1230
Weight: 613.906 grams

<wizcoin.WizCoin object at 0x000002136F138128>
G: 13 S: 0 K: 0
Total value: 6409
Weight: 404.339 grams
```

如果執後後收到錯誤訊息,例如「ModuleNotFoundError: No module named
'wizcoin'」,請檢查並確認其檔案名稱是 wizcoin.py,而且與 wcexample1.py 是
放在同一個資料夾內。

WizCoin 物件並沒有好用的字串表現形式，因此印出 purse 和 coinJar，在尖括號之間顯示記憶體的位址（在第 17 章會學到如何變更這項處理）。

就像我們可以在字串物件上呼叫 lower() 字串方法一樣，我們也可以在指定給 purse 和 coinJar 變數的 WizCoin 物件上呼叫 value() 和 weightInGrams() 方法。這些方法會根據物件的 galleons、sickles 和 knuts 屬性來計算值。

類別和 OOP 會讓程式碼更具**可維護性**，也就是說程式碼在未來會更易讀好懂、更容易修改和更好擴充。讓我們更進一步探討這個類別的方法和屬性。

方法、__init__() 和 self

方法（method）是與特定類別的物件關聯的函式。請回想一下 lower() 這個字串方法，它是在字串物件上呼叫使用的。我們可以像「'Hello'.lower()」那樣在字串上呼叫 lower()，但不能在串列中呼叫，例如「['dog', 'cat'].lower()」是錯誤的。另外，請留意方法要放在物件之後，正確的程式碼是「'Hello'.lower()」，而不是「lower('Hello')」。與諸如 lower() 之類的方法不同，諸如 len() 之類的函式並不與單個資料型別相關聯，我們可以把字串、串列、字典和許多其他型別的物件傳給 len() 來處理。

正如您在上一節中所看到的，我們透過把類別名稱當作函式來呼叫，以此來建立物件。這樣的函式就是指**建構函式（constructor** 或縮寫為 **ctor**，發音為 see-tore），因為此函式建構了新物件。我們還會說這個建構函式為該類別實例化了（instantiate）新的實例（instance）。

呼叫建構函式會讓 Python 建立新物件，然後執行 __init__() 方法。類別不是一定要有 __init__() 方法，但大部分的類別都有一個。__init__() 方法一般是用來設定屬性的初始值。舉例來說，請回想一下 WizCoin 類別的 __init__() 方法，其內容如下所示：

```
def __init__(self, galleons, sickles, knuts):
    """Create a new WizCoin object with galleons, sickles, and knuts."""
    self.galleons = galleons
    self.sickles = sickles
    self.knuts = knuts
    # NOTE: __init__() methods NEVER have a return statement.
```

當 wcexample1.py 程式呼叫 WizCoin(2, 5, 99) 時，Python 建立了一個新的 WizCoin 物件，然後以這三個引數（2、5 和 99）來呼叫 __init__()。但是 __init__() 方法具有四個參數：self、galleons、sickles 和 knuts。原因是所有方法的第一個參數都名為 self。當在物件上呼叫方法時，該物件會自動傳入 self 參數。其餘引數則照常指定給參數。如果出現錯誤訊息，如「TypeError: __init__() takes 3 positional arguments but 4 were given」，則有可能忘記把 self 參數新增到方法的 def 陳述句中。

在類別中我們不必把第一個參數都命名為 self，可以取任何名字。但使用 self 是大家的慣例，選用其他名稱會讓程式碼在交給其他 Python 程式設計師閱讀時降低其可讀性。在閱讀程式碼時，從第一個參數是否為 self 來區分方法與函式是最快的。同樣地，如果方法中的程式碼都不使用 self 參數，則表明此方法可能是個函式。

WizCoin(2, 5, 99) 的 2、5 和 99 引數不會自動指定到新物件的屬性，為此，我們需要 __init__() 中的三個指定值陳述句。一般來說，__init__() 參數的名稱與屬性名稱相同，但是 self.galleons 中的 self 表示它是物件的屬性，而 galleons 是參數。對類別的 __init__() 方法來說，把建構函式的引數儲存到物件的屬性中是常見的工作。上一節中的 datetime.date() 呼叫執行了類似的工作，只是我們把三個引數傳入給新建立 date 物件的 year、month 和 day 屬性。

您之前可能曾呼叫過 int()、str()、float() 和 bool() 函式在資料型別之間進行轉換，例如 str(3.1415) 會把浮點值 3.1415 返回成字串值 '3.1415'。之前我們把這些都描述為函式，但是 int、str、float 和 bool 實際上是類別，而 int()、str()、float() 和 bool() 函式會返回新的整數、字串、浮點數和布林物件。Python 的風格樣式指南建議取類別名稱時使用駝峰式大小寫字母（例如 WizCoin），不過許多 Python 內建的類別也沒有遵循此項慣例。

請注意，呼叫 WizCoin() 建構函式會返回新的 WizCoin 物件，但是 __init__() 方法不會有返回值的 return 陳述句。如果新增返回值會導致出現錯誤訊息：「TypeError: __init__() should return None」。

屬性

屬性（**attribute**）是與物件關聯的變數。Python 說明文件把將屬性描述為「點之後的任何名稱（any name following a dot）」。例如，請思考上一節中的 birthday.year 表示式。點之後面的名稱 year 就是屬性。

每個物件都有其自己的屬性集。當 wcexample1.py 程式建立兩個 WizCoin 物件並把它們儲存在 purse 和 coinJar 變數時，它們的屬性具有不同的值。我們可以像存取任何變數一樣存取和設定這些屬性。若想要練習設置屬性，請打開一個新的 file editor 視窗，然後輸入以下程式碼，並將其另存為 wcexample2.py 檔，並存放在與 wizcoin.py 檔相同的資料夾內：

```
import wizcoin

change = wizcoin.WizCoin(9, 7, 20)
print(change.sickles)  # Prints 7.
change.sickles += 10
print(change.sickles)  # Prints 17.

pile = wizcoin.WizCoin(2, 3, 31)
print(pile.sickles)  # Prints 3.
pile.someNewAttribute = 'a new attr' # A new attribute is created.
print(pile.someNewAttribute)
```

當您執行這支程式，其輸出內容如下：

```
7
17
3
a new attr
```

您可以把物件的屬性看成像字典的鍵（key），由此來讀取和修改它們關聯的值，並為物件指定新屬性。從技術上來看，方法也被視為類別的屬性。

私有屬性與私有方法

在 C++ 或 Java 這樣的程式語言中，可以把屬性標記為**私有存取權限**（**private access**），這代表編譯器或直譯器僅允許類別方法中的程式碼存取或修改該類別物件的屬性。但是在 Python 中，這種強制狀況並不存在。所有屬性和方法實際上都是**公共存取權限**（**public access**），類別外部的程式碼也可以存取和修改該類別所有物件中的任何屬性。

但是私有存取還是有用的。例如，BankAccount 類別的物件具個 balance 屬性，只有 BankAccount 類別的方法才可以存取該屬性。出於這樣的需要，Python 的慣例是使用以單個底線為開頭來取私有屬性或方法的名稱。從技術上來說，沒有什麼可以阻止類別外部的程式碼存取私有屬性和方法，但是最好的做法是僅允許類別的方法存取它們。

請打開一個新的 file editor 視窗，輸入以下程式碼，並將其另存為 privateExample.py 檔。在其中，BankAccount 類別的物件具有專用的 _name 和 _balance 屬性，只有 deposit() 和 withdraw() 方法可以直接存取這些屬性：

```
class BankAccount:
    def __init__(self, accountHolder):
        # BankAccount methods can access self._balance, but code outside of
        # this class should not:
❶      self._balance = 0
❷      self._name = accountHolder
        with open(self._name + 'Ledger.txt', 'w') as ledgerFile:
            ledgerFile.write('Balance is 0\n')

    def deposit(self, amount):
❸      if amount <= 0:
            return  # Don't allow negative "deposits".
        self._balance += amount
❹      with open(self._name + 'Ledger.txt', 'a') as ledgerFile:
            ledgerFile.write('Deposit ' + str(amount) + '\n')
            ledgerFile.write('Balance is ' + str(self._balance) + '\n')

    def withdraw(self, amount):
❺      if self._balance < amount or amount < 0:
            return  # Not enough in account, or withdraw is negative.
        self._balance -= amount
❻      with open(self._name + 'Ledger.txt', 'a') as ledgerFile:
            ledgerFile.write('Withdraw ' + str(amount) + '\n')
            ledgerFile.write('Balance is ' + str(self._balance) + '\n')

acct = BankAccount('Alice')  # We create an account for Alice.
acct.deposit(120)  # _balance can be affected through deposit()
acct.withdraw(40)  # _balance can be affected through withdraw()

# Changing _name or _balance outside of BankAccount is impolite, but allowed:
❼ acct._balance = 1000000000
acct.withdraw(1000)

❽ acct._name = 'Bob'  # Now we're modifying Bob's account ledger!
acct.withdraw(1000)  # This withdrawal is recorded in BobLedger.txt!
```

當您執行 privateExample.py 時，它建立的分類帳檔案（ledger file）並不準確，因為我們在類別外修改了 _balance 和 _name，從而導致這種不合法的狀態。AliceLedger.txt 中莫名其妙地多了有很多錢：

```
Balance is 0
Deposit 120
Balance is 120
Withdraw 40
Balance is 80
Withdraw 1000
Balance is 999999000
```

現在就算我們沒有為 Bob 建立 BankAccount 物件，也會存在一個帳戶餘額無法解釋的 BobLedger.txt 檔。

```
Withdraw 1000
Balance is 999998000
```

精心設計的類別大都能自給自足的，其中會有方法可把屬性調整為有效的值。_balance 和 _name 屬性標記為私有❶❷，唯一的合法調整修改 BankAccount 類別的值是透過 deposit() 和 withdraw() 方法來處理。這兩個方法都需要經過檢查❸❺，以確保 _balance 不會處於不合法的狀態（例如有負整數值）。這些方法還會記錄帳戶每筆交易來呈現目前餘額❹❻。

類別外部修改這些屬性的程式碼，例如「acct._balance = 1000000000」❼或「acct._name = 'Bob'」❽，會把物件置於不合法的狀態並引入錯誤（並由銀行檢查員審核發覺）。透過遵循前置底線的慣例來進行私有存取，這樣可以讓除錯更加容易。您會知道發生錯誤的原因是在類別的程式碼中，而不是在整支程式中的某個地方。

請留意，與 Java 和其他語言不同，Python 不需要針對私有屬性設定公共 getter 和 setter 方法。Python 是直接使用 property，我們會在第 17 章說明。

type() 函式和 __qualname__ 屬性

把物件傳給內建的 type() 函式後，可透過其返回值得知該物件的資料型別。從 type() 函式返回的物件是 type 物件，也稱為 class 物件。請回想一下前面曾說明過，術語的**型別**（**type**）、**資料型別**（**data type**）和**類別**（**class**）在 Python 中都具有相同的含義。若想要查看 type() 函式對各種值返回的內容，請在互動式 shell 模式中輸入以下內容：

```
>>> type(42)  # The object 42 has a type of int.
<class 'int'>
>>> int  # int is a type object for the integer data type.
<class 'int'>
>>> type(42) == int  # Type check 42 to see if it is an integer.
True
>>> type('Hello') == int  # Type check 'Hello' against int.
False
>>> import wizcoin
>>> type(42) == wizcoin.WizCoin  # Type check 42 against WizCoin.
False
>>> purse = wizcoin.WizCoin(2, 5, 10)
>>> type(purse) == wizcoin.WizCoin  # Type check purse against WizCoin.
True
```

請注意，int 是型別物件，與 type(42) 返回的是同一種類的物件，但是它也可以稱為 int() 建構函式，int('42') 函式不會轉換 '42' 字串引數，而是根據引數來返回一個整數物件。

假設您需要在程式中記錄一些關於變數的資訊，用來協助未來的除錯。您只能把字串寫入日誌檔案，但把型別物件傳給 str() 會返回一個看上去較混亂的字串。不過，我們可以使用所有型別物件都具有的 __qualname__ 屬性來取得一個更簡單且易於閱讀的字串：

```
>>> str(type(42))  # Passing the type object to str() returns a messy string.
"<class 'int'>"
>>> type(42).__qualname__  # The __qualname__ attribute is nicer looking.
'int'
```

__qualname__ 屬性最常用於覆寫（overriding）__repr__() 方法，相關詳細的資訊請參閱第 17 章。

非 OOP 與 OOP 範例：井字棋

首先，我們並不容易看到在程式中如何使用類別。接下來的內容先以一個不使用類別的井字棋（俗稱 OOXX）遊戲程式為範例，然後再重新編寫。

打開一個新的 file editor 視窗，然後輸入以下程式碼內容，隨後將其另存新檔為 tictactoe.py 檔：

```
# tictactoe.py, A non-OOP tic-tac-toe game.

ALL_SPACES = list('123456789')  # The keys for a TTT board dictionary.
X, O, BLANK = 'X', 'O', ' '  # Constants for string values.

def main():
    """Runs a game of tic-tac-toe."""
    print('Welcome to tic-tac-toe!')
    gameBoard = getBlankBoard()  # Create a TTT board dictionary.
    currentPlayer, nextPlayer = X, O  # X goes first, O goes next.

    while True:
        print(getBoardStr(gameBoard))  # Display the board on the screen.

        # Keep asking the player until they enter a number 1-9:
        move = None
        while not isValidSpace(gameBoard, move):
            print(f'What is {currentPlayer}\'s move? (1-9)')
            move = input()
        updateBoard(gameBoard, move, currentPlayer)  # Make the move.

        # Check if the game is over:
        if isWinner(gameBoard, currentPlayer):  # First check for victory.
            print(getBoardStr(gameBoard))
            print(currentPlayer + ' has won the game!')
            break
        elif isBoardFull(gameBoard):  # Next check for a tie.
            print(getBoardStr(gameBoard))
            print('The game is a tie!')
            break
        currentPlayer, nextPlayer = nextPlayer, currentPlayer  # Swap turns.
    print('Thanks for playing!')

def getBlankBoard():
    """Create a new, blank tic-tac-toe board."""
    board = {}  # The board is represented as a Python dictionary.
    for space in ALL_SPACES:
        board[space] = BLANK  # All spaces start as blank.
    return board

def getBoardStr(board):
    """Return a text-representation of the board."""
    return f'''
  {board['1']}|{board['2']}|{board['3']} 1 2 3
  -+-+-
  {board['4']}|{board['5']}|{board['6']} 4 5 6
  -+-+-
  {board['7']}|{board['8']}|{board['9']} 7 8 9'''

def isValidSpace(board, space):
    """Returns True if the space on the board is a valid space number
    and the space is blank."""
    return space in ALL_SPACES and board[space] == BLANK

def isWinner(board, player):
```

```
        """Return True if player is a winner on this TTTBoard."""
        b, p = board, player  # Shorter names as "syntactic sugar".
        # Check for 3 marks across the 3 rows, 3 columns, and 2 diagonals.
        return ((b['1'] == b['2'] == b['3'] == p) or  # Across the top
                (b['4'] == b['5'] == b['6'] == p) or  # Across the middle
                (b['7'] == b['8'] == b['9'] == p) or  # Across the bottom
                (b['1'] == b['4'] == b['7'] == p) or  # Down the left
                (b['2'] == b['5'] == b['8'] == p) or  # Down the middle
                (b['3'] == b['6'] == b['9'] == p) or  # Down the right
                (b['3'] == b['5'] == b['7'] == p) or  # Diagonal
                (b['1'] == b['5'] == b['9'] == p))  # Diagonal


def isBoardFull(board):
    """Return True if every space on the board has been taken."""
    for space in ALL_SPACES:
        if board[space] == BLANK:
            return False  # If a single space is blank, return False.
    return True  # No spaces are blank, so return True.


def updateBoard(board, space, mark):
    """Sets the space on the board to mark."""
    board[space] = mark


if __name__ == '__main__':
    main()  # Call main() if this module is run, but not when imported.
```

當您執行這支程式，其輸入類似下列這般：

```
Welcome to tic-tac-toe!

       | |   1 2 3
      -+-+-
       | |   4 5 6
      -+-+-
       | |   7 8 9
What is X's move? (1-9)
1

      X| |   1 2 3
      -+-+-
       | |   4 5 6
      -+-+-
       | |   7 8 9
What is O's move? (1-9)
--省略--
      X| |O  1 2 3
      -+-+-
       |O|   4 5 6
      -+-+-
      X|O|X  7 8 9
What is X's move? (1-9)
4

      X| |O  1 2 3
      -+-+-
```

```
     X|0|    4 5 6
     -+-+-
     X|0|X  7 8 9
X has won the game!
Thanks for playing!
```

簡而言之，這支程式利用字典物件來表示井字棋遊戲棋盤上的 9 個格子。字典的鍵是字串 '1' 到 '9'，其值是字串 'X'、'O' 或 ' '。這個帶編號的格子棋盤與電話的鍵盤排列相同。

在 tictactoe.py 中的函式處理了以下的工作：

■ main() 函式包含用於建立新棋盤的資料結構（儲存在 gameBoard 變數中），以及會在程式中呼叫其他函式的程式碼。

■ getBlankBoard() 函式返回一個字典，並把 ' ' 設定到棋盤的 9 個格子。

■ getBoardStr() 函式接受代表棋盤的字典，並返回可以印到螢幕之棋盤的多行字串表示形式，這些文字就是繪出井字棋遊戲棋盤的文字畫。

■ 如果 isValidSpace() 函式傳入了合法的格子編號且該格子為空白，則返回 True。

■ isWinner() 函式的參數接受棋盤字典以及 'X' 或 'O' 來確定該玩家在棋盤上是否有三連線。

■ isBoardFull() 函式確定棋盤是否已沒有空格，如果是則代表遊戲已結束。updateBoard() 函式的參數接受棋盤字典、空白和玩家的 X 或 O 字元，並更新字典。

請注意，有多個函式都接受 board 變數作為其第一個參數。這也意味著這些函式彼此之間有很多相關，因為都在共通的資料結構上運作。

當程式碼中的多個函式都在相同的資料結構上運作時，最好把它們整合成類別的方法和屬性來一起運作。讓我們重新設計 tictactoe.py 程式，使用 TTTBoard 類別來處理，該類別會把 board 字典儲存在名為 spaces 的屬性中。

把 board 當作為參數的函式會變成為 TTTBoard 類別的方法，並使用 self 參數而不是 board 參數。

請開啟一個新的 file editor 視窗，輸入以下程式碼，並將程式碼另存新檔為 tictactoe_oop.py 檔：

```python
# tictactoe_oop.py, an object-oriented tic-tac-toe game.

ALL_SPACES = list('123456789')  # The keys for a TTT board.
X, O, BLANK = 'X', 'O', ' '  # Constants for string values.

def main():
    """Runs a game of tic-tac-toe."""
    print('Welcome to tic-tac-toe!')
    gameBoard = TTTBoard()  # Create a TTT board object.
    currentPlayer, nextPlayer = X, O  # X goes first, O goes next.

    while True:
        print(gameBoard.getBoardStr())  # Display the board on the screen.

        # Keep asking the player until they enter a number 1-9:
        move = None
        while not gameBoard.isValidSpace(move):
            print(f'What is {currentPlayer}\'s move? (1-9)')
            move = input()
        gameBoard.updateBoard(move, currentPlayer)  # Make the move.

        # Check if the game is over:
        if gameBoard.isWinner(currentPlayer):  # First check for victory.
            print(gameBoard.getBoardStr())
            print(currentPlayer + ' has won the game!')
            break
        elif gameBoard.isBoardFull():  # Next check for a tie.
            print(gameBoard.getBoardStr())
            print('The game is a tie!')
            break
        currentPlayer, nextPlayer = nextPlayer, currentPlayer  # Swap turns.
    print('Thanks for playing!')

class TTTBoard:
    def __init__(self, usePrettyBoard=False, useLogging=False):
        """Create a new, blank tic tac toe board."""
        self._spaces = {}  # The board is represented as a Python dictionary.
        for space in ALL_SPACES:
            self._spaces[space] = BLANK  # All spaces start as blank.

    def getBoardStr(self):
        """Return a text-representation of the board."""
        return f'''
    {self._spaces['1']}|{self._spaces['2']}|{self._spaces['3']} 1 2 3
    -+-+-
    {self._spaces['4']}|{self._spaces['5']}|{self._spaces['6']} 4 5 6
    -+-+-
    {self._spaces['7']}|{self._spaces['8']}|{self._spaces['9']} 7 8 9'''

    def isValidSpace(self, space):
        """Returns True if the space on the board is a valid space number
```

```
            and the space is blank."""
            return space in ALL_SPACES and self._spaces[space] == BLANK

    def isWinner(self, player):
        """Return True if player is a winner on this TTTBoard."""
        s, p = self._spaces, player  # Shorter names as "syntactic sugar".
        # Check for 3 marks across the 3 rows, 3 columns, and 2 diagonals.
        return ((s['1'] == s['2'] == s['3'] == p) or  # Across the top
                (s['4'] == s['5'] == s['6'] == p) or  # Across the middle
                (s['7'] == s['8'] == s['9'] == p) or  # Across the bottom
                (s['1'] == s['4'] == s['7'] == p) or  # Down the left
                (s['2'] == s['5'] == s['8'] == p) or  # Down the middle
                (s['3'] == s['6'] == s['9'] == p) or  # Down the right
                (s['3'] == s['5'] == s['7'] == p) or  # Diagonal
                (s['1'] == s['5'] == s['9'] == p))  # Diagonal

    def isBoardFull(self):
        """Return True if every space on the board has been taken."""
        for space in ALL_SPACES:
            if self._spaces[space] == BLANK:
                return False  # If a single space is blank, return False.
        return True  # No spaces are blank, so return True.

    def updateBoard(self, space, player):
        """Sets the space on the board to player."""
        self._spaces[space] = player

if __name__ == '__main__':
    main()  # Call main() if this module is run, but not when imported.
```

從功能上來看，此程式與前面非 OOP 的井字棋遊戲程式完全相同，其輸出看起來也相同。我們把之前在 getBlankBoard() 中使用的程式碼移到了 TTTBoard 類別的 __init__() 方法內，因為它們執行與準備棋盤資料結構處理相同的工作。我們把其他函式轉換為方法，用 self 參數代替了舊的 board 參數，因為它們都在處理類似的工作，都是在井字棋盤資料結構上執行的程式碼區塊。

當這些方法中的程式碼需要更改存放在 _spaces 屬性中的字典時，這些程式碼會使用 self._spaces 來處理。當方法中的程式碼需要呼叫其他方法時，這些呼叫還會以 self 和句點開頭。這有點像「建立一個簡單的類別：WizCoin」小節中的 coinJars.values() 是怎麼在 coinJars 變數中擁有一個物件。在這範例中，擁有要呼叫方法的物件是放在 self 變數中。

另外，請注意 _spaces 屬性是以一個底線為開頭，這表示只有 TTTBoard 方法內部的程式碼才可以存取或修改它。類別之外的程式碼只能透過呼叫修改 _spaces 的方法來間接修改 _spaces。

比較這兩支井字棋遊戲程式的原始程式碼會有所幫助。您可以利用書中的程式碼自行比較，也可以連上 https://autbor.com/compareoop/ 網站，從螢幕上並排比較，或到 http://books.gotop.com.tw 搜尋本書連結來下載範例程式檔。

井字棋遊戲算是支小型程式，因此無須花費太多精力就能理解。但如果程式長達數萬行且具有數百種不同的函式時，該怎麼辦呢？只有幾十個類別的程式比具有數百個不同函式的程式更容易理解。OOP 可以把複雜的程式分解為易於理解的小區塊。

為現實世界設計類別並不容易

設計類別，就像設計紙質表單一樣，在外觀上看似簡單。但從本質上來看，表單和類別都是把代表的現實世界物件簡化出來。但問題是，我們應該如何簡化這些物件呢？舉例來說，假如我們要建立一個Customer 類別，這個客戶類別應該具有 firstName 和 lastName 屬性，對嗎？實際上在建立類別時對現實世界的物件進行塑模並不太容易。在大多數西方國家，放後面的 lastName 是他們的姓氏，但在中國，lastName 則要放在前面。如果我們不想排除這超過十億的潛在東方客戶，我們應該如何改變 Customer 類別呢？我們應該把 firstName 和 lastName 更改為 givenName 和 familyName 嗎？但在某些文化中並不使用姓氏。舉例來說，緬甸的前聯合國秘書長 U Thant 就沒有姓氏：Thant 是他的名字，而 U 是他父親名字的縮寫。我們可能想記錄客戶的年齡，但記錄下來的 age 屬性很快隨著時間而過時，取而代之的是要知道年齡時使用 birthdate 屬性來計算，這才是最佳方法。

現實世界有點複雜，想要設計出一種表單和類別可定出統一的結構讓程式執行，並能捕捉現實世界中的這些複雜性是很困難的。電話號碼格式因國家／地區而異。郵遞區號 ZIP 編碼不適用於美國以外的地址。在設定城市名稱的最大字元數時，若碰到 Schmedeswurtherwesterdeich 這樣的德國小城鎮就可能會出現問題。在澳大利亞和紐西蘭，法律認可的性別可以是 X。鴨嘴獸是一種產卵的哺乳動物。花生不算是堅果。熱狗可能是三明治也可能不是三明治，取決於您問的是什麼人。當程式設計師想要設計編寫出現實世界中要運用的程式時，複雜性這個議題是不得不克服的。

要了解有關此主題的更多資訊，我建議觀看 PyCon 2015 研究會中 Carina C.Zona 的演講「Schemas for the Real World」（https://youtu.be/PYYfVqtcWQY/）和由 James Bennett 在 North Bay Python 2018 的演講「Hi! My name is ... 」（https://youtu.be/NIebelIpdYk/）。另外還有著名的「Falsehoods Programmers Believe」部落格，如「Falsehoods Programmers Believe About Names」和「Falsehoods Programmers Believe About Time Zones」等貼文。這些部落格文章還涵蓋了諸如地圖、電子郵件地址以及程式設計師不能好好掌握的多種資料的主題。您可以在 https://github.com/kdeldycke/awesome-falsehood/ 中找到這些文章的連結。除此之外，還可以從 https://youtu.be/Erp8IAUouus/ 中 CGP Grey 的「Social Security Card Explained」影音中找到不當擷取現實世界複雜性的實例。

總結

OOP 是組織打理程式碼的好用功能特性。使用類別可以把資料和程式碼組合在一起，成為新的資料型別。您還可以透過呼叫這些類別的建構函式（該類別的名稱當作函式來呼叫）來建立這些物件，這個建構函式會呼叫類別的 __init__() 方法來進行初始化。方法是與物件關聯的函式，屬性是與物件關聯的變數。所有方法的第一個參數都叫作 self 參數，在呼叫該方法時會為其指定物件。如此一來，方法就可以讀取或設定物件的屬性並呼叫其方法。

雖然 Python 不讓我們為屬性指定私有或公共的存取權限，但確實有個慣例是在方法或屬性的名稱前使用一個底線當開頭，這樣表示只能從類別自己的方法呼叫或存取。遵循此慣例可避免濫用類別以及避開不當設定而導致錯誤的不合法狀態。呼叫 type(obj) 則會返回 obj 型別的類別物件。類別物件具有 __qualname__ 屬性，這個屬性含有代表類別名稱的字串，是我們可以很好理解看懂的形式。

有時候您可能會想，為什麼我們在可以直接使用函式完成相同工作時，還要使用類別、屬性和方法呢？OOP 是一種還滿好用的作法，如果 .py 程式檔中有上百個函式時，這種作法可以把程式組織管理得更好懂、更好用，透過把程式分解為幾個精心設計的類別，我們可以把焦點集中在這幾個獨立的類別就好了。

OOP 關注資料結構以及處理這些資料結構的方法。並非每支程式都必須要使用 OOP，過度使用也不太好。但是 OOP 提供了使用許多進階應用的功能特性，我們會在接下來的兩個章節中探討說明。要介紹的這些功能特性中第一個是繼承（inheritance），我們會在下一章深入探究。

第 16 章
物件導向程式設計與繼承

定義函式並從多個位置呼叫使用，這樣能讓我們避免一直複製和貼上要重複使用的原始程式碼。不重複程式碼是比較好的作法，因為一旦需要修改程式碼（不管是修正錯誤或加入新功能），只需在一個地方修改就好了。沒有重複的程式碼，程式也會更短、更易於閱讀。

與函式的概念相似，**繼承（inheritance）**是一種程式碼重用（reuse，重複使用）技術，這項特性可以應用在類別中。繼承是把類別置於父子關係中的行為，子類別繼承了父類別方法的副本，讓我們不必在多個類別中重複方法。

許多程式設計師認為繼承被高估甚至很危險，因為大量繼承類別的關連脈絡增加了程式的複雜性。標題為「Inheritance Is Evil」的部落格文章所提到的內容並非完全沒有道理。繼承當然很容易被濫用，但在組織管理程式碼時，好好運用這項技術也能節省大量時間。

繼承的工作原理

若想要建新的子類別，請把現有父類別的名稱放在 class 陳述句的括號中。接著要實作練習建立子類別，請開啟一個新的 file editor 視窗，並輸入以下程式碼，將其另存為 InheritanceExample.py 檔：

```
❶ class ParentClass:
❷     def printHello(self):
           print('Hello, world!')

❸ class ChildClass(ParentClass):
      def someNewMethod(self):
          print('ParentClass objects don\'t have this method.')

❹ class GrandchildClass(ChildClass):
      def anotherNewMethod(self):
          print('Only GrandchildClass objects have this method.')

  print('Create a ParentClass object and call its methods:')
  parent = ParentClass()
  parent.printHello()

  print('Create a ChildClass object and call its methods:')
  child = ChildClass()
  child.printHello()
  child.someNewMethod()

  print('Create a GrandchildClass object and call its methods:')
  grandchild = GrandchildClass()
  grandchild.printHello()
  grandchild.someNewMethod()
  grandchild.anotherNewMethod()

  print('An error:')
  parent.someNewMethod()
```

當您執行這支程式，其輸出結果如下所示：

```
Create a ParentClass object and call its methods:
Hello, world!
Create a ChildClass object and call its methods:
Hello, world!
ParentClass objects don't have this method.
Create a GrandchildClass object and call its methods:
Hello, world!
ParentClass objects don't have this method.
Only GrandchildClass objects have this method.
An error:
Traceback (most recent call last):
  File "inheritanceExample.py", line 35, in <module>
```

```
    parent.someNewMethod() # ParentClass objects don't have this method.
AttributeError: 'ParentClass' object has no attribute 'someNewMethod'
```

我們建立了三個名為 ParentClass ❶、ChildClass ❸ 和 GrandchildClass ❹ 的類別。ChildClass 是 ParentClass 的**子類別**，這表示 ChildClass 會具有與 ParentClass 相同的所有方法。我們說 ChildClass 從 ParentClass 繼承方法。另外，Grandchild Class 是 ChildClass 的子類別，因此它具有與 ChildClass 及其父代 ParentClass 相同的方法。

使用此技術，我們已經有效率地把 printHello() 方法❷的程式碼複製並貼上到 ChildClass 和 GrandchildClass 類別中。我們對 printHello() 中的程式碼所做的任何修改不僅會更新 ParentClass，還會更新 ChildClass 和 GrandchildClass。這與修改函式中的程式碼以更新其所有函式呼叫的概念相同。您可以在圖 16-1 中看到這種關係。請留意，在類別圖中，箭頭的指向繪製是由子類別指向基礎類別。這反映了一個事實，類別一定知道其上層的基礎類別，但不會知道其下層的子類別。

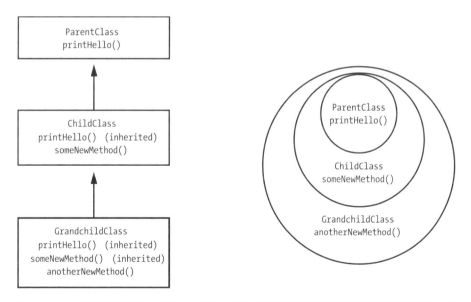

圖 16-1　左側為階層圖和右側為文氏圖，顯示出三個類別之間的關係和其擁有的方法

一般來說親子類別代表的是「包容（is-a）」關係。ChildClass 物件包容（is-a）ParentClass 物件，因為它具有與 ParentClass 物件相同的所有方法，還有它自身

定義的一些其他方法。這種關係是單向式的：ParentClass 物件並不包容（is-not-a）ChildClass 物件。如果 ParentClass 物件試圖呼叫 someNewMethod()，這個方法僅在 ChildClass 物件中（以及在 ChildClass 的子類別中），Python 會引發 AttributeError 錯誤回報。

程式設計師通常認為相關的類別必須適應某些現實世界「包容（is-a）」的階層結構。OOP 教材指南一般會以「Vehicle ▶ FourWheelVehicle ▶ Car」、「Animal ▶ Bird ▶ Sparrow」或「Shape ▶ Rectangle ▶ Square」這種「父 ▶ 子 ▶ 孫」的關係呈現。但請記住，繼承的主要目的是程式碼的重用。如果您的程式需要一個帶有一組方法的類別，而這些方法是其他類別也會有的，那麼繼承功能可以讓您避免複製和貼上重複的程式碼。

子類別（**child class** 或 **subclass**）有時也稱為**衍生類別**（**derived class**），而**父類別**（**parent class**）也稱為**超類別**（**super class**）或**基礎類別**（**base class**）。

覆寫方法

子類別繼承其父類別的所有方法。但是子類別可以對自己的方法提供新的程式碼來**覆寫**（**overriding**，或譯**重寫**）繼承而來的方法。子類別覆寫的方法會與父類別的方法有相同的名稱。

為了說明這個概念，讓我們回到上一章所建立的井字棋遊戲。這次，我們會建立一個新類別 MiniBoard，該類別是 TTTBoard 的子類別，並覆寫 getBoardStr() 來繪製出更小型的井字棋遊戲棋盤。程式會將詢問玩家要使用哪種棋盤風格。我們不需要複製並貼上其餘的 TTTBoard 方法，因為 MiniBoard 會繼承它們。

將以下內容新增到 tictactoe_oop.py 檔案的尾端，建立一個原本 TTTBoard 類別的子類別，然後覆寫其 getBoardStr() 方法：

```python
class MiniBoard(TTTBoard):
    def getBoardStr(self):
        """Return a tiny text-representation of the board."""
        # Change blank spaces to a '.'
        for space in ALL_SPACES:
            if self._spaces[space] == BLANK:
                self._spaces[space] = '.'

        boardStr = f'''
  {self._spaces['1']}{self._spaces['2']}{self._spaces['3']} 123
  {self._spaces['4']}{self._spaces['5']}{self._spaces['6']} 456
```

```
            {self._spaces['7']}{self._spaces['8']}{self._spaces['9']} 789'''

        # Change '.' back to blank spaces.
        for space in ALL_SPACES:
            if self._spaces[space] == '.':
                self._spaces[space] = BLANK
        return boardStr
```

與 TTTBoard 類別的 getBoardStr() 方法一樣，MiniBoard 的 getBoardStr() 方法會建立棋盤的多行字串，以在傳給 print() 函式時顯示，但這個字串比較小，它去掉了 X 和 O 符號之間的間隔線，並用句點（.）來標示空格。

更改 main() 中的程式行，以便實例化 MiniBoard 物件而不是 TTTBoard 物件：

```
    if input('Use mini board? Y/N: ').lower().startswith('y'):
        gameBoard = MiniBoard()  # Create a MiniBoard object.
    else:
        gameBoard = TTTBoard()   # Create a TTTBoard object.
```

main() 除了上述更改之外，該程式的其餘部分與以前都一樣。現在執行程式時，其輸出會像下列所示：

```
Welcome to Tic-Tac-Toe!
Use mini board? Y/N: y

            ... 123
            ... 456
            ... 789
What is X's move? (1-9)
1

            X.. 123
            ... 456
            ... 789
What is O's move? (1-9)
--省略--
            XXX 123
            .OO 456
            O.X 789
X has won the game!
Thanks for playing!
```

這支程式現在輕鬆地擁有兩種井字棋盤類別的實作方式。當然，如果只需要迷你版的棋盤，則只需替換 TTTBoard 的 getBoardStr() 方法中的程式碼即可。但如果想要同時擁有兩種，以繼承的方式可以讓我們透過重用共通的程式碼部分，輕鬆地建立兩種類別。

如果我們不使用繼承來處理,則要在 TTTBoard 中新增一個名為 useMiniBoard 的新屬性,並將一個 if-else 陳述句放入 getBoardStr() 中,用來決定要顯示一般棋盤或是或迷你版棋盤。這種修改還算簡單,也很有效。但是,如果 Mini Board 子類別需要覆寫 2、3 甚至 100 個方法時,那又該怎麼辦呢?假如我們想建立 TTTBoard 的幾個不同的子類別時又怎麼辦呢?若不使用繼承則會導致方法內部的 if-else 陳述句大爆發,並大大增加程式碼的複雜性。透過使用子類別和覆寫方法,我們可以更好地把程式碼組織到單獨的類別中,用來處理這些不同的使用狀況。

super() 函式

子類別的覆寫的方法通常會與父類別的方法很相似。就算繼承是一種程式碼重用的技術,覆寫方法時也可能在子類別的方法中覆寫出與父類別方法相同程式碼部分。為了避免出現重複的程式碼,內建的 super() 函式允許覆寫方法呼叫父類別中的原本的方法。

舉例來說,我們建立一個名為 HintBoard 的新類別,該類別繼承了 TTTBoard。新類別會覆寫 getBoardStr(),讓這個方法在繪製井字棋盤後,還會加入一個提示,即 X 或 O 是否可以在下一步落子中取勝。這意味著 HintBoard 類別的 get BoardStr() 方法必須執行所有與 TTTBoard 類別 getBoardStr() 方法繪製棋盤相同的工作。無須重複這些程式碼,我們可以使用 super() 從 HintBoard 類別的 getBoardStr() 方法呼叫 TTTBoard 類別的 getBoardStr() 方法。請將以下內容加到 tictactoe_oop.py 檔案的尾端:

```
    class HintBoard(TTTBoard):
        def getBoardStr(self):
            """Return a text-representation of the board with hints."""
❶          boardStr = super().getBoardStr()  # Call getBoardStr() in TTTBoard.

            xCanWin = False
            oCanWin = False
❷          originalSpaces = self._spaces  # Backup _spaces.
            for space in ALL_SPACES:  # Check each space:
                # Simulate X moving on this space:
                self._spaces = copy.copy(originalSpaces)
                if self._spaces[space] == BLANK:
                    self._spaces[space] = X
                if self.isWinner(X):
                    xCanWin = True
                # Simulate O moving on this space:
❸              self._spaces = copy.copy(originalSpaces)
```

```
            if self._spaces[space] == BLANK:
                self._spaces[space] = O
            if self.isWinner(O):
                oCanWin = True
        if xCanWin:
            boardStr += '\nX can win in one more move.'
        if oCanWin:
            boardStr += '\nO can win in one more move.'
        self._spaces = originalSpaces
        return boardStr
```

首先，super().getBoardStr() ❶是執行父類別 TTTBoard 的 getBoardStr() 程式碼，這些程式碼會返回井字棋盤的字串。現在，我們把這個字串保存在名為 boardStr 的變數內。這裡是重用 TTTBoard 類別的 getBoardStr() 來建立棋盤字串，而方法中的其餘程式碼則會處理新要求的提示訊息。接下來 getBoardStr() 方法把 xCanWin 和 oCanWin 變數設為 False，並將 self._spaces 字典備份到 originalSpaces 變數❷。然後，以一個 for 迴圈遍訪棋盤編號 '1' 到 '9' 所有的格子。在迴圈內部會把 self._spaces 屬性設定到 originalSpaces 字典的副本，如果迴圈到達目前的這個格子是空格，則在該位置放 X，這能模擬 X 在此空格進行下一步落子。呼叫 self.isWinner() 能確定此步落子是否獲勝，如果是，則 xCanWin 設為 True。隨後對 O 重複這些步驟，查看 O 是否可以在此空格中落子取勝❸。此方法有用到 copy 模組，在 self._spaces 中建立字典的副本，因此要把下列這行新增到 tictactoe.py 檔案的頂端位置：

```
import copy
```

接下來，修改main() 中的這行程式以實例化HintBoard物件，而不是TTTBoard物件：

```
    gameBoard = HintBoard()  # Create a TTT board object.
```

除了在 main() 修改這行之外，程式的其餘部分完全一樣。現在執行程式後，其輸出會像下列這般：

```
Welcome to Tic-Tac-Toe!
--省略--
     X| |   1 2 3
    -+-+-
     | |O   4 5 6
    -+-+-
     | |X   7 8 9
X can win in one more move.
```

```
What is O's move? (1-9)
5

      X| |    1 2 3
     -+-+-
      |O|O   4 5 6
     -+-+-
      | |X   7 8 9
O can win in one more move.
--省略--
The game is a tie!
Thanks for playing!
```

在該方法的最後，如果 xCanWin 或 oCanWin 為 True，則把訊息提示新增到 boardStr 字串。最後，返回 boardStr。

並非每個覆寫的方法都需要使用到 super()。如果類別覆寫的方法中所做的事情與父類別中的方法完全不同，則無須使用 super() 呼叫父類別的方法。當某個類別需要用到多個父類別的方法時，super() 功能特別好用，本章後面的「多重繼承」小節會進一行說明。

優先使用合成而不是繼承

繼承是一種很好的程式碼重用技術，您可能想要立即在所有類別中開始使用。但是您可能並不希望基礎類別和子類別太過緊密地耦合在一起。建立多個繼承層級還不至於讓程式碼太過官僚僵化。

雖然我們可以對有「包容（is-a）」關係的類別使用繼承（換句話說，子類別是父類別的一種），但是對有「具有（has-a）」關係的類別使用合成的技術也很不錯。**合成（composition）**是一種類別設計的技術，在類別中引入物件而不是繼承那些物件的類別，這是在我們對類別中新增屬性時會做的處理。在使用繼承來設計類別時，應優先考慮使用合成的方式而不是繼承。本章和上一章中所有範例中類別的構思方式如以下列所示：

- WizCoin 物件「具有（has-a）」一定數量的 galleon、sickle 和 knut 硬幣。

- TTTBoard 物件「具有（has-a）」一組 9 個的格子。

- MiniBoard 物件「包容（is-a）」TTTBoard 物件，所以「具有（has-a）」一組 9 個的格子。

- HintBoard 物件「包容（is-a）」TTTBoard 物件，所以「具有（has-a）」一組 9 個的格子。

讓我們回想上一章的 WizCoin 類別。如果我們建立一個新的 WizardCustomer 類別來代表魔法世界中的客戶，則這些客戶會攜帶一定數量的硬幣，我們可以透過 WizCoin 類別來表示。但這兩個類別之間並沒有「包容（is-a）」的關係。WizardCustomer 物件並不是一種 WizCoin 物件。如果我們使用繼承，那就可能會建立出尷尬的程式碼：

```python
    import wizcoin

❶ class WizardCustomer(wizcoin.WizCoin):
        def __init__(self, name):
            self.name = name
            super().__init__(0, 0, 0)

    wizard = WizardCustomer('Alice')
    print(f'{wizard.name} has {wizard.value()} knuts worth of money.')
    print(f'{wizard.name}\'s coins weigh {wizard.weightInGrams()} grams.')
```

在這個範例中，WizardCustomer 繼承了 WizCoin 物件❶的方法，例如 value() 和 weightInGrams()。從技術上來看，以繼承 WizCoin 的方式和把 WizCoin 物件當作屬性引入的方式一樣都能完成相同的工作。但使用 wizard.value() 和 wizard.weightInGrams() 方法這樣的名稱會產生誤導：似乎它們會返回 wizard 的 value 和 weight，而不是 wizard 硬幣的 value 和 weight。另外，如果以後我們想為 wizard 的 weight 新增 weightInGrams() 方法時會發現該方法名稱已經被使用了。

比較好的作法是將 WizCoin 物件當作屬性，因為魔法客戶「具有（has-a）」一定數量的魔法硬幣：

```python
    import wizcoin

    class WizardCustomer:
        def __init__(self, name):
            self.name = name
❶           self.purse = wizcoin.WizCoin(0, 0, 0)

    wizard = WizardCustomer('Alice')
    print(f'{wizard.name} has {wizard.purse.value()} knuts worth of money.')
    print(f'{wizard.name}\'s coins weigh {wizard.purse.weightInGrams()} grams.')
```

我們沒有讓 WizardCustomer 類別繼承自 WizCoin，而是給 WizardCustomer 類別一個 purse 屬性❶，該屬性含有一個 WizCoin 物件。使用合成（composition）的方式時，對 WizCoin 類別的方法所做的任何修改都不會影響 WizardCustomer 類別的方法。這種合成方式讓兩個類別在未來有需要修改時有更大的彈性，而程式碼的可維護性也更強。

繼承的缺點

繼承的主要缺點是，父類別所做的任何修改，其所有子類別都必須繼承。在大多數情況下，這種緊密耦合是我們想要的，但在某些情況下，我們希望程式碼不要輕易調整其繼承模式。

舉例來說，假設在車輛模擬程式中有 Car、Motorcycle 和 LunarRover 類別，它們都會用到像 startIgnition() 和 changeTire() 之類的方法。無須以複製和貼上來重複這些程式碼到每個類別中，我們可以建立父類別 Vehicle 並讓 Car、Motorcycle 和 LunarRover 來繼承它。假若現在我們需要修改 changeTire() 方法中的錯誤，只需更改一個地方即可。如果我們有很多類別都繼承自 Vehicle，那麼這種修改方式就十分有用。這些類別的程式碼如下所示：

```
class Vehicle:
    def __init__(self):
        print('Vehicle created.')
    def startIgnition(self):
        pass  # Ignition starting code goes here.
    def changeTire(self):
        pass  # Tire changing code goes here.

class Car(Vehicle):
    def __init__(self):
        print('Car created.')

class Motorcycle(Vehicle):
    def __init__(self):
        print('Motorcycle created.')

class LunarRover(Vehicle):
    def __init__(self):
        print('LunarRover created.')
```

不過在將來對 Vehicle 的所有修改也會影響到這些子類別。假設我們需要 changeSparkPlug() 方法時會怎樣呢？Car 和 Motorcycle 的引擎有火花塞（spark

plug），但 LunarRover 沒有。優先使用合成而不是繼承，我們可以建立單獨的
CombustionEngine 和 ElectricEngine 類別，隨後設計 Vehicle 類別時，讓它在適
當的方法「具有（has-a）」engine 屬性，該屬性中可以指定 CombustionEngine
或 ElectricEngine 物件：

```
class CombustionEngine:
    def __init__(self):
        print('Combustion engine created.')
    def changeSparkPlug(self):
        pass  # Spark plug changing code goes here.

class ElectricEngine:
    def __init__(self):
        print('Electric engine created.')

class Vehicle:
    def __init__(self):
        print('Vehicle created.')
        self.engine = CombustionEngine()  # Use this engine by default.
--省略--

class LunarRover(Vehicle):
    def __init__(self):
        print('LunarRover created.')
        self.engine = ElectricEngine()
```

這樣的修改可能需要覆寫大量程式碼，尤其是如果有多個類別從先前的 Vehicle
類繼承的情況下：對於 Vehicle 類別的每個物件或子類別，所有的 vehicleObj.
changeSparkPlug() 呼叫都需要改成 vehicleObj.engine.changeSparkPlug()。由於
如此大的變更可能會引入錯誤，因此您可能只希望 LunarRover 的 changeSpark
Plug() 方法什麼也不做。在這種情況下，Pythonic 風格的寫法是在 LunarRover
類別中把 changeSparkPlug 設為 None：

```
class LunarRover(Vehicle):
    changeSparkPlug = None
    def __init__(self):
        print('LunarRover created.')
```

「changeSparkPlug = None」這行遵循本章後面「類別屬性」小節中描述的語
法。這會覆寫從 Vehicle 繼承的 changeSparkPlug() 方法，因此使用 LunarRover
物件呼叫它時會引起錯誤：

```
>>> myVehicle = LunarRover()
LunarRover created.
>>> myVehicle.changeSparkPlug()
```

```
Traceback (most recent call last):
  File "<stdin>", line 1, in <module>
TypeError: 'NoneType' object is not callable
```

如果嘗試使用 LunarRover 物件來呼叫不合適的方法，這個錯誤會讓我們馬上發現問題。LunarRover 的所有子類別也都會從 changeSparkPlug() 繼承 None 值。這個「TypeError: 'NoneType' object is not callable」錯誤訊息告訴我們 Lunar Rover 類別的程式設計師故意把 changeSparkPlug() 方法設為 None。如果沒有先做這樣的方法，我們也會收到「NameError: name 'changeSparkPlug' is not defined」的錯誤訊息。

使用繼承可能會產生具有複雜性和矛盾性的類別。因此最好使用合成來代替。

isinstance() 和 issubclass() 函式

如前一章所述，當我們需要了解物件的型別時，可以把物件傳給內建的 type() 函式來處理。但如果要檢查物件的型別，則最好使用更具彈性的 isinstance() 內建函式。如果物件是給定類別或給定類別的子類別，則 isinstance() 函式會返回 True。請在互動式 shell 模式中輸入以下內容：

```
>>> class ParentClass:
...     pass
...
>>> class ChildClass(ParentClass):
...     pass
...
>>> parent = ParentClass() # Create a ParentClass object.
>>> child = ChildClass()  # Create a ChildClass object.
>>> isinstance(parent, ParentClass)
True
>>> isinstance(parent, ChildClass)
False
❶ >>> isinstance(child, ChildClass)
True
❷ >>> isinstance(child, ParentClass)
True
```

請注意，isinstance() 指出 child 中的 ChildClass 物件是 ChildClass ❶的實例和 ParentClass ❷的實例。沒錯，因為 ChildClass 物件「包容（is-a）」ParentClass 物件。

我們還可以將類別物件的多元組當作第二個引數來傳入,用來檢查第一個引數
是否是這個多元組中的任何一個類別:

```
>>> isinstance(42, (int, str, bool))  # True if 42 is an int, str, or bool.
True
```

較少使用的 issubclass() 內建函式可以識別傳入的第一個引數類別物件是否是
為第二個引數類別物件的子類別(或相同的類別):

```
>>> issubclass(ChildClass, ParentClass)  # ChildClass subclasses ParentClass.
True
>>> issubclass(ChildClass, str)  # ChildClass doesn't subclass str.
False
>>> issubclass(ChildClass, ChildClass)  # ChildClass is ChildClass.
True
```

就像使用 isinstance() 一樣,我們可以將一個類別物件的多元組當作第二個引
數傳給 issubclass(),用來檢查第一個引數是否是這個多元組中任何類別的子類
別。Isinstance() 和 issubclass() 主要的不同處是 issubclass() 傳入了兩個類別物件
件,而 isinstance() 是傳遞一個物件和一個類別物件。

類別方法

類別方法(class method)與類別相關聯,而不是和一般方法一樣是與單獨物
件相關聯。以下的兩種標記可以讓我們在程式碼中識別出類別方法:方法的
def陳述句之前所使用的 @classmethod 修飾器,以及使用 cls 當作第一個參數,
如以下這些範例所示。

```
class ExampleClass:
    def exampleRegularMethod(self):
        print('This is a regular method.')

    @classmethod
    def exampleClassMethod(cls):
        print('This is a class method.')

# Call the class method without instantiating an object:
ExampleClass.exampleClassMethod()

obj = ExampleClass()
# Given the above line, these two lines are equivalent:
obj.exampleClassMethod()
obj.__class__.exampleClassMethod()
```

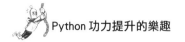

cls 參數的行為很像 self，但 self 指到物件，而 cls 參數指到物件的類別。這代表類別方法中的程式碼無法存取單獨物件的屬性或呼叫物件的一般方法。類別方法只能呼叫其他類別方法或存取類別屬性。我們之所以用 cls 來命名，是因為 class 是 Python 關鍵字，就像其他關鍵字一樣，如 if、while 或 import 等都不能當作參數名稱。我們一般透過類別物件呼叫類別的屬性，例如 ExampleClass.exampleClassMethod()。但我們也可以透過該類別的任何物件來呼叫，例如 obj.exampleClassMethod()。

類別方法並不常用。最常見的用例是用來替代建構函式（除了 __init__() 之外）。舉例來說，假設建構函式可以接受新物件所需的資料字串或包含新物件所需資料的檔案名稱字串，這要怎麼處理呢？我們並不希望 __init__() 方法的參數清單太冗長而令人困惑，這時可以使用類別方法來返回一個新物件。

舉例來說，讓我們建立一個 AsciiArt 類別來當作範例。正如在第 14 章中看到的那樣，ASCII 文字畫是使用文字字元來繪製圖案。

```python
class AsciiArt:
    def __init__(self, characters):
        self._characters = characters

    @classmethod
    def fromFile(cls, filename):
        with open(filename) as fileObj:
            characters = fileObj.read()
            return cls(characters)

    def display(self):
        print(self._characters)

    # Other AsciiArt methods would go here...

face1 = AsciiArt('  _____\n' +
                 '| . . |\n' +
                 '| \\\\___/ |\n' +
                 '|_____|')
face1.display()

face2 = AsciiArt.fromFile('face.txt')
face2.display()
```

AsciiArt 類別的 __init__() 方法可以把圖案的文字字元當作字串來傳入。類別中還有個 fromFile() 類別方法可以把含有 ASCII 文字畫的文字檔案之檔名字串傳入給它。兩種方法都能建立 AsciiArt 物件。

當您執行這支程式，而且配合一個含 ASCII 文字畫的 face.txt 檔，其輸出結果
如下所示：

與使用 __init__() 來處理這些工作相比，fromFile() 類別方法讓程式碼更易於
閱讀。

類別方法的另一個好處是 AsciiArt 的子類別可以繼承它的 fromFile() 方法（可
在需要時覆寫）。這就是為什麼我們在 AsciiArt 類別的 fromFile() 方法中呼叫
cls(characters)，而不是直接用 AsciiArt(characters)。也可以在 AsciiArt 的子類別
直接呼叫 cls()，因為 AsciiArt 類別並未直接寫死到方法中。不過，呼叫 Ascii
Art() 一定會呼叫到 AsciiArt 類別的 __ini__() 而不是子類別的 __init__()。您
可以把 cls 理解成「代表此類別的物件」。

請記住，就像一般方法應該要在程式碼中的某些位置使用其 self 參數一樣，類
別方法也應該要使用 cls 參數。如果您的類別方法中的程式碼都沒有使用 cls 參
數，則表示這個類別方法可能只是一個函式而已。

類別屬性

類別屬性（class attribute）是個變數，此變數屬於類別而不屬於物件。我們在
類別裡面但在所有方法的外面建立類別屬性，就像在 .py 檔案中但在所有函式
外面建立全域變數一樣。以下是個名為 count 的類別屬性範例，該屬性會記錄
追蹤建立了多少個 CreateCounter 物件：

```
class CreateCounter:
    count = 0  # This is a class attribute.

    def __init__(self):
        CreateCounter.count += 1

print('Objects created:', CreateCounter.count)  # Prints 0.
a = CreateCounter()
```

```
b = CreateCounter()
c = CreateCounter()
print('Objects created:', CreateCounter.count)  # Prints 3.
```

CreateCounter 類別中有一個名為 count 的類別屬性。所有 CreateCounter 物件共享此屬性，而不是單獨擁有 count 屬性。這就是建構函式中的「CreateCounter.count += 1」這行可以保留建立的每個 CreateCounter 物件之計數的原因。當您執行此程式時，其輸出結果如下所示：

```
Objects created: 0
Objects created: 3
```

我們很少使用類別屬性。直接使用全域變數而不使用類別屬性可以更簡單地完成「計算已建立 CreateCounter 物件的數量」這個範例程式。

靜態方法

靜態方法（**static method**）不會有 self 或 cls 參數。靜態方法實際上只是個函式，因為它們無法存取類別或其物件的屬性或方法。您在 Python 中很少（如果有的話）會用到靜態方法。如果您決定使用靜態方法，那麼強烈建議您直接建立一般的函式就好了。

我們透過把 @staticmethod 修飾器放置在其 def 陳述句之前來定義靜態方法。以下是靜態方法的範例。

```
class ExampleClassWithStaticMethod:
    @staticmethod
    def sayHello():
        print('Hello!')

# Note that no object is created, the class name precedes sayHello():
ExampleClassWithStaticMethod.sayHello()
```

ExampleClassWithStaticMethod 類別中的 sayHello() 靜態方法與 sayHello() 函式幾乎沒有什麼區別。實際上我們可能更喜歡直接定義一個函式，直接呼叫時也不需要先輸入類別名稱。

靜態方法在其他沒有 Python 那麼有彈性的程式語言中更為常見。Python 中的靜態方法雖模仿了其他語言的功能特性，但沒有太大的實用價值。

什麼時候使用類別和靜態物件導向功能？

您幾乎不太需要用到類別方法、類別屬性和靜態方法，但它們卻很容易被濫用。如果您會思考「這裡為什麼不能只直接使用函式或全域變數呢？」這個問題，這已經暗示您可能不需要用到類別方法、類別屬性或靜態方法。在這本書中會討論到這些內容的唯一原因是，了解了這些功能後可以在程式碼中遇到時能識別出來，但我不鼓勵您使用。如果您精心設計了類別家族來建構程式的框架，並期待程式設計師會使用該框架進行子類別化，那麼這些功能特性會很有用。但是如果只是設計編寫簡單的 Python 應用程式，則不太需要用到這些功能特性。

若想要查閱更多關於這些功能特性的運用時機，請閱讀 Phillip J. Eby 在 https://dirtsimple.org/2004/12/python-is-not-java.html 上的貼文「Python Is Not Java」，以及 Ryan Tomayko 在 https://tomayko.com/blog/2004/the-static-method-thing 上的文章「The Static Method Thing」。

物件導向的時髦術語

OOP 的相關說明通常會以很多術語來開頭，例如繼承（inheritance）、封裝（encapsulation）和多型（polymorphism）等。不一定要完全了解這些術語，但至少對它們要有一些基本的認識。前面章節已經介紹了繼承，因此在這裡我會介紹說明其他的概念。

封裝

封裝（encapsulation）一詞有兩個常見但相關的定義。第一個定義是把相關資料和程式碼捆綁到一個單元中。封裝指的是**裝箱**的概念。從本質上來看，封裝就是類別的作用，類別整合了相關的屬性和方法。舉例來說，前面章節中介紹過的 WizCoin 類別就是把 knuts、sickles 和 galleons 的三種整數封裝到單一個 WizCoin 物件中。

封裝的第二個定義是一種資訊隱藏的技術，封裝可以讓物件隱藏關於它如何工作的複雜實作細節。您在第 15 章的「私有屬性和私有方法」小節中已看過這

一項說明，其中 BankAccount 物件的 deposit() 和 withdraw() 方法隱藏了有關如何處理其 _balance 屬性的詳細資訊。函式的作用有點類似黑盒子的概念：math.sqrt() 函式隱藏了如何計算數字平方根的細節，我們只需要知道這個函式會返回傳入數字的平方根即可。

多型

多型（polymorphism）這個概念指的是允許把某種型別的物件當成另一種型別來用。舉例來說，len() 函式返回傳入引數的長度，我們可以把字串傳入 len() 來查看其長度有多少個字元，但是也可以把串列或字典傳入 len() 中分別查看其具有多少項目或「鍵－值」對。這種形式的多型稱為**通用函式**（generic function）或**參數多型**（parametric polymorphism），因為它可以處理多種不同型別的物件。

多型也是指**特設多型**（ad hoc polymorphism）或**運算子多載**（operator overloading），其中運算子（例如 + 或 * ）可能會根據其操作的物件型別而有不同的行為。例如，+ 運算子在對兩個整數或浮點值進行運算時會進行數學的加法運算，但在對兩個字串進行運算時會進行字串連接處理。第 17 章會介紹運算子多載的內容。

何時不要使用繼承？

對類別使用繼承很容易產生過度設計。正如 Luciano Ramalho 所說的：「把物件放置在整齊的階層結構中看起來很有秩序，但程式設計師這樣設計可能只是為了好玩而做的」。我們建立類別、子類別和孫類別來完成某些工作，但有可能只要用單個類別或模組中的幾個函式就能達到相同的功效。請隨時記住第 6 章中的 Python 之禪的準則：「簡單優於複雜」。

使用 OOP 可以讓您把程式碼組織為較小的單元（這裡指的是類別），這比一整個大型 .py 檔案中有數百個函式更容易理解。如果有多個函式都對同一個字典或串列資料結構進行操作，那麼使用繼承的作法會很有用。在這種情況下，把函式和資料都整合成一個類別會很有用。

以下是一些不需要建立類別或使用繼承的情況：

- 如果類別的方法從不使用 self 或 cls 參數，請不要建立類別，把方法都改成函式。

- 如果建立的父層僅含有一個子類別，而且從未建立父層類別的物件，那麼可以把它們合併為一個類別。

- 如果建立的子類別超過三個或四個層級，那可能不會用到繼承來處理。建議您把那些子類別合併成較少的類別。

如上一章井字棋遊戲程式中非 OOP 和 OOP 版本所示，程式當然可以不用類別來設計，一樣能製作出無錯的程式。程式不一定要設計的複雜才好，一個簡單有效的解決方案比一個複雜而無效的解決方案要好。Joel Spolsky 在他的部落格文章「Don't Let the Astronaut Architects Scare You」中有提到這樣的觀點，可連到網站 https://www.joelonsoftware.com/2001/04/21/dont-let-architecture-astronauts -scare-you/ 中瀏覽。

您應該知道諸如繼承之類的物件導向概念的工作原理，因為這些功能特性可以幫助您組織管理程式碼並簡化開發和除錯。由於 Python 語言很有彈性，它不僅提供 OOP 功能，同時在不需要時也可以不使用 OOP。

多重繼承

許多程式語言在使用類別時限制最多只能有一個父類別。Python 提供了**多重繼承**（**multiple inheritance**）功能來支援多個父類別的運用。舉例來說，我們可以使用一個帶有 flyInTheAir() 方法的 Airplane 類別和一個帶有 floatOnWater() 方法的 Ship 類別。然後在 class 陳述句中列出兩者（以逗號分隔）來建立一個繼承自 Airplane 和 Ship 類別的 FlyingBoat 類別。請開啟一個新的 file editor 視窗，並將以下內容另存為 flyingboat.py 檔：

```
class Airplane:
    def flyInTheAir(self):
        print('Flying...')

class Ship:
    def floatOnWater(self):
        print('Floating...')

class FlyingBoat(Airplane, Ship):
    pass
```

如您在互動式 shell 模式中所見,我們建立的 flyingBoat 物件會繼承 flyInThe Air() 和 floatOnWater() 方法:

```
>>> from flyingboat import *
>>> seaDuck = FlyingBoat()
>>> seaDuck.flyInTheAir()
Flying...
>>> seaDuck.floatOnWater()
Floating...
```

只要父類別中的方法名稱是唯一且不重複,那麼多重繼承就很簡單,這些類別稱為 **mixins**(這只是某種類別的稱呼,Python 並沒有 mixin 關鍵字)。但如果我們從共享方法名稱的多個複雜類別中繼承時會發生什麼事呢?

舉例來說,請回想本章前面的 MiniBoard 和 HintTTTBoard 井字棋遊戲的棋盤。如果我們想要一個能顯示迷你型井字棋盤並提供提示訊息的類別時該怎麼辦呢?利用多重繼承的概念,我們可以重用這些現有的類別,把以下內容新增到 tict actoe_oop.py 檔案的尾端,但在呼叫 main() 函式的 if 陳述句之前:

```
class HybridBoard(HintBoard, MiniBoard):
    pass
```

此類別中沒有任何內容。它透過繼承 HintBoard 和 MiniBoard 來重用程式碼。接下來,更改 main() 函式中的程式碼,以建立一個 HybridBoard 物件:

```
gameBoard = HybridBoard()  # Create a TTT board object.
```

MiniBoard 和 HintBoard 這兩個父類別都有一個名為 getBoardStr() 的方法,那麼 HybridBoard 要繼承哪個方法呢?當您執行該程式時,輸出會顯示一個小型的井字棋盤,但同時也有提示訊息:

```
--省略--
        X.. 123
        .O. 456
        X.. 789
X can win in one more move.
```

Python 似乎已經神奇地把 MiniBoard 類別的 getBoardStr() 方法和 HintBoard 類別的 getBoardStr() 方法合併了!雖然這是因為我已把它們寫成可以相互合作的情況。但實際上,如果您在 HybridBoard 類別的 class 陳述句中把類別的順序調換,如下所示:

```
class HybridBoard(MiniBoard, HintBoard):
```

執行時就不會出現提示訊息了：

```
--省略--
        X.. 123
        .O. 456
        X.. 789
```

要了解這種情況的原因，您必須了解 Python 的方法解析順序（MRO，method resolution order）以及 super() 函式的實際工作方式。

方法解析順序

我們的井子棋遊戲程式現在有四個類別可以表示棋盤，三個類別中有定義 get BoardStr() 方法，另一個類別則是繼承的 getBoardStr() 方法，如圖 16-2 所示。

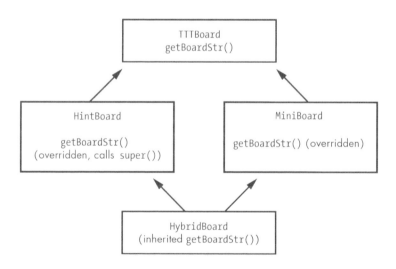

圖 16-2　在井字棋遊戲程式中有四個處理棋盤的類別

當我們在 HybridBoard 物件上呼叫 getBoardStr() 時，Python 知道 HybridBoard 類別並沒有該名稱的方法，因此會去父類別中尋找，但這個類別有兩個父類別，而且都有一個 getBoardStr() 方法。那要呼叫哪一個呢？

我們可以透過檢查 HybridBoard 類別的方法解析順序（MRO）找出其呼叫的順序，方法解析順序是 Python 在繼承方法或方法呼叫 super() 函式時檢查的類別的順序串列清單。我們利用在互動式 shell 模式中呼叫它的 mro() 方法來查看 HybridBoard 類別的方法解析順序：

```
>>> from tictactoe_oop import *
>>> HybridBoard.mro()
[<class 'tictactoe_oop.HybridBoard'>, <class 'tictactoe_oop.HintBoard'>,
<class 'tictactoe_oop.MiniBoard'>, <class 'tictactoe_oop.TTTBoard'>, <class
'object'>]
```

從返回值中可以看到，在 HybridBoard 上呼叫方法時，Python 會先從 Hybrid Board 類別中對其進行檢查。如果方法不存在，Python 將檢查 HintBoard 類別，然後是 MiniBoard 類別，最後才是 TTTBoard 類別。MRO 串列的尾端是內建 object 類別，它是 Python 中所有類別的父類別。

對於單一繼承，要確定其方法解析順序（MRO）很容易：只需建立父類別的鏈結即可。對於多重繼承則比較棘手。Python 的方法解析順序（MRO）遵循 C3 演算法，其詳細資訊超出了本書的範圍，這裡不介紹。但是可以使用以下兩個規則來確定方法解析順序（MRO）：

■ Python 會先從子類別檢查，然後是父類別。

■ Python 的檢查順序會從 class 陳述句中列出的繼承類別清單由左向右處理。

如果我們在 HybridBoard 物件上呼叫 getBoardStr()，Python 會先檢查 Hybrid Board 類別，接著因為父類別繼承類別清單由左向右分別是 HintBoard 和 Mini Board，因此 Python 會先檢查 HintBoard，該父類別有 getBoardStr() 方法，因此 HybridBoard 繼承並呼叫這個方法。

但這還不止於此：接下來，此方法呼叫「super().getBoardStr().Super」，這是 Python 的 super() 函式名稱，在某種程度上具有誤導性，因為它不返回父類別，而是返回方法解析順序中的下一個類別，這表示當我們在 HybridBoard 物件上呼叫 getBoardStr() 時，其方法解析順序的下一個類別（在 HintBoard 之後）是 MiniBoard，而不是父類別 TTTBoard。因此，對「super().getBoard Str()」的呼叫會是呼叫 MiniBoard 類別的 getBoardStr() 方法，該方法返回迷你型井字遊戲棋盤的字串。在 super() 呼叫之後，HintBoard 類別的 getBoardStr() 中的其餘程式碼會把提示文字新增到這個字串內。

如果我們修改 HybridBoard 類別的 class 陳述句，讓 MiniBoard 列在前面而 HintBoard 列在後面，則其方法解析順序會把 MiniBoard 放在 HintBoard 之前。這表示 HybridBoard 會從 MiniBoard 繼承 getBoardStr()，而 MiniBoard 沒有呼叫 super()。這種順序導致了迷你型井字棋盤不會顯示提示訊息的錯誤：因為沒有 super() 的呼叫，MiniBoard 類別的 getBoardStr() 方法就永遠不會呼叫 Hint Board 類別的 getBoardStr() 方法。

多重繼承讓我們可以用很少量的程式碼就可建立很大量的功能，但容易導致過度設計，產生難以理解的程式碼。請優先使用單獨繼承、mixin 類別或不繼承的概念來設計程式，這些技術就已經夠用了，它們能幫您處理好程式的工作。

總結

繼承是一種程式碼重用（reuse）的技術，能讓我們建立繼承父類別方法的子類別。如果有需要用新的程式碼，我們可以覆寫方法，但也可以直接用 super() 函式呼叫父類別中原本的方法。子類別與其父類別具有「包容（is-a）」的關係，因為子類別的物件是父類別的一種物件。

在 Python 中，類別和繼承功能可以用也可以不用，有些程式設計認為大量使用繼承得的好處不多但比造成的複雜性卻很大。使用合成（composition）而不使用繼承有時會更具彈性，因為合成是指某個類別的物件和其他類別的物件是「具有（has-a）」的關係，而不是直接從其他類別繼承方法，這表示類別的物件可以具有另一個類別的物件。舉例來說，Customer 物件可以具有一個 birthdate 方法，而該方法是指定了 Date 物件，而不是以 Customer 類別來建立一個子類別 Date。

正如 type() 可以返回傳入物件的型別一樣，isinstance() 和 issubclass() 函式也會返回關於傳入物件的型別和繼承的資訊。

類別中可以有物件方法和屬性，但是也可以有類別方法、類別屬性和靜態方法。雖然很少用到，但是這些功能特性所提供的物件導向技術是使用全域變數和函式無法提供的。

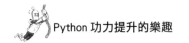

Python 允許類別可以從多個父類別來繼承，但這種多重繼承很可能產生複雜難以理解的程式碼。super() 函式和類別的方法是以方法解析順序為基礎來處理繼承方法的順序。我們可以透過在類別上呼叫 mro() 方法，在互動式 shell 模式中查看類別的方法解析順序（MRO）。

本章和前一章介紹的是屬於一般性的 OOP 概念。在下一章中，我們則會探討 Python 專用的 OOP 技術。

第 17 章
Pythonic 風格的 OOP－
property 與 dunder 方法

許多語言都具有 OOP 功能特性，但是 Python 有一些專屬獨特的 OOP 功能，例如 property（特性）與 dunder（雙底線）方法。學習如何使用這些 Pythonic 風格的技術可以幫助我們設計編寫出簡潔易讀的程式碼。

我們可以透過 property 在每次讀取、修改或刪除物件的屬性時執行一些特定的程式碼，以確保該物件不會處於無效狀態，在別種語言中，這類程式碼通常稱為 getter 或 setter。Dunder 方法可以讓我們把物件與 Python 的內建運算子（例如 + 運算子）放在一起使用。這樣可以組合兩個 datetime.timedelta 物件，例如 datetime.timedelta(days=2) 和 datetime.timedelta(days=3)，可以建立一個新的 datetime.timedelta(days=5) 物件。

除了使用其他範例外，我們會透過新增 property 和使用 dunder 方法多載運算子來繼續擴充從第 15 章的 WizCoin 類別。這些功能特性會讓 WizCoin 物件更生動，而且任何應用程式匯入 wizcoin 模組後都很容易使用。

Property

我們在第 15 章中使用的 BankAccount 類別透過在其名稱的開頭放入一個底線字元來把 _balance 屬性（attribute）標記為私有。但請記住，這裡把屬性指定為私有只是個慣例作法，Python 中的所有屬性在技術上都是公共的，這表示類別之外的程式碼還是可以存取這些屬性，沒有什麼可以防止程式碼故意或惡意地把 _balance 屬性更改成無效值。

但我們可以利用 property（複數用 properties，譯為特性、屬性，與 attribute 屬性容易搞混，故保留英文）來避免意外把這些私有屬性改成無效值。在 Python 中，property 是具有特殊指定的 getter、setter 和 deleter 方法的屬性，這些方法可以調節屬性的讀取、修改和刪除方式。舉例來說，如果屬性只能有整數值，若將其設定為字串 '42' 可能會引發錯誤。Property 會呼叫 setter 方法來執行修復，或至少提供早期檢測設定無效值的程式碼。如果您曾思考過這個議題：「我希望每次在存取這個屬性、使用指定值陳述句修改這個屬性或使用 del 陳述句刪除這個屬性時，都可以執行某些程式碼」，這表示您應該使用 property。

把某個屬性轉換成 Property

首先，讓我們建立一個具有常規屬性而不是 property 的簡單類別。請開啟一個新的 file editor 視窗，然後輸入以下程式碼，並將其另存為 regularAttribute Example.py 檔：

```python
class ClassWithRegularAttributes:
    def __init__(self, someParameter):
        self.someAttribute = someParameter

obj = ClassWithRegularAttributes('some initial value')
print(obj.someAttribute)  # Prints 'some initial value'
obj.someAttribute = 'changed value'
print(obj.someAttribute)  # Prints 'changed value'
del obj.someAttribute  # Deletes the someAttribute attribute.
```

這個 ClassWithRegularAttributes 類別有一個名為 someAttribute 的一般方法。而 __init__() 方法會把 someAttribute 設定為 'some initial value'，但是我們隨後直接把屬性的值改為 'changed value'。當您執行該程式時，輸出結果如下所示：

```
some initial value
changed value
```

此輸出結果表明程式碼可以輕鬆地把 someAttribute 更改為任何值。使用一般屬性的缺點是程式碼可以把 someAttribute 屬性設為無效值。這種彈性雖然直接簡單又方便，但這也表示很容易把 someAttribute 設為某些會引起錯誤的無效值。

讓我們使用 property 重新編寫此類別，並按照以下步驟對名為 someAttribute 的屬性進行處理：

1. 使用底線當作前置重新名稱屬性，改成 _someAttribute。

2. 使用 @property 修飾器建立一個名為 someAttribute 的方法。這個 getter 方法中會有所有方法都具有的 self 參數。

3. 使用 @someAttribute.setter 修飾器建立另一個名為 someAttribute 的方法。這個 setter 方法具有名為 self 和 value 的參數。

4. 使用 @someAttribute.deleter 修飾器建立另一個名為 someAttribute 的方法。此 deleter 方法會有所有方法都具有的 self 參數。

請開啟一個新的 file editor 視窗，然後輸入以下程式碼，並將其另存為 propertiesExample.py 檔：

```python
class ClassWithProperties:
    def __init__(self):
        self.someAttribute = 'some initial value'

    @property
    def someAttribute(self):  # This is the "getter" method.
        return self._someAttribute

    @someAttribute.setter
    def someAttribute(self, value):  # This is the "setter" method.
        self._someAttribute = value

    @someAttribute.deleter
    def someAttribute(self): # This is the "deleter" method.
        del self._someAttribute
```

```
obj = ClassWithProperties()
print(obj.someAttribute)  # Prints 'some initial value'
obj.someAttribute = 'changed value'
print(obj.someAttribute)  # Prints 'changed value'
del obj.someAttribute  # Deletes the _someAttribute attribute.
```

這支程式的輸出結果與 regularAttributeExample.py 程式碼的輸出相同,因為都能有效地執行了相同的任務:先印出物件的初始屬性,然後更新該屬性並再次印出來。

但請注意,類別外部的程式碼不會直接存取 _someAttribute 屬性(畢竟這是私有屬性)。不過,外部的程式碼卻存取了 someAttribute 這個 property,實際上這個 property 包含的內容有點抽象:把 getter、setter 和 deleter 方法組合在一起構成了這個 property。在為它建立 getter、setter 和 deleter 方法時,會把名為 some Attribute 的屬性重新命名為 _someAttribute,我們將它稱為 someAttribute property。

在這種情況下,_someAttribute 屬性稱為**背景欄位(backing field)**或**背景變數(backing variable)**,而且是 property 所基於的屬性。大多數(但不是全部)的 properties 都使用背景變數。我們在本章後面的「唯讀 Properties」小節中建立了一個沒有背景變數的 property。

我們不會在程式碼中呼叫 getter、setter 和 deleter 方法,因為 Python 在以下情況下會為我們執行這些處理:

■ 當 Python 執行存取 property 的程式碼時,例如 print(obj.someAttribute),在後端它是呼叫 getter 方法並使用返回的值。

■ 當 Python 執行對 property 指定值的陳述句時,例如「obj.someAttribute = 'changed value'」,在後端它是呼叫 setter 方法,並對 value 參數傳入 'changed value' 字串。

■ 當 Python 執行對 property 刪除的 del 陳述句時,例如「del obj.some Attribute」,在後端它是呼叫 deleter 方法。

Property 中的 getter、setter 和 deleter 方法中的程式碼是直接對背景變數進行處理。我們並不希望 getter、setter 或 deleter 方法直接對 property 進行處理,因為這樣可能會引發錯誤。舉一個可能的範例,有個 getter 方法存取 property,從而使 getter 方法呼叫了自己，使其再次存取 property，然後又再次呼叫自己，依此不斷重複，直到程式崩潰當掉為止。請開啟一個新的 file editor 視窗，然後輸入以下程式碼，並將其另存為 badPropertyExample.py 檔：

```
class ClassWithBadProperty:
    def __init__(self):
        self.someAttribute = 'some initial value'

    @property
    def someAttribute(self):  # This is the "getter" method.
        # We forgot the _ underscore in `self._someAttribute here`, causing
        # us to use the property and call the getter method again:
        return self.someAttribute  # This calls the getter again!

    @someAttribute.setter
    def someAttribute(self, value):  # This is the "setter" method.
        self._someAttribute = value

obj = ClassWithBadProperty()
print(obj.someAttribute)  # Error because the getter calls the getter.
```

當您執行這支程式時，getter 會不斷呼叫自己，直到 Python 引發 RecursionError 例外：

```
Traceback (most recent call last):
  File "badPropertyExample.py", line 16, in <module>
    print(obj.someAttribute) # Error because the getter calls the getter.
  File "badPropertyExample.py", line 9, in someAttribute
    return self.someAttribute # This calls the getter again!
  File "badPropertyExample.py", line 9, in someAttribute
    return self.someAttribute # This calls the getter again!
  File "badPropertyExample.py", line 9, in someAttribute
    return self.someAttribute # This calls the getter again!
  [Previous line repeated 996 more times]
RecursionError: maximum recursion depth exceeded
```

為了防止這種遞迴的發生，getter、setter 和 deleter 方法中的程式碼應始終作用在背景變數（其名稱是以底線為前置）上，而不應該直接作用在這個 property 上。這些方法之外的程式碼則應該使用 property 來處理，這樣的作法與以前置底線字元作為私有存取的慣例一樣，這只是約定的作法，並不能防止我們編寫程式碼直接對背景變數進行處理。

使用 setter 來驗證資料

使用 property 最常見的需求是驗證資料或確保資料是採用您所希望的格式來處理。您可能不希望類別之外的程式碼能夠把屬性設定成任何值，因為這樣可能

會引發錯誤。這時可以使用 property 來加入檢查，以確保只能把有效值指定到屬性中。這些檢查能讓您在程式開發中及早發現錯誤，因為一旦設定了無效值，這種無效值就可能會引發例外。

讓我們更新第 15 章中的 wizcoin.py 檔案，將 galleons、sickles 和 knuts 屬性轉換為 properties。我們修改這些 properties 的 setter，設定只有正整數是有效合法的值。WizCoin 物件代表一定數量的硬幣，但不能有半個或負數個的硬幣。如果類別之外的程式碼嘗試把 galleons、sickles 和 knuts 等 properties 設為無效值時，就會引發 WizCoinException 例外。

請開啟您在第 15 章中儲存的 wizcoin.py 檔案，並將其修改成下列這般：

```
❶  class WizCoinException(Exception):
❷      """The wizcoin module raises this when the module is misused."""
        pass

    class WizCoin:
        def __init__(self, galleons, sickles, knuts):
            """Create a new WizCoin object with galleons, sickles, and knuts."""
❸          self.galleons = galleons
            self.sickles = sickles
            self.knuts = knuts
            # NOTE: __init__() methods NEVER have a return statement.

    --省略--

        @property
❹      def galleons(self):
            """Returns the number of galleon coins in this object."""
            return self._galleons

        @galleons.setter
❺      def galleons(self, value):
❻          if not isinstance(value, int):
❼              raise WizCoinException('galleons attr must be set to an int, not a
    ' + value.__class__.__qualname__)
❽          if value < 0:
                raise WizCoinException('galleons attr must be a positive int, not
    ' + value.__class__.__qualname__)
            self._galleons = value
    --省略--
```

新的修改加了一個 WizCoinException 類別❶，該類別繼承自 Python 內建的 Exception 類別。類別的文件字串描述了 wizcoin 模組❷是怎麼使用它的。以上是 Python 模組的最佳做法：WizCoin 類別的物件在被濫用時會引發這個例外。如此一來，若 WizCoin 物件引發了其他的例外，例如 ValueError 或 TypeError，則很可能是 WizCoin 類別中有相關的錯誤。

在 __init__() 方法中，我們把 self.galleons、self.sickles 和 self.knuts 等 properties
❸ 設定為相對應的參數。

在程式檔案最底部的 total() 和 weight() 方法之後，我們為 self._galleons 屬性新
增了一個 getter ❹ 和 setter 方法 ❺。getter 只是返回 self._galleons 中的值，而
setter 則會檢查指定給 galleons property 的值是否為整數 ❻ 和正數 ❽。如果任何
一項檢查不通過，則會引發 WizCoinException 並顯示錯誤訊息。只要程式碼始
終都是使用 galleons property 來進行處理，這樣的檢查就可以防止 _galleons 被
設定為無效值。

所有 Python 物件都會自動具備 __class__ 屬性，這個屬性指到該物件的類別物
件。換句話說，value.__class__ 與 type(value) 返回的是相同的類別物件。此類
別物件具有名為 __qualname__ 的屬性，該屬性是類別名稱的字串（具體來
說，這是類別的合格名稱，其中包括巢狀嵌套該類別物件的任何類別的名稱。
巢狀嵌套類別的用途有限，不在本書的討論範圍之內）。舉例來說，如果 value
儲存了由 datetime.date(2021, 1, 1) 返回的 date 物件，則 value.__class__.__qual
name__ 就會是字串 'date'。例外訊息使用了 value.__class__.__qualname__ ❼
來獲取值物件名稱的字串。錯誤訊息中用了類別名稱會對程式設計師在閱讀時
發揮作用，因為它不僅標識出 value 引數用了錯誤的型別，而且還標識出應該
用什麼型別才是正確的。

您還需要複製 _galleons 的 getter 和 setter 的程式碼，把這些程式碼也用在
_sickles 和 _knuts 屬性。除了是使用 _sickles 和 _knuts 屬性，這裡的程式碼大
致相同，而是它們都當作背景變數。

唯讀 Property

物件可能需要有一些唯讀的 property，讓指定值運算子（＝）不能設定。其作法
是，省略掉 setter 和 deleter 方法，這樣就可以讓 property 變成唯讀。

舉例來說，WizCoin 類別中的 total() 方法返回值是以 knuts 為單位的物件。我
們可以將其從一般方法更改成唯讀 property，因為沒有合理的方式可設定
WizCoin 物件的 total 值。畢竟，如果將 total 設為整數 1000 時，這代表的是
1,000 knuts 嗎？還是說 1 galleon 和 493 knuts 呢？還是代表其他的組合？因此，

我們把下列粗體的程式碼加到 wizcoin.py 檔案中，這樣可使 total 變成唯讀
property：

```
@property
def total(self):
    """Total value (in knuts) of all the coins in this WizCoin object."""
    return (self.galleons * 17 * 29) + (self.sickles * 29) + (self.knuts)

# Note that there is no setter or deleter method for `total`.
```

在 total() 前面加上 @property 函式修飾器後，只要一存取 total，Python 就會呼
叫 total() 方法。因為沒有 setter 或 deleter 方法，所以如果有任何程式碼試圖分
別在指定值或 del 陳述句中使用 total 來修改或刪除 total 值，則 Python 引發
AttributeError。請留意，total 這個 property 的值取決於 galleons、sickles 和 knuts
中的值：這個 property 不是以名為 _total 的背景變數為基礎的。請在互動式
shell 模式中輸入以下內容：

```
>>> import wizcoin
>>> purse = wizcoin.WizCoin(2, 5, 10)
>>> purse.total
1141
>>> purse.total = 1000
Traceback (most recent call last):
  File "<stdin>", line 1, in <module>
AttributeError: can't set attribute
```

您可能不希望在嘗試修改唯讀 property 時程式馬上崩潰終止，但是這種作法比
允許修改唯讀 property 好很多。如果程式能夠修改唯讀 property，在程式執行
的某個時間點肯定還是會引發錯誤。如果在修改唯讀 property 之後，後面引發
的錯誤發生得很晚，這樣就很難找到原始肇因。馬上崩潰停掉程式能讓我們更
快地注意到這個問題。

不要把唯讀 property 與常數變數搞混。常數變數全部以英文字母大寫的形式呈
現，並且依賴程式設計師在編寫程式時不對其進行修改。在程式執行期間，它
們的值應該保持不變。如同其他屬性一樣，唯讀 property 與物件相關聯。唯讀
property 不能直接設定或刪除。但是這個值可能會發生變化，範例中 WizCoin
類別的 total 就會隨著 galleons、sickles 和 knuts 等 properties 變化而改變。

什麼時候使用 Property？

如前面幾節所描述的，property 能更好地控制我們怎麼使用類別的屬性，而且 property 是 Pythonic 風格的寫法。取名為 getSomeAttribute() 或 setSomeAttribute() 之類的方法代表您可能需要改用 property。

這並不是說以 get 或 set 開頭的方法的實例都應該馬上改成 property。在某些情況下，即使方法的名稱以 get 或 set 開頭，也應該還是使用方法。以下是一些例子說明：

- 對於耗時超過一或兩秒的慢速操作，例如下載或上傳檔案。

- 對於有副作用的操作，例如修改其他屬性或物件。

- 對於需要把額外的引數傳入 get 或 set 操作的處理，例如在 emailObj.getFileAttachment(filename) 之類的方法呼叫。

程式設計師通常把方法視為動詞（表示執行某種動作），而將屬性和property視為名詞（表示某些項目或物件）。如果您的程式碼似乎在執行更多的擷取或設定的處理，而不是擷取或設定項目，則最好使用 getter 或 setter 方法。總而言之，這個決定取決於您身為程式設計師的自覺。

使用 Python property 的最大好處是，在您首次建立類別時不必馬上使用。您可以先用一般屬性，如果以後要用到 property，則可以把屬性轉換為 property，這樣不需修改類別之外的任何程式碼內容。當我們使用屬性名稱建立 property 時，要用底線當前置重新命名這個屬性，而程式仍會像以前一樣運作。

Python 的 dunder 方法

Python 有幾種特殊的方法名稱，它們都以**雙底線（double underscores）**當開頭和結尾，其英文縮寫為 **dunder**。這些方法都稱為 dunder 方法、特殊方法或魔術方法。您已經熟悉 __init __() 這個 dunder 方法的名稱，但在 Python 中還有更多這樣的方法。我們最常把它們用於運算子多載，也就是說，新增自訂的行為，讓我們可以把類別物件與 Python 運算子放在一起使用，例如 + 或 >=。其他 dunder 方法可讓我們的類別物件與 Python 的內建函式放一起使用，例如 len() 或 repr()。

與 __init__() 或 property 的 getter、setter 和 deleter 方法一樣，我們幾乎不會直接呼叫 dunder 方法。只有在把物件與運算子或內建函式放一起使用時，Python 會在後端呼叫它們。舉例來說，如果建立方法時取名為 __len__() 或 __repr__() 方法，當類別的物件傳入 len() 或 repr() 函式時，它們將在後端進行呼叫。這些方法的線上文件可以連到 https://docs.python.org/3/reference/datamodel.html 的官方 Python 說明文件中找到。

在我們討論多種類型的 dunder 方法時，會以擴充前面介紹過的 WizCoin 類別為例子，利用它們來示範和說明。

字串表示的 dunder 方法

您可以用 __repr__() 和 __str__() dunder 方法來建立 Python 不知道如何處理的物件之字串表示形式。通常 Python 以兩種方式建立物件的字串表示形式。repr（發音為 "repper"）字串是 Python 程式碼的字串，在執行時會建立物件的副本。str（發音為 "stir"）字串是給人類閱讀的字串，能提供關於物件的清晰有用的資訊。repr 和 str 字串分別由 repr() 和 str() 內建函式所返回。舉例來說，在互動式 shell 中輸入以下內容，查看 datetime.date 物件的 repr 和 str 字串：

```
    >>> import datetime
❶  >>> newyears = datetime.date(2021, 1, 1)
    >>> repr(newyears)
❷  'datetime.date(2021, 1, 1)'
    >>> str(newyears)
❸  '2021-01-01'
❹  >>> newyears
    datetime.date(2021, 1, 1)
```

在此範例中，date time.date 物件❶的 repr 字串 'datetime.date(2021, 1, 1)' 實際上是建立該物件副本的 Python 程式碼字串，此副本提供了該物件的精確表示❷。另一方面，datetime.date 物件的 str 字串 '2021-01-01' ❸是個很容易理解的物件值之字串表示形式。如果我們在互動式 shell 模式中只輸入物件❹，那麼會顯示 repr 字串。物件的 str 字串一般是顯示給使用者看，而物件的 repr 字串則用在技術環境中，例如放在錯誤訊息和日誌檔中。

Python 知道怎麼顯示其內建型別（例如整數和字串）的物件，但是不知道怎麼顯示我們建立之類別的物件。如果 repr() 不知道如何為物件建立 repr 或 str 字

串，則按照慣例，會把該字串括在尖括號中，而且還包含物件的記憶體位址和
類別名稱：「'<wizcoin.WizCoin object at 0x00000212B4148EE0>'」。若想要為
WizCoin 物件建立這種字串，請在互動式 shell 模式中輸入以下內容：

```
>>> import wizcoin
>>> purse = wizcoin.WizCoin(2, 5, 10)
>>> str(purse)
'<wizcoin.WizCoin object at 0x00000212B4148EE0>'
>>> repr(purse)
'<wizcoin.WizCoin object at 0x00000212B4148EE0>'
>>> purse
<wizcoin.WizCoin object at 0x00000212B4148EE0>
```

上面這些字串不是很好閱讀且用途也不大，所以我們透過實作 __repr__() 和
__str__() dunder 方法來告知 Python 要用什麼字串。__repr__() 方法是用來指定
把物件傳入 repr() 內建函式時 Python 應返回的字串，而 __str__() 方法是用來
指定把物件傳入 str() 內建函式時 Python 應返回的字串。請把以下內容新增到
wizcoin.py 檔案的尾端：

```
--省略--
    def __repr__(self):
        """Returns a string of an expression that re-creates this object."""
        return f'{self.__class__.__qualname__}({self.galleons}, {self.sickles}, {self.knuts})'

    def __str__(self):
        """Returns a human-readable string representation of this object."""
        return f'{self.galleons}g, {self.sickles}s, {self.knuts}k'
```

當我們把 purse 傳給 repr() 和 str() 時，Python 會呼叫 __repr__() 和 __str__()
dunder 方法。在上面的程式碼中並沒有直接呼叫 dunder 方法。

請留意，把物件放在大括號中的 f-strings 會隱式呼叫 str() 來獲取物件的 str 字
串。舉例來說，在互動式 shell 模式中輸入以下內容：

```
>>> import wizcoin
>>> purse = wizcoin.WizCoin(2, 5, 10)
>>> repr(purse)  # Calls WizCoin's __repr__() behind the scenes.
'WizCoin(2, 5, 10)'
>>> str(purse)  # Calls WizCoin's __str__() behind the scenes.
'2g, 5s, 10k'
>>> print(f'My purse contains {purse}.')  # Calls WizCoin's __str__().
My purse contains 2g, 5s, 10k.
```

當我們把 purse 中的 WizCoin 物件傳給 repr() 和 str() 函式時，Python 在後端呼叫了 WizCoin 類別的 __repr__() 和 __str__() 方法。我們對這些方法設計和編寫了程式，以返回更易讀和有用的字串。如果把 repr 字串 'WizCoin(2, 5, 10)' 的文字輸入到互動式 shell 模式中，它會建立一個與 purse 中的物件具有相同屬性的 WizCoin 物件。str 字串是更易於理解的物件值表示形式：'2g, 5s, 10k'。如果在 f-strings 中使用 WizCoin 物件，則 Python 會使用該物件的 str 字串。

如果 WizCoin 物件很複雜，以至於無法利用單個建構函式的呼叫來建立其副本，那麼我們把 repr 字串括在尖括號中來表示它並非 Python 程式碼。這是通用的表示字串，例如 '<wizcoin.WizCoin object at 0x00000212B4148EE0>' 這樣的表示形式。直接把這段字串輸入到互動式 shell 模式中會引發 SyntaxError，因此對建立該物件副本的 Python 程式碼而言，這樣的表示法並不會造成混淆。

在 __repr__() 方法內部，我們使用 self.__class__.__qualname__ 而不是直接把 'WizCoin' 字串硬寫死進程式碼中。因此，如果我們對 WizCoin 進行子類別化，則繼承的 __repr__() 方法會使用子類別的名稱而不是用 'WizCoin'。此外，如果重新命名WizCoin 類別，則 __repr__() 方法會自動使用更新的名稱。

不過 WizCoin 物件的 str 字串會用簡潔清楚的形式顯示其屬性值。我強烈建議在所有類別中都實作 __repr__() 和 __str__() 方法。

在 REPR 字串內的敏感資訊

如前所述，我們通常對使用者顯示的是 str 字串，而在技術環境中使用的是 repr 字串，例如日誌檔案內。但如果您建立的物件內含敏感資訊（例如密碼、醫療詳細資訊或個人身份資訊），則 repr 字串可能會引發安全問題。在這種情況下，請確保 __repr__() 方法在返回的字串中不會有這類資訊。軟體崩潰終止時，一般的處理是在日誌檔案中放入變數的內容來協助除錯之用，通常這些日誌檔案並不會被視為敏感資訊。但有可能在公共共享的日誌檔中不小心放入了密碼、信用卡號、家庭住址和其他敏感資訊，因而造成安全事件。所以在為類別編寫 __repr__() 方法時，請特別留意這一點。

數值的 dunder 方法

數值的 dunder 方法（也稱為**數字**或**數學** dunder 方法）會多載 Python 的 +、
-、*、/ 數學運算子。目前我們無法執行把兩個 WizCoin 物件以 + 運算子進行
加法的操作。如果我們嘗試這麼做，Python 會引發 TypeError 例外，因為
Python 不知道如何對 WizCoin 物件進行加法運算。若想要查看這項錯誤，請在
互動式 shell 模式中輸入以下內容：

```
>>> import wizcoin
>>> purse = wizcoin.WizCoin(2, 5, 10)
>>> tipJar = wizcoin.WizCoin(0, 0, 37)
>>> purse + tipJar
Traceback (most recent call last):
  File "<stdin>", line 1, in <module>
TypeError: unsupported operand type(s) for +: 'WizCoin' and 'WizCoin'
```

我們可以用 __add__() dunder 方法來讓 WizCoin 物件與 + 運算子一起使用，
而不是為 WizCoin 類別設計編寫 addWizCoin() 方法。請將以下內容新增到
wizcoin.py 檔案的尾端：

```
--省略--
❶ def __add__(self, other):
       """Adds the coin amounts in two WizCoin objects together."""
❷     if not isinstance(other, WizCoin):
           return NotImplemented

❸     return WizCoin(other.galleons + self.galleons, other.sickles +
       self.sickles, other.knuts + self.knuts)
```

當 WizCoin 物件放在 + 運算子的左側時，Python 會呼叫 __add__() 方法❶，
並把 + 運算子右側的值傳入到 other 參數（該參數可以命名為任何名稱，但使
用 other 這個名字是慣例）。

請記住，您可以把任何型別的物件傳給 __add__() 方法，因此這個方法必須包
含型別檢查❷。舉例來說，對 WizCoin 物件加上整數或浮點數是沒有意義的，
因為不知道是否應將其加到 galleons、sickles 或 knuts 中。

__add__() 方法會建立一個新的 WizCoin 物件，其中的值等於 self 和 other 的
galleons、sickles 和 knuts 屬性的加總❸。由於這三個屬性存放的是整數，因此
我們可以使用 + 運算子來相加。現在已經為 WizCoin 類別多載了 + 運算子，
因此可以在 WizCoin 物件上使用 + 運算子。

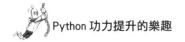

像這樣多載 + 運算子可以讓我們寫出更具可讀性的程式碼。例如，在互動式 shell 模式中輸入以下內容：

```
>>> import wizcoin
>>> purse = wizcoin.WizCoin(2, 5, 10)  # Create a WizCoin object.
>>> tipJar = wizcoin.WizCoin(0, 0, 37)  # Create another WizCoin object.
>>> purse + tipJar  # Creates a new WizCoin object with the sum amount.
WizCoin(2, 5, 47)
```

如果把錯誤的物件型別傳給 other，dunder 方法也不應該引發例外，而是要返回內建值 NotImplemented。舉例來說，在以下程式碼中，other 是個整數：

```
>>> import wizcoin
>>> purse = wizcoin.WizCoin(2, 5, 10)
>>> purse + 42  # WizCoin objects and integers can't be added together.
Traceback (most recent call last):
  File "<stdin>", line 1, in <module>
TypeError: unsupported operand type(s) for +: 'WizCoin' and 'int'
```

返回 NotImplemented 是表示 Python 嘗試呼叫其他方法來執行這項操作（關於更多詳細資訊，請參見本章後面的「反映數值的 dunder 方法」）。在後端，Python 會呼叫 __add__() 方法，其中 other 參數為 42，最後返回 NotImplemented，因而導致 Python 引發 TypeError。

雖然我們不應該在 WizCoin 物件中加上或減去整數值，但是透過定義 __mul__() dunder 方法，可允許程式碼對 WizCoin 物件乘上正整數。請把以下內容加到 wizcoin.py 檔的尾端：

```
--省略--
    def __mul__(self, other):
        """Multiplies the coin amounts by a non-negative integer."""
        if not isinstance(other, int):
            return NotImplemented
        if other < 0:
            # Multiplying by a negative int results in negative
            # amounts of coins, which is invalid.
            raise WizCoinException('cannot multiply with negative integers')

        return WizCoin(self.galleons * other, self.sickles * other, self.knuts *
other)
```

透過這個 __mul__() 方法就可以讓 WizCoin 物件乘上正整數。如果 other 是整數，則這個型別是 __mul__() 方法期望的資料型別，所以不會返回 NotImplemented。但如果這個整數為負數，把它乘上 WizCoin 物件會導致 WizCoin 物件中的硬幣數量變成負的。因為這違背了設計此類別的目的,所以要引發帶有描述性錯誤訊息的 WizCoinException。

> **NOTE**
>
> 不要在數值的 dunder 方法中更改 self 物件,最好讓這個方法建立並返回新的物件。讓 + 和其他數字運算子與新的物件進行運算,而不要就地修改原本物件的值。

請在互動式 shell 模式中輸入以下內容來查看 `__mul__()` dunder 方法的運用:

```
>>> import wizcoin
>>> purse = wizcoin.WizCoin(2, 5, 10)  # Create a WizCoin object.
>>> purse * 10  # Multiply the WizCoin object by an integer.
WizCoin(20, 50, 100)
>>> purse * -2  # Multiplying by a negative integer causes an error.
Traceback (most recent call last):
  File "<stdin>", line 1, in <module>
  File "C:\Users\Al\Desktop\wizcoin.py", line 86, in __mul__
    raise WizCoinException('cannot multiply with negative integers')
wizcoin.WizCoinException: cannot multiply with negative integers
```

表 17-1 顯示了數值的 dunder 方法的完整清單。在類別中不一定全都需要實作這些方法,使用與否由您決定。

表 17-1　數值的 dunder 方法

dunder 方法	操作	運算子或內建函式
`__add__()`	加法	+
`__sub__()`	減法	-
`__mul__()`	乘法	*
`__matmul__()`	矩陣乘法(Python 3.5 新功能)	@
`__truediv__()`	除法	/
`__floordiv__()`	整數除法	//
`__mod__()`	模除	%
`__divmod__()`	除與模除	divmod()
`__pow__()`	冪運算	**、pow()
`__lshift__()`	左移	>>
`__rshift__()`	右移	<<

dunder 方法	操作	運算子或內建函式
__and__()	and 位元運算	&
__or__()	or 位元運算	|
__xor__()	xor 位元運算	^
__neg__()	否定	一元運算 -，如 -42
__pos__()	恆等	一元運算 +，如 +42
__abs__()	絕對值	abs()
__invert__()	倒置位元運算	~
__complex__()	複數	complex()
__int__()	整數	int()
__float__()	浮點數	float()
__bool__()	布林	bool()
__round__()	四捨五入	round()
__trunc__()	捨去	math.trunc()
__floor__()	無條件捨去	math.floor()
__ceil__()	無條件進位	math.ceil()

其中有些方法與我們範例程式的 WizCoin 類別相關。請試著設計編寫屬於自己的 __sub__()、__pow__()、__int__()、__float__() 和 __bool__() 方法的實作程式碼。您可以連到 https://autbor.com/wizcoinfull 上查看實作的範例。有關數值的 dunder 方法的完整說明文件，可連到 Python 官方線上文件查閱，其網址為 https://docs.python.org/3/reference/datamodel.html#emulating-numeric-types。

數值的 dunder 方法允許類別的物件使用 Python 的內建數學運算子來處理。如果編寫的方法之名稱帶有諸如 multipliBy()、convertToInt() 之類的名稱，或類似的工作描述是由現有運算子或內建函式來完成的，請使用數值的 dunder 方法來處理（或是用反映式和就地式 dunder 方法來處理，下兩節會介紹）。

反映數值的 dunder 方法

當物件放在數學運算子的左側時，Python 會呼叫數值的 dunder 方法來處理。但如果物件是放在數學運算子的右側時，就會呼叫**反映數值的**（**reflected numeric**）dunder 方法，也有稱為**反向式**（**reverse**）或**右手式**（**right-hand**）dunder 方法。

反映數值的 dunder 方法很有用，因為使用您類別的程式設計師並不一定都是把物件寫在運算子的左側，這樣就有可能會導致意外行為的發生。舉例來說，讓我們思考之前範例，當 purse 含有一個 WizCoin 物件，而且 Python 的運算表示式為「2 * purse」時會發生什麼情況，這裡的 purse 放在運算子的右側：

1. 由於 2 是整數，因此把 purse 傳給 other 參數來呼叫 int 類別的 __mul__() 方法。

2. int 類別的 __mul__() 方法不知道怎麼處理 WizCoin 物件，因此會返回 Not Implemented。

3. Python 沒有引發 TypeError。由於 purse 中含有一個 WizCoin 物件，因此把 2 傳給 other 參數來呼叫 WizCoin 類別的 __rmul__() 方法。

4. 如果 __rmul__() 返回 NotImplemented，Python 會引發 TypeError。

如果不是返回 NotImplemented，則 __rmul__() 返回的物件就是「2 * purse」表示式運算求值的結果。

但是表示式「purse * 2」中的 purse 在運算子的左側，其工作原理不太相同：

1. 由於 purse 中含有一個 WizCoin 物件，因此把 2 傳給 other 參數來呼叫 WizCoin 類別的 __mul__() 方法。

2. __mul__() 方法建立一個新的 WizCoin 物件並返回它。

3. 這個返回的物件就是「purse * 2」表示式運算求值的結果。

如果數值的 dunder 方法和反映數值的 dunder 方法是**可交換的**（**commutative**），則它們會有相同的程式碼。在加法操作中前後相互交換其運算結果相同：「3 + 2」與「2 + 3」相同。但是其他操作則不是可交換的：「3 - 2」與「2 - 3」不相同。任何可交換的操作是每當呼叫反映數值的 dunder 方法時，都只能呼叫原本的數值的 dunder 方法。舉例來說，把以下內容加到 wizcoin.py 檔案的尾端，定義用於乘法運算的反映數值的 dunder 方法：

```
--省略--
    def __rmul__(self, other):
        """Multiplies the coin amounts by a non-negative integer."""
        return self.__mul__(other)
```

整數與 WizCoin 物件的相乘操作是可交換的:「2 * purse」與「purse * 2」相同。我們無須以複製貼上 __mul__() 的程式碼來處理,而是把它傳給 other 參數來呼叫 self.__mul__() 進行處理。

更新 wizcoin.py 檔之後,在互動式 shell 模式中輸入以下內容,使用反映乘法的 dunder 方法來進行練習:

```
>>> import wizcoin
>>> purse = wizcoin.WizCoin(2, 5, 10)
>>> purse * 10  # Calls __mul__() with 10 for the `other` parameter.
WizCoin(20, 50, 100)
>>> 10 * purse  # Calls __rmul__() with 10 for the `other` parameter.
WizCoin(20, 50, 100)
```

請記住,在表示式「10 * purse」中,Python 會先呼叫 int 類別的 __mul__() 方法來查看是否可以對整數與 WizCoin 物件相乘。當然,Python 的內建 int 類別對我們建立的類別一無所知,因此它會返回 NotImplemented。這樣發通知給 Python 接著呼叫 WizCoin 類別的 __rmul__(),如果有這個方法存在,那這個方法會負責處理這項操作。如果 int 類別的 __mul__() 和 WizCoin 類別的 __rmul__() 的呼叫都返回 NotImplemented,則 Python 會引發 TypeError 例外。

只有 WizCoin 物件可以彼此相加,這樣確保了第一個 WizCoin 物件的 __add__() 方法會處理該項操作,因此無須實作 __radd__()。舉例來說,在表示式「purse + tipJar」中會把 tipJar 傳給 other 參數來呼叫 purse 物件的 __add__() 方法進行相加處理。由於此呼叫不會返回 NotImplemented,因此 Python 不會再把 purse 傳給 other 參數來呼叫 tipJar 物件的 __radd__() 方法

表 17-2 中是可以用的反映式 dunder 方法完整清單。

表 17-2　反映數值的 dunder 方法

dunder 方法	操作	運算子或內建函式
__radd__()	加法	+
__rsub__()	減法	-
__rmul__()	乘法	*
__rmatmul__()	矩陣乘法(Python 3.5 版新增)	@
__rtruediv__()	除法	/
__rfloordiv__()	整數除法	//

dunder 方法	操作	運算子或內建函式
__rmod__()	模除	%
__rdivmod__()	除法和模除	divmod()
__rpow__()	冪運算	**、pow()
__rlshift__()	左移	>>
__rrshift__()	右移	<<
__rand__()	and 位元運算	&
__ror__()	or 位元運算	|
__rxor__()	xor 位元運算	^

有關反映式 dunder 方法的完整說明，請參閱線上官網的 Python 說明文件，網址 https://docs.python.org/3/reference/datamodel.html#emulating-numeric-types。

就地擴增指定的 dunder 方法

數值和反映式 dunder 方法通常都會建立新物件，而不是就地修改物件。由擴增指定運算子（例如 += 和 *=）所呼叫的**就地** dunder 方法可以就地修改物件，而不用建立新物件（這裡有一個例外，我會在本節末尾解釋說明）。這些 dunder 方法名稱都是以 i 開頭，例如 += 和 *= 運算子的 __iadd__() 和 __imul__() 方法。

例如，當 Python 執行「purse *= 2」時，預期的動作不是 WizCoin 類別的 __imul__() 方法建立並返回一個具有兩倍硬幣的新 WizCoin 物件，並指定到 purse 變數中。相反地，是 __imul __() 方法修改了 purse 中現有的 WizCoin 物件，變成具有兩倍的硬幣量。如果您想要讓類別多載擴增指定運算子，請留意這個微妙但重要的區別。

我們的 WizCoin 物件已經多載了 + 和 * 運算子，因此讓我們再定義 __iadd__() 和 __imul__() dunder 方法，以便多載 += 和 *= 運算子。在表示式「purse += tipJar」和「purse *= 2」中，我們分別把 tipJar 和 2 傳給 other 參數，並分呼叫 __iadd__() 和 __imul__() 方法。請將以下內容加到 wizcoin.py 檔案的尾端：

```
--省略--
def __iadd__(self, other):
    """Add the amounts in another WizCoin object to this object."""
```

```
        if not isinstance(other, WizCoin):
            return NotImplemented

        # We modify the `self` object in-place:
        self.galleons += other.galleons
        self.sickles += other.sickles
        self.knuts += other.knuts
        return self  # In-place dunder methods almost always return self.

    def __imul__(self, other):
        """Multiply the amount of galleons, sickles, and knuts in this object
        by a non-negative integer amount."""
        if not isinstance(other, int):
            return NotImplemented
        if other < 0:
            raise WizCoinException('cannot multiply with negative integers')

        # The WizCoin class creates mutable objects, so do NOT create a
        # new object like this commented-out code:
        #return WizCoin(self.galleons * other, self.sickles * other, self.knuts * other)

        # We modify the `self` object in-place:
        self.galleons *= other
        self.sickles *= other
        self.knuts *= other
        return self  # In-place dunder methods almost always return self.
```

WizCoin 物件和其他 WizCoin 物件可以一起使用 += 運算子來處理，並也可和正整數一起使用 *= 運算子來處理。請留意，在確定另一個參數是合法有效之後，該方法會就地修改 self 物件，而不是建立新的 WizCoin 物件來進行操作。請在互動式 shell 模式中輸入以下內容，查看擴增指定運算子是怎麼就地修改 WizCoin 物件：

```
    >>> import wizcoin
    >>> purse = wizcoin.WizCoin(2, 5, 10)
    >>> tipJar = wizcoin.WizCoin(0, 0, 37)
❶  >>> purse + tipJar
❷  WizCoin(2, 5, 46)
    >>> purse
    WizCoin(2, 5, 10)
❸  >>> purse += tipJar
    >>> purse
    WizCoin(2, 5, 47)
❹  >>> purse *= 10
    >>> purse
    WizCoin(20, 50, 470)
```

+ 運算子❶呼叫 __add__() 或 __radd__() dunder 方法來建立和返回新物件 ❷。用 + 運算子進行操作的原始物件會保持不變。只要物件是可變的（也就其值可以更改的物件），就地 dunder 方法❸❹就應該就地修改這個物件。不可變物件則是例外：由於不可變物件不能修改，因此無法就地修改。在這種情況下，就地 dunder 方法應該要建立並返回一個新物件，其處理方式像數值和反映數值的 dunder 方法所進行的一樣。

我們沒有把 galleons、sickles 和 knuts 的屬性設成唯讀，這代表是可以修改的。因此，WizCoin 物件是可變的。我們所設計編寫的大多數類別都會建立可變物件，因此最好設計就地 dunder 方法來就地修改物件。

如果還沒實作就地 dunder 方法，則 Python 會呼叫數值的 dunder 方法來進行相關處理。舉例來說，如果 WizCoin 類別沒有 __imul__() 方法，則表示式「 purse *= 10 」會改為呼叫 __mul__() 並將其返回值指定給 purse。因為 WizCoin 物件是可變的，所以這是非預期的意外行為，這樣可能導致不易察覺的錯誤。

比較的 dunder 方法

Python 的 sort() 方法和 sorted() 函式中含有一種高效率的排序演算法，我們可以透過簡單的呼叫就能存取使用。但如果想要對建立類別的物件進行比較和排序，則需要透過實作用來比較的 dunder 方法來告知 Python 該怎麼比較其中的物件。每當在帶有 <、>、<=、>=、== 和 != 比較運算子的表示式中使用物件時，Python 都會在後端呼叫用來比較的 dunder 方法。

在探討用來比較的 dunder 方法之前，讓我們研究 operator 模組中的六個函式，它們所處理的操作與六個比較運算子的操作相同。我們設計編寫的比較 dunder 方法會呼叫這些函式。請在互動式 shell 模式中輸入以下內容。

```
>>> import operator
>>> operator.eq(42, 42)          # "EQual", same as 42 == 42
True
>>> operator.ne('cat', 'dog')    # "Not Equal", same as 'cat' != 'dog'
True
>>> operator.gt(10, 20)          # "Greater Than ", same as 10 > 20
False
>>> operator.ge(10, 10)          # "Greater than or Equal", same as 10 >= 10
True
>>> operator.lt(10, 20)          # "Less Than", same as 10 < 20
True
>>> operator.le(10, 20)          # "Less than or Equal", same as 10 <= 20
True
```

operator 模組提供了比較運算子的函式版本,它們的實作很簡單。舉例來說,我們可以分兩行設計編寫自己的 operator.eq() 函式:

```python
def eq(a, b):
    return a == b
```

有比較運算子的函式形式是非常有用的,因為與運算子不同,函式是可以當作引數再傳入函式呼叫中來進行處理。我們這麼做是為了幫比較的 dunder 方法實作輔助方法(helper method)。

首先,把以下內容加到 wizcoin.py 檔案的開端。這些匯入的陳述能讓我們可以存取使用 operator 模組中的函式,並允許我們透過將其與 collections.abc. Sequence 進行比較來檢查方法中的 other 引數是否為序列:

```python
import collections.abc
import operator
```

隨後將以下內容加到 wizcoin.py 檔案的尾端:

```
--省略--
❶      def _comparisonOperatorHelper(self, operatorFunc, other):
            """A helper method for our comparison dunder methods."""

❷          if isinstance(other, WizCoin):
                return operatorFunc(self.total, other.total)
❸          elif isinstance(other, (int, float)):
                return operatorFunc(self.total, other)
❹          elif isinstance(other, collections.abc.Sequence):
                otherValue = (other[0] * 17 * 29) + (other[1] * 29) + other[2]
                return operatorFunc(self.total, otherValue)
            elif operatorFunc == operator.eq:
                return False
            elif operatorFunc == operator.ne:
                return True
            else:
                return NotImplemented
        def __eq__(self, other):  # eq is "EQual"
❺          return self._comparisonOperatorHelper(operator.eq, other)

        def __ne__(self, other):  # ne is "Not Equal"
❻          return self._comparisonOperatorHelper(operator.ne, other)

        def __lt__(self, other):   # lt is "Less Than"
❼          return self._comparisonOperatorHelper(operator.lt, other)

        def __le__(self, other):   # le is "Less than or Equal"
❽          return self._comparisonOperatorHelper(operator.le, other)
```

```
        def __gt__(self, other):  # gt is "Greater Than"
❾           return self._comparisonOperatorHelper(operator.gt, other)

        def __ge__(self, other):  # ge is "Greater than or Equal"
❿           return self._comparisonOperatorHelper(operator.ge, other)
```

這裡的比較 dunder 方法會呼叫 _comparisonOperatorHelper() ❶，並從 operator 模組中為 operatorFunc 參數傳入適當的函式。當我們呼叫 operator Func() 時，就會呼叫從 operator 模組中為 operatorFunc 參數傳入的 eq() ❺、ne() ❻、lt() ❼、le() ❽、gt() ❾ 或 ge() ❿ 函式。如果不這麼做，我們必須把 _comparison OperatorHelper() 內的程式碼複製到六個比較 dunder 方法中。

> NOTE
>
> 像 _comparisonOperatorHelper() 這種能接受其他函式當作引數的函式稱之為高階函式（higher-order function）。

現在我們的 WizCoin 物件可以和其他 WizCoin 物件、整數和浮點數以及代表的 galleons、sickles 和 knuts 三個數值的序列值進行比較。請在互動式 shell 模式中輸入以下內容來查看的執行的結果：

```
>>> import wizcoin
>>> purse = wizcoin.WizCoin(2, 5, 10)  # Create a WizCoin object.
>>> tipJar = wizcoin.WizCoin(0, 0, 37)  # Create another WizCoin object.
>>> purse.total, tipJar.total  # Examine the values in knuts.
(1141, 37)
>>> purse > tipJar  # Compare WizCoin objects with a comparison operator.
True
>>> purse < tipJar
False
>>> purse > 1000  # Compare with an int.
True
>>> purse <= 1000
False
>>> purse == 1141
True
>>> purse == 1141.0  # Compare with a float.
True
>>> purse == '1141'  # The WizCoin is not equal to any string value.
False
>>> bagOfKnuts = wizcoin.WizCoin(0, 0, 1141)
>>> purse == bagOfKnuts
True
>>> purse == (2, 5, 10)  # We can compare with a 3-integer tuple.
True
```

```
>>> purse >= [2, 5, 10]  # We can compare with a 3-integer list.
True
>>> purse >= ['cat', 'dog']  # This should cause an error.
Traceback (most recent call last):
  File "<stdin>", line 1, in <module>
  File "C:\Users\Al\Desktop\wizcoin.py", line 265, in __ge__
    return self._comparisonOperatorHelper(operator.ge, other)
  File "C:\Users\Al\Desktop\wizcoin.py", line 237, in _
comparisonOperatorHelper
    otherValue = (other[0] * 17 * 29) + (other[1] * 29) + other[2]
IndexError: list index out of range
```

我們的輔助方法（helper method）呼叫 isinstance(other, collections.abc.Sequence)
來查看 other 是否是序列資料型別，例如多元組或串列。利用 WizCoin 物件與
序列值相比較，我們可以設計編寫出諸如「purse >= [2, 5, 10]」之類的程式碼
來進行快速比較。

序列比較

在比較內建序列型別的兩個物件（例如字串、串列或多元組）時，Python 會
以序列中較前面的項目為基準。也就是說，除非較前面的項目是相等的值，
不然它不會比較後面的項目。例如，在互動式 shell 模式中輸入以下內容：

```
>>> 'Azriel' < 'Zelda'
True
>>> (1, 2, 3) > (0, 8888, 9999)
True
```

字串 'Azriel' 順序位於 'Zelda' 之前（換句話說是小於 'Zelda'），因為 'A'
位於 'Z' 之前。多元組 (1, 2, 3) 在 (0, 8888, 9999) 之後（換句話說是大
於），因為 1 大於 0。另外請將以下內容輸入到互動式 shell 模式中：

```
>>> 'Azriel' < 'Aaron'
False
>>> (1, 0, 0) > (1, 0, 9999)
False
```

字 'Azriel' 順序不是在 'Aaron' 之前，因為就算 'Azriel' 中的 'A' 等於
'Aaron' 中的 'A'，但隨後在 'Azriel' 的 'z' 也不是位在 'Aaron' 的 'a' 之
前。多元組 (1, 0, 0) 和 (1, 0, 9999) 也是如此，若多元組中的前兩項相等，
則由第三項（0 和 9999）來決定，因此 (1, 0, 0) 是在 (1, 0, 9999) 之前（也
就是小於的意思）。

這迫使我們對 WizCoin 類別做出設計的決擇。WizCoin(0, 0, 9999) 應該在 WizCoin(1, 0, 0) 之前還是之後呢？如果 galleons 侖的數量比 sickles 或 knuts 的數量大，則 WizCoin(0, 0, 9999) 應該位於 WizCoin(1, 0, 0) 之前。又或者，如果我們根據物件的單位值（以 knuts 為單位）進行比較，那麼 WizCoin(0, 0, 9999)（價值 9,999 knuts）位於 WizCoin(1, 0, 0)（價值 493 knuts）之後。在 wizcoin.py 檔案中，我決定物件的價值是以 knuts 為單位，這樣的處理行為和 WizCoin 物件與整數、浮點數進行比較的方式保持一致。這些是我們在設計自己的類別時必須做出的決定。

我們不需要實作任何**反映式比較（reflected comparison）**的 dunder 方法，例如 __req__() 或 __rne__()。不過 __lt__() 和 __gt__() 互相反映，__le__() 和 __ge__() 互相反映，__eq__() 和 __ne__() 互相反映。原因是，無論運算子的左側或右側的值是什麼，以下的關係均成立：

■ purse > [2, 5, 10] 與 [2, 5, 10] < purse 相同

■ purse >= [2, 5, 10] 與 [2, 5, 10] <= purse 相同

■ purse == [2, 5, 10] 與 [2, 5, 10] == purse 相同

■ purse != [2, 5, 10] 與 [2, 5, 10] != purse 相同

一旦實作了比較 dunder 方法後，Python 的 sort() 函式在對物件進行排序時會自動使用它們。請在互動式 shell 模式中輸入以下內容：

```
>>> import wizcoin
>>> oneGalleon = wizcoin.WizCoin(1, 0, 0)      # Worth 493 knuts.
>>> oneSickle = wizcoin.WizCoin(0, 1, 0)       # Worth 29 knuts.
>>> oneKnut = wizcoin.WizCoin(0, 0, 1)         # Worth 1 knut.
>>> coins = [oneSickle, oneKnut, oneGalleon, 100]
>>> coins.sort()  # Sort them from lowest value to highest.
>>> coins
[WizCoin(0, 0, 1), WizCoin(0, 1, 0), 100, WizCoin(1, 0, 0)]
```

表 17-3 中列出的完整清單是可以使用的比較 dunder 方法和 operator 函式。

表 17-3　比較的 dunder 方法和 operator 模組函式

dunder 方法	操作	比較運算子	operator 模組的函式
__eq__()	EQual 相等	==	operator.eq()
__ne__()	Not Equal 不相等	!=	operator.ne()
__lt__()	Less Than 小於	<	operator.lt()
__le__()	Less than or Equal 小於等於	<=	operator.le()
__gt__()	Greater Than 大於	>	operator.gt()
__ge__()	Greater than or Equal 大於等於	>=	operator.ge()

您可以在 https://autbor.com/wizcoinfull 上查看這些方法的實作。比較的 dunder 方法的完整說明文件放在 https://docs.python.org/3/reference/datamodel.html#object.__lt__ 網站的 Python 說明文件內。

比較的 dunder 方法允許類別物件使用 Python 的比較運算子，而不會強迫去建立自己的方法。如果還在建立名為 equals() 或 isGreaterThan() 這樣的方法，那就不是採用 Pythonic 風格來編寫程式了，您應該使用比較的 dunder 方法來進行相關操作。

總結

Python 實作的物件導向特性與其他 OOP 語言（例如 Java 或 C++）不同。除了具有顯式的 getter 和 setter 方法之外，Python 的 property 功能允許我們驗證屬性或讓屬性變成唯讀。

Python 還允許我們利用 dunder 方法多載其運算子，這種方法是以雙底線字元當作開頭和結尾。我們使用數值和反映數值的 dunder 方法多載常見的數學運算子。這些方法讓 Python 的內建運算子可以使用您建立類別之物件的方法。如果他們無法在運算子另一側處理物件的資料型別，則會返回內建的 NotImplemented 值，這類 dunder 方法會建立並返回新物件，而就地 dunder 方法（多載擴強指定運算子）會就地修改物件。比較的 dunder 方法不僅為物件實作了六個 Python 比較運算子，還允許 Python 的 sort() 函式對類別的物件進行排序。此外，您可能還會想要利用 operator 模組中的 eq()、ne()、lt()、le()、gt() 和 ge() 函式來協助您實作這些 dunder 方法。

Property 和 dunder 方法可以讓我們設計編寫出一致且具有可讀性的類別。這兩項功能可以讓我們避免其他語言（例如 Java）要求設計編寫許多樣板程式碼的麻煩。若想要了解關於 Pythonic 風格程式碼的更多資訊，Raymond Hettinger 的兩次 PyCon 演講主題介紹和講述這些思維和擴充，請參閱 https://youtu.be/OSGv2VnC0go/ 上的「Transforming Code into Beautiful, Idiomatic Python」和 https://youtu.be/wf-BqAjZb8M/ 上 的「 Beyond PEP 8 － Best Practices for Beautiful, Intelligible Code」，這兩個演講有談到了本章介紹的內容和一些進階的概念。

關於如何有效地活用 Python 的知識還有很多。Luciano Ramalho 所寫的書「*Fluent Python*（O'Reilly Media, 2021）」和 Brett Slatkin 所寫的書「*Effective Python*（Addison-Wesley Professional, 2019）」都提供了有關 Python 語法和最佳實務作法的深入資訊，如果想要繼續學習和了解關於 Python 的更多資訊，這兩本都是必讀的書。

Python 功力提升的樂趣｜寫出乾淨程式碼的最佳實務

作　　者：Al Sweigart
譯　　者：H&C
企劃編輯：蔡彤孟
文字編輯：江雅鈴
設計裝幀：張寶莉
發 行 人：廖文良

發 行 所：碁峰資訊股份有限公司
地　　址：台北市南港區三重路 66 號 7 樓之 6
電　　話：(02)2788-2408
傳　　真：(02)8192-4433
網　　站：www.gotop.com.tw
書　　號：ACL059600
版　　次：2021 年 03 月初版
建議售價：NT$500

國家圖書館出版品預行編目資料

Python 功力提升的樂趣：寫出乾淨程式碼的最佳實務 ／ Al
Sweigart 原著；H&C 譯. -- 初版. -- 臺北市：碁峰資訊, 2021.03
　　面；　公分
　　譯自：Beyond the Basic Stuff with Python
　　ISBN 978-986-502-771-1(平裝)
　　1.Python(電腦程式語言)
312.32P97　　　　　　　　　　　　　　110004146